明清家具鉴定

王正书 著

上海书店 出版社

图书在版编目（CIP）数据

明清家具鉴定 / 王正书著. —上海：上海书店出版社，2017.1

ISBN 978-7-5458-1373-9

Ⅰ.①明… Ⅱ.①王… Ⅲ.①家具—鉴定—中国—明清时代 Ⅳ.①TS666.204

中国版本图书馆CIP数据核字（2016）第258210号

明清家具鉴定

作　　者　王正书

书名题字　王正书

责任编辑　周洁

装帧设计　郦书经

技术编辑　吴放

出　　版　上海世纪出版股份有限公司

　　　　　上海书店出版社

发　　行　上海世纪出版股份有限公司发行中心

地　　址　上海市福建中路193号

邮　　编　200001

网　　址　www.ewen.cc

　　　　　www.shsd.com.cn

印　　刷　上海丽佳制版印刷有限公司

开　　本　889×1194mm 1/16

印　　张　23

印　　数　1000册

出版日期　2017年1月第一版

　　　　　2017年1月第一次印刷

书　　号　ISBN 978-7-5458-1373-9/TS·7

定　　价　380.00元

2010年5月摄于香港玉器收藏家寓所

　　王正书，1972年进入上海博物馆工作，1973年在长江流域规划办公室举办的全国性考古训练班接受专业培训。嗣后长期从事田野考古与文物研究工作三十六年。曾任上海博物馆工艺研究部副主任、上海博物馆学术委员会委员、上海市文物鉴定委员会委员及上海市文化人才培训中心特聘专家，是上海博物馆资深文物研究员。

　　主要研究中国古代玉器和中国明清家具。曾在省市级及以上学术性刊物上发表《上海浦东明陆氏墓葬记述》、《上海福泉山西汉墓群发掘》、《汉代刚卯真伪考述》、《汉代殳书之我见》、《上博玉雕精品鲜卑头铭文补释》、《良渚文化玉锥形器研究》、《上海打浦桥明墓出土玉器》、《上海博物馆藏家具明器研究》、《"司南佩"考实》、《玉炉顶、帽顶辨识》、《元代玉雕带饰和腰佩考述》、《宋元明清玉雕带钩断代》、《齐家文化玉器考察及馆藏吴大澂玉器的文化归属》、《甲骨"魃"字补释》等各类论文、报告五十余篇，并著有《庄氏家族捐赠上海博物馆明清家具集萃》和《上海出土唐宋元明清玉器》。

目 录

后　记

前　言

中国古典家具作为一门艺术学科进行研究，历时还不足百年。故 1985 年王世襄先生的《明式家具珍赏》一书出版后，便在国内外引起了不小的波澜，原先并不引人注目的明清家具，一跃而成为人们争相收藏的奇葩。明清家具作为历史文化的一个组成部分，能得到社会的广泛重视，显然是一个可喜的现象。但遗憾的是该类文物至今在制作年代的判断上，还未能很好解决。在现有的出版物中，对明清家具的年代鉴定还掺杂着诸多臆测成分，不少清代作品常被误判为明代遗物，以致使学术研究的科学性受到一定影响。现时家具研究领域的当务之急首先是如何解决好断代问题，对此，我们应当充分运用考古方法论中的器型学和纹饰学原理，也就是说搞家具研究的在家具断代的立论上，必须把已知条件融入整个时代文化范畴中去思考，例如：家具的造型与建筑结构有承袭关系，那么家具研究的对象就离不开建筑构件；家具的装饰纹样是时代的产物，同一时代所反映的纹样特征必然会出现在不同的场合和地方，诸如玉器、文房用品、瓷器、金银器或建筑雕刻等，那么所有这些纹样的时代特征我们必须掌握；尤其重要的是，我们还应该找到令人信服的为鉴识而用以比照的时代标准器或典型器，因为没有比照标准的论断，就容易失去其真实性。鉴于上述种种要求和构想，笔者多年来一直矢志于怀，其工作原则是搜求以博，研思以深，为的是见微知著，触类旁通，以冀望能对家具断代作点贡献。

我是 1972 年开始搞文物工作的。最初从事考古发掘。由于江浙沪一带的明清墓葬常有玉器和家具明器出土，这就从感性上诱导我对中国古代玉器和明清家具的研究产生兴趣。在长期整理工艺类文物的实践中，嗅觉与悟性拓展了自己的思维和视野，特别是我所接触的诸如玉石雕刻上的清代纹样，也经常在家具上出现，而这些家具又常被人们指称为明代遗物。这一直观感觉上的矛盾，逐渐增强了我对求证家具制作年代的信心。时至今日，未待搁管，深有感焉！为此，笔者在本书中，力求从家具的造型特征、附件的配备情况和装饰纹样的时代性三个方面着手，为目前流传于世的若干典型家具的制作年代作再次探索，并以详实的图像资料，争取为明清家具的年代鉴定提供参考标尺。

中国古代家具的辉煌成就，着重体现在明清家具上。而肇于明盛于清的明式家具，更以其风格典雅隽永的潜在美博得了更多人的青睐。明式家具研究从艾克、杨耀，到王世襄先生出版的《明式家具珍赏》，从线描图到黑白图片，再到《明式家具珍赏》中大幅彩版家具的发表，在世界范围内曾引起轰动。其功不可没的地方，即把长期以来不为人注目的日用家具的艺术形象发扬光大，抢救了中华民族的又一文化遗产。然而当我们冷静思考历史得失的时候，不难发现明式家具作为优秀文化遗产的观念，其唤起人们觉醒的时间已经颇晚了。历历在目的是 20 世纪 90 年代短短的十年时间里，不但这类瑰宝被大量外流，而且在人们不惜重金争相寻觅收藏的潮流下，明式家具的市场价位一下子炒涨了几十倍，1996 年国际拍卖市场曾出现一把黄花梨交椅的拍卖价高达 53 万美金，一张黄花梨架子床拍出 40 万美金的情况。综观明式家具之收藏所以如此风靡，主要是因传世实物越来越少，人们受"物以稀为贵"的观念驱动。善良的人们曾因此而坦言，要是王世襄先生的《明式家具珍赏》能早几十年出版的话，明式家具就可以早几十年得到重视和保护，许多不正常的社会现象，也必然会受到更大的制约。

家具是木质的。木质家具不易保存。所以我们今天既要保护好现存清代制作的明式家具，也切不可错误地把这类清代家具当作明代家具看待而干扰了对真正明代家具的发掘和保护。笔者最后在此呼吁：时不我待，该是大力抢救明代家具的时候了！这决非杞人忧天，因为真正的明代家具已所存无几。

再版说明

从考古发现看,我国历史上最早的木质家具,早在新石器时代晚期的山西襄汾陶寺墓地已有出土,至今达四千余年。然而,尽管家具在人类生活中有着不可取代的历史地位,但在长期的封建礼教的支配下,它始终处于缓慢发展的过程中。这是因为古代中国人视跪坐为正统礼俗,一直到宋代垂足坐的普及,才刚刚完成从矮型家具到高型家具的转化。为此一部中国古典家具的发展史,直至清明时期,其造型、结构和制作工艺上的艺术成就,才真正进入高峰期。

中国明清家具的艺术成就虽被世人所推崇,但它必竟是日用品,非纯艺术品,所以即使在明清时代,也未尝有文人作过专题研究,我们现能见到的也只是在当时文人笔记中,从个人的意趣出发,对某些家具作简单的评述。这一历史现状,直到上世纪三十年代,始有艾克、杨耀,王世襄等前辈学者专著问世,明清家具作为我国历史文化的优秀遗产,才被发扬广大。本文作者王正书先生是上海博物馆明清家具馆的主创人员,在与王世襄先生的多年接触中,颇受教益,并深刻铭记畅安先生在其《明式家具研究》一书中有关明式家具"准确断代,是一个尚未得到很好解决的问题"的淳淳教导,立志通过自己从事三十多年考古工作所积累的知识,以"触类旁通"的研究方法,争取对明清家具的断代问题作出探索,终于在２００７年出版了《明清家具鉴定》一书。

《明清家具鉴定》一书出版后,广为古典家具爱好者的重现,时任中国明式家具学会会长,清华大学工艺美术学院教授陈增弼先生,在病榻化疗其间看完全书,并在该书出版后的最短时间里,以"明清家具鉴定新视角"为题,在《中国文物报》上发表了自己的见解,认为该书"是近几年来有关明清家具出版物中有观点,有见地的专著,并且图文并茂,论议通达,言之有理,值得一读"以此向广大读者推荐。

明清家具的年代鉴定虽然仅仅是明清两代的作品,但它涉及的知识面相当宽泛,家具的造型、结构和木作工艺,与古代建筑有关;家具上的纹样装饰在意识领域里,又与其它同时代的艺术品相通,而"鉴定"的科学性,就在于求证时代共性的基础上方能立论。为此,作者在该书出版后,又相继在《收藏家》杂志上发表了三篇有关文章:一、"明清家具的年代鉴定";二、"谈谈明清家具的鉴定";三、"明清家具结构的时代性";该三篇文章属总结性归纳,想必亦能为读者提供更多资料和探索依据,故本书再版时,亦一并收录。

第一章 序论

序　论

　　家具是人类文明社会不可缺少的生活用具。人类历史从蒙昧时期向文明时代的发展过程中，家具作为起居用具，一方面和其他日用品一样，经历了一个由简单到复杂，由实用到实用与艺术相结合的道路；另一方面由于受生活习俗和传统礼教的制约，它的发展又显得相当缓慢和曲折。从历史现状看，中国古代具有科学意义的高型家具，虽说是宋代以后人们所追求的理想化家具，但一部完整的中国古代家具史，是不能忽视宋代以前的矮型家具已流传达数千年的潜在历程。因为没有早期矮型家具所集聚的文化底蕴，宋代以后蓬勃发展的高型家具就不可能一蹴而就，这是古代人文文化和家具自身的传承性无法割断的纽带。为此，研究中国古代家具，特别是明清家具的时代性和它所体现的艺术成就，就必须对古代家具的演进脉络有一个客观了解。

　　从考古发现看，中国古代家具至少在新石器时代就已经出现了，人们不仅在浙江余姚的河姆渡、吴兴的钱山漾和江苏吴县草鞋山，发现距今约7000～5000年用作坐卧的苇席、竹席、篾席，更在距今约4200年的山西襄汾陶寺龙山文化墓地，出土了案、盘、俎等原始木器[1]。因此，若以陶寺墓地发现的木质家具为始点的话，中国古代家具的制造，至少已有四千年以上的历史。

　　一、矮型家具

　　家具的发展总是伴随着人类文明的进程同步前进的，但是中国古代特有的礼制观念，使人们不得不在考虑制约生产力发展的其他诸社会因素外，还有一个与家具直接有关而又无法摆脱的跪坐习俗的束缚，因此，在中国古代长达四千余年的家具史上，至少在汉代之前的两千多年时间里，人们不但使用的是矮型家具，而且为着适应跪坐姿态的需要，对矮型家具的制造倾注了全部力量。汉代之前及汉代矮型家具的发展是渐进式的，其过程和成果可概括为三个阶段：

　　1．商和西周时期青铜工具开始取代石器工具，故新石器时代用石器制作家具所采用的"刳木"或"剡木"的原始方法被淘汰。漆木家具初见端倪，其种类有案、俎、匣、抬舆、支架等[2]。在制作工艺上，已使用了简单的榫卯技术，装饰上除髹漆彩绘外，也出现了雕刻和镶嵌。

　　2．春秋战国时期漆木家具已成为最为流行的家具。特别是楚地出土的更是精美绝伦，不但质量上大有提高，其品类也不断增多，除传统的俎和食案外，还出现了可供坐卧的带矮围子的床和可作任凭倚的几、存放酒器的酒具箱、置衣物用漆箱和竹筒，用作观赏的透雕漆屏，也在这一时期流行起来[3]。

3. 汉代的家具特别是漆木家具在继承战国家具工艺优良传统的基础上得到更大发展。该时期随葬家具的墓葬几乎遍及全国，大批墓葬壁画、画像石和出土实物为我们揭示了这样一个史实：即汉代家具已相当完备，而且自成体系，若按功能来分类，可有置物用具、储藏用具、坐卧用具和屏蔽用具四大类。之外还有众多杂器，如漆支座、六博局、漆奁、漆兵器架、漆簸箕、漆盂、漆衣架等[4]此，我们在充分占有资料的情况下，可对汉代家具的历史成果作出三点客观评价：

（1）汉代物质生活丰富，为适应环境的需要，家具品类不断增多，形成了可供席地起居需要的系列组合。若从功能和造型看，汉代坐卧用具中床前出现的"榻登"、置物用具中的书案、屏蔽用具中的板屏和曲屏以及储藏用具中的橱和柜等，实是宋代以后同类家具的雏形。

（2）汉代家具装饰上除了传统的髹漆彩绘、针刻、金铜扣之外，出土器具中还使用了玛瑙、玳瑁、琉璃、螺钿、琥珀、绿松石、云母片等镶嵌材料，有的还贴有金箔、鎏金铜饰[5]这种装饰手段一直延用到明清时期人。明清家具中流行的百宝嵌即由此发展而来。

（3）汉代的漆木家具继承了楚式风格，诸如绞链榫、燕尾榫、搭边榫、透榫、斜肩透榫、圆榫、插榫、扣榫、槽榫、销钉等榫卯结构得到进一步巩固，这种多样交接技术，为其后家具木作工艺的进一步发展奠定了坚实的基础[6]

二、高型家具

汉代家具是我国历史上垂足坐出现以前，中国矮型家具的代表。汉代以后自魏晋至隋唐的六七百年间，虽然矮型家具仍为人们所习用，但随着生活环境和习俗的变化，矮型家具逐渐向高型家具转化，家具的形式或结构也趋复杂，为此，这一时期的家具相关成果，可择要作以下举例和说明。

1. 汉代以来传统的漆木家具继续使用，但在形式上有新发展，例如作为坐卧用具的床榻就有较明显的变化。东晋名画顾恺之的《女史箴图》中就曾出现一种围屏式架子床，其床身已较汉时升高，床足间施壸门洞，下有托泥；床上设屏，由十二扇大小相同的屏板合围而成。床上设帐在汉代已有所见，但所用帐架直接插在床体上，使床帐与床体合而为一的做法实为新生事物，故此床的结构无可否认与明清时代流行的架子床有着渊源关系。

南北朝时期，不但在床榻上增设架帐十分流行，其腿足也随之增多起来，如北齐《校书图》上的坐榻，在稍后的唐宋时期成为重要的起居用具。

除床榻外,该时期还出现了一种三足弧形凭几。这种凭几与汉代之几不同,它的弧形的特点,使坐时无论左右侧倚或前伏后靠都很方便,所以很受时人赏识。目前该种凭几的出土实物已达数十件之多。如果把这种弧形倚靠置于小榻上使用,其功能和造型正是后世圈椅的雏形。

案在汉代以后继续流行。但南北朝时期的案较汉代普遍增高,长案、大案十分多见,翘头案也明显增多。该时的案足大多已改汉时的曲栅为直栅状。而这种直栅案可一直延续到明清时代。

屏风也在这一时期得到了很大发展,特别是围屏已出现多达十余曲的折叠。要说屏风的装饰,更为多样化,史载有云母屏风、银涂漆屏风、杂玉龟甲屏风、漆画屏风、五色锦屏风、竹屏风等[7]。就其绘画题材和技法来说,汉代的几何纹图案、云气瑞兽和孝行故事等演变为更注重表现人物形象和对生活的写实,内容则以历史故事、烈女贤臣等为主;其绘画技法也突破了传统的勾填设色,而变更为铁线描绘的风格[8]

2. 中国古代在垂足坐未实行之前主要有三种坐姿,即蹲居、箕踞和跪坐。符合封建礼教的坐姿是双膝前行,以示敬意的跪坐。它形成于原始社会,一直延续到汉代,即使汉代盛行坐床榻的习惯,人们在床榻上的坐姿仍为跪坐。魏晋南北朝时期,传统的跪坐礼俗因变革而受到冲击,随之垂足坐出现了萌芽。特别是外来少数民族"胡床"的传入和在佛教徒"禅椅"的影响下,此时的高型家具开始形成。今天我们虽不能获得一千余年前最原始的高型家具实物,但在敦煌、龙门等石窟或传世绘画上,依然能见到诸如椅、筌蹄、胡床和高足凳的珍贵形象。

3. 隋唐以后高型家具发展迅速,它虽未能完全取代矮型家具,但在上层社会已得到广泛流行。这时的椅子通常能见到靠背椅、四出头扶手椅和圈椅三种形式。椅子造型虽十分朴实,但已出现追求线条美的意趣,如搭脑和扶手普遍采用弧形曲线,圈椅的腿足出现花瓣状装饰。这时期的桌子也较多见,有方桌、长方桌、壶门台座式桌,大桌可围坐十余人。唐代床榻流行带壶门的箱式结构,凳子则多见造型美观的月牙形结构。其时的柜子既有承袭汉柜大方腿、小盖的特征,也出现了变大方腿为细腿,腿上饰兽面、柜盖已扩大为整个柜面的新作品。屏风在唐、五代更具观赏性,大型座屏风大多作山水画,屏前往往置有书案,这是当时社会上出现的一种新兴组合,这种组合所形成的环境氛围具有浓郁的文人气息,故对宋代以后的居宅布置深有影响。

有宋一代统治达320年,尽管它不是一个强盛的国家,但却建立了一个比唐朝更为彻底的中央集权政府,故时局相对稳中有进,这对当时经济和文化的发展是十分有利的。据现有资料看,无论宋代的绘画、壁画、出土实物还是文字记载,都表明宋代已流行垂足坐的生活方式,故高型家具普及,这是中国古典家具发展史上的重大转折,它终于摆脱了几千年来跪坐礼俗的束缚,使传统的矮型家具退出历史舞台。人类的文明社会是离不开家具的，但真正适合文明社会的家具必然首先体现其科学性，它既能符合人体生理功能的需要，也应具备自身发展的艺术空间。对此，宋代普及的高型家具在长期集聚的美学意识和木作技术的有利条件下，其结构和装饰上的潜在优势被充分反映出来，主要体现在三个方面：

1．宋代经济繁荣、建筑业发达，家具受其影响，符合力学原理的梁柱式框架结构成为该时家具造型的主流，传统的壸门台座或箱式结构由此逐渐被淘汰。

2．高型家具的发展潜力大大超过矮型家具，故为适应垂足坐生活的需要，宋代家具的品类剧增，诸如抽屉橱、琴桌、折叠桌、交椅、盆架、高几、镜台、枕屏等均应运而生[9]。有的品种形式多样，有研究者曾对宋、辽、金、西夏时期六十六座墓葬中有关桌案材料汇总排比，在总共一百三十九件实物中，按其附件的不同组合形式，可列出十二式之多[10]。

3．宋代家具的附件和装饰得到充分发挥，如这时的腿足出现各种曲线轮廓，有三弯腿、花瓣形腿、云纹足和蹄足。在家具的转角处使用了牙子。在牙条和牙头的装饰上，除传统的壸门曲线外，还刻有云纹、波纹、如意纹和花卉纹。家具的附件还增加了矮老、卡子花和罗锅枨。为了增强视觉效果，这一时期的线脚装饰和局部雕刻已成为常用手段。总之，宋代家具的附件和装饰既符合力学原理，又突出了结构上的艺术性，这种力学和美感相统一的有机组合，为明清中国古典家具走向艺术高峰奠定了坚实的基础。

元代历时短暂，家具木作业继承宋代样式和技术，虽无特别的建树，但已有的成果得到了进一步巩固。直到进入明清时代，随着商品经济的发展，文化氛围的进一步增强，中国古典家具的黄金时期终于到来了。

明代的家具制作，论品类之全、造型之美、工艺之精，在全国范围内首推苏州地区为最。苏州地处太湖流域，土地肥沃，物产殷富，手工业发达。自明代中叶始，社会经济的繁荣使该地区成为人文荟萃之地，同时也助长了豪华奢靡的生活风尚。不少文人雅士，以寄情山水、招朋宴友、吟风弄月为目的，大量兴建私家园林。他们不但参与园林设计，对园林建筑中的家具配备也提出了理想的模式，这就是宏观上承袭宋代以来已基本定型的框架结构，微观上对家具的每一件配件和细部装饰做到精益求精。尤其需要指出的是明代中期以后，诸如黄花梨、紫檀木、鸡翅木、铁力木等硬木材料在该地区开始得到应用，为家具质量的提高带来了飞跃。因为这类硬木管孔紧密，便于匠师操刀，无论是家具体表打磨还是细部雕琢，都能达到得心应手的程度。由此，明代家具在数千年文化积淀形成传统样式的基础上，在明代文人高雅清逸、返朴归真这一特殊文化环境的孕育下，终于在苏州地区萌发了一种结构简练、造型圆润、以富于变化的线脚和精湛雕刻为主要装饰手段，风格典雅大方为时代特征的家具。这一充满文人意趣的家具,在中国传统家具史上被誉称为"明式家具"。

辞明入清,继明式家具后,中国传统家具史上又出现了一种新颖别致的家具,这就是最先流行于清代上层社会的"清式家具"。

清式家具本质上继承了明代宫廷用器漆木家具的特色,在制作工艺上也吸取了明式家具的木作手段,但其成因背景却与明式家具截然不同。清代为满族执政,满族本是女真的一个支族,他们世代生活在我国东北边陲的牡丹江与松花江合流之处,以耕牧为生。至16世纪80年代,在努尔哈赤统率下,合并诸部,日渐强大,并于世祖时率兵入关以武功夺取天下,确立大清地位。其粗犷慓悍的民族心理和叱咤风云的雄伟气魄,决定了流行于上层社会的清式家具,必然具有独特的艺术魅力,这就是造型庄重、装饰华丽、工艺精湛的皇家风范。如果说明式家具以追求神态韵律、造型古朴典雅为特色,那么清式家具则注重体量,提倡繁纹重饰,崇尚雕刻和镶嵌,从而以富丽豪华独树一帜。总之,清式家具的造型和风格,是民族自信性的产物,其艺术价值与明式家具各领风骚,它们作为中华民族文化的优秀遗产,在世界家具领域里都享有盛誉。

注释:

(1) 浙江省文物管理委员会:《河姆渡遗址第一期发掘报告》,《考古学报》1978年第1期;河姆渡遗址考古队:《河姆渡遗址第二期发掘主要收获》,《文物》1980年第5期;浙江省文物管理委员会:《吴兴浅山漾遗址第一、二次发掘报告》,《考古学报》1960年第2期;南京博物院:《江苏吴县草鞋山遗址》,《文物资料丛刊》1980年三;中国社科院考古所:《1978—1980年山西襄汾陶寺墓地发掘》,《考古》1983年第1期。

(2)、(3)、(8) 李宗山:《中国家具史图录》,湖北美术出版社2001年版,第14、105、106、108、110、128、134、144、146、203页;滕任生:《楚漆器研究》,两木出版社1991年版。

(4) 孙机:《汉代物质文化资料图说·家具》,文物出版社1991年版;傅举有:《中国漆器全集》第3卷,福建美术出版社1998年版。

(5) 聂菲:《中国古代家具鉴赏》,四川大学出版社2000年版,第87页;傅举有:《中国漆器全集》,第3卷,福建美术出版社1998年版。

(6) 李德喜、陈善玉:《楚国家具初探》,《南方文物》1993年第1期。

(7) 张英等撰:《渊鉴类函》卷三七六,清光绪年间上海同文书局石印本。

(9) 胡文彦:《中国家具》,上海古籍出版社1995年版,第69页。

(10) 刘江:《宋、辽、金、西夏桌案研究》,《上海博物馆建馆五十周年论文集》,2002年版。

第二章　明清家具的研究现状

明 清 家 具 的 研 究 现 状

人们研究古代家具，一般都注重于明式家具与清式家具，这是因为这两类家具时代性强，艺术层次高，是中国古典家具历数千年发展后形成的结晶。但两者如从家具理念的角度相比较，明式家具结构严谨，尺度适宜，风格典雅，追求的是一种潜在美；清式家具则重体量，重装饰，虽豪华富丽，但往往给人带来一种厚重有余、锦绣不足的感觉。因此，明式家具又相对受人推崇。从历史情况看，明式家具自明代诞生后，其特有的文化气息和艺术风格备受当时士大夫文人阶层的提倡和青睐，故有关家具内容的笔记，自明代后期始激增，如屠隆的《考槃余事》、高濂的《遵生八笺》、文震亨的《长物注》、戈汕的《蝶几图》、李渔的《闲情偶寄》、王士性的《广志绎》以及王圻的《三才图会》等。但遗憾的是这些著述所述及的内容大多是文人与家具的关系，从意趣或欣赏的角度作经验总结，并没有理论上的研究或文化艺术上的探讨。即便是万历增编本《鲁班经·匠家镜》这种专业性很强的书籍，也只是记录当时家具制作的规矩法度，如同"木工手册"。中国历史上把古典家具真正作为一门学科来研究，最早始于20世纪前半叶。其间不乏外籍人士参与，如1926年莫里斯·杜邦的《中国家具》；1929年威廉·斯洛曼的《万神庙》[1]。影响最大的著述要算德人古斯塔夫·艾克1944年出版的《中国花梨家具图考》一书，他在绪论中已开始对中国传统家具的造型和结构进行探索，其内容涉及到明清时代硬木家具的工艺、配件、装饰和年代鉴定。对于国人来说，杨耀先生则开其先河，他在1942年《北京大学论文集》发表的《明代室内装饰和家具》的论述中，最先阐述了"明式家具之式样与做法"，这显然对"明式家具"学术观念的形成起到了先导作用[2]。继杨耀之后，王世襄先生为集大成者，他于20世纪40年代始潜心于家具研究，积数十年之辛劳集明式家具珍品达七十九件，并于1985年和1989年出版了明式家具《珍赏》和《研究》两集，从而奠定了中国古典家具作为一门学科而必须具备的理论和物质基础[3]。

无论艾克、杨耀还是王世襄先生，研究古典家具的科学性都离不开实物。艾克先生的《中国花梨家具图考》共收录标本一百二十二件，其中不少精品已在1949年前流往国外，但其中的黄花梨凤纹衣架和黄花梨高面盆架又分别转入王世襄和陈梦家收藏。王世襄先生著述所用资料，除了取用中央工艺美院、北京木材厂、北京硬木家具厂和天津艺术博物馆等少量藏品外，主要是其本人和陈梦家所藏的一百零五件作品。这些作品经王世襄先生对其造型、结构、纹饰和榫卯技术的解剖和分析，现已作为明式家具的经典范例载入史册。故凡１９８５年以后成书的家具著述，在论述明清家具时代风格时，都无不以此为实例。

对于明清家具的研究，至今已有大半个世纪。其成因过程、品类、结构和装饰特征，人们已耳熟能详。但必须指出的是家具领域里还有一个至关重要而迟至今日尚未得到很好解决的问题，即年代的鉴定问题。王世襄先生在其《明式家具研究》一书中曾坦然指出，由于木制家具绝大多数没有刻款，所以不能为正确断代提供借鉴依据，故寄希望于后学者能有所进益，如能把明代早、中、晚和清前期几个大段落的家具分辨清楚，已经是取得很大成绩了。王世襄先生是学界前辈，是撰祉延鸿、著业延禧的大家，他的殷切期望已在家具研究领域里产生了深远影响，今日的《收藏家》杂志、《中国文物报》"收藏鉴赏版"等刊物，已时有文章探索，尽管至今未有一致的认识，在鉴定标尺上也未形成共识，但这种见智见仁的作风，无疑是家具研究向纵深发展的动力。辩证地说，没有家具时代上的正确定位，就无法将同一时期的作品组合成一个共同体，也就不能正确归纳它们之间存在的共性，其结论也就失去其科学性。可见家具的正确断代是学术研究的首要前提。现时国内收藏并被人们推崇的明式家具数量日增，不少藏家或兴趣爱好者也常有专著出版。在此，我们应牢牢记住著名学者季羡林先生在其《敦煌学大辞典•序》中说过的一句话："一部学术发展史告诉我们：学术进步有似运动场上的接力赛。后者总是在前者已经取得的成绩的基础上继续前进的，推陈出新，踵事增华是学术发展的规律。"进入二十一世纪的今天，但愿这一规律能在我们的共同努力下，尽快走向辉煌。

注释：
(1) 参见古斯塔夫•艾克：《中国花梨家具图考》，地震出版社1991年版，第199页。
(2) 杨耀：《明式家具研究》，中国建筑工业出版社1986年版。
(3) 王世襄：《明式家具研究》，三联书店（香港）1989年版。

>>> 插图2-1 明代版画中带莲花柱式联帮棍的椅子

>>> 插图2-2 明代版画中带莲花柱式联帮棍的椅子

>>> 插图2-3 明代版画中带莲花柱式联帮棍的椅子

>>> 插图2-4 明代版画中带莲花柱式联帮棍的椅子

第三章　明清家具的品类、结构形式和制作丰代

中国古典家具发展到南宋时,其品种和形式已大体完备。到了明清时期,我国的家具制造成为高度科学性、艺术性和实用性相结合的优秀生活用具。其时的家具种类繁多,无论坐具、卧具还是屏蔽用具、贮存用具应有尽有。今按传世实物的造型和功能分类,则可列为床榻、椅凳、桌案、柜架和杂件五大类。

第一节　床榻类家具

明清时期的卧具主要有四种形式,即架子床、罗汉床、榻和拔步床。拔步床体积庞大不易移动和保存,故传世的明代实物几乎不见。但在上海地区的明墓中,出土了用以随葬的明器。其样式是标准的明代作风。

一、架子床

架子床因床体上设立柱以备挂帐而得名。在家具发展史上,这种床式早在东晋顾恺之《女史箴图》上已有其雏形(插图3－1)。床上设帐虽见于汉代,但将帐架立于床体,使床帐立柱和床身合于一体而成为名副其实的架子床者,这是最早实例。最初的架子床,床上除挂帐外,帐内多设板式围屏,围屏上往往以彩画装饰。但用这种板围子合成的架子床后期未见传播。我国历史上被人们广泛接受的架子床是在明代发展起来的。其基本结构分为床身、立柱和顶罩三部分(插图3－2)。床身有桌形结体和案形结体两种。床足主要有内翻蹄足、三弯腿、鼓腿彭牙或直足。床顶上设框架或盖板,用作"承尘"。顶盖下有挂檐和倒挂牙子。架子床在称谓上人们通常以立柱多少命名,有四柱式、六柱式和八柱式之分。四柱式最为简单,仅三面安床围子;六柱式即在床梃前沿增加两根门柱,门柱分别与前沿两侧立柱用门栏连接;八柱式则在床的前后梃都加门柱,形成双门,即前后都可以上下。这种床式形体较大,传世实物仅见于清代。

架子床是明清两代卧具中最为常见的床式,故传世实物相对较多。这种床式因时因地的不同,装饰上虽有差异,但其制作理念和基本结构有着很强的传承性。为此,传世实物中的架子床其制作年代往往不易鉴定。现经长期实践和探索,我们认为对于架子床的年代判断,除了注重造型外,更应重视其装饰纹样的时代性。今笔者收集明式架子床珍品图片两张,尽管它们都是六柱式造型,但床体结构和装饰纹样却揭示了他们属于两个不同的时代。

>>> 插图3－1　东晋顾恺之《女史箴图》上的架子床

>>> 插图3－2　明万历《鲁班经》中的架子床

>>> 图 3-1 明黄花梨插肩榫六柱式架子床

>>> 图 3-1A 挂檐上的龙纹雕刻

>>> 图 3-1B 牙条上的卷叶纹

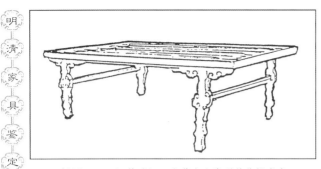

>>> 插图3-3　江苏邗江五代墓出土案形结体榻式床

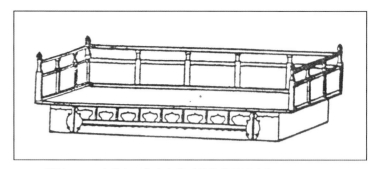

>>> 插图3-4　内蒙古辽墓出土案形结体带矮围子床

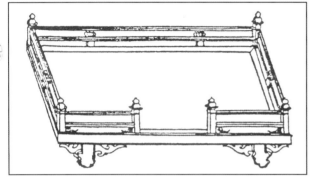

>>> 插图3-5　山西大同金墓出土案形结体带矮围子床

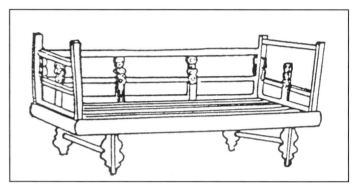

>>> 插图3-6　山西襄汾洪武墓出土案形结体带矮围子床

>>> 插图3-7　五代王齐翰《勘书图》案形结体榻式床

>>> 插图3-8　五代周文矩《重屏会棋图》案形结体榻式床

1. 明黄花梨插肩榫六柱式架子床（图3-1）

长205厘米、宽132厘米、高230厘米。

该床原流散于民间，1995年由陈增弼老师首次发现，并发表于《收藏家》杂志总第36期。这是一张造型独特、传世实物中尚无先例的架子床。床身为案形结体，四条花瓣形足用插肩榫与前后边梃连接，足间用直枨加固。床屉编织棕棚。大边边梃与两端抹头均作简练的冰盘沿线脚。床沿下设宽牙条，上减地浮雕卷叶纹（图3-1B），纹样卷转繁缛。床体上层设六柱。立柱在围栏以上部位做成洼面，柱角倒棱施委角线。床围子设栏杆，围栏用竖、横直枨攒接成对称的几何纹图案。围子凡正视部位均做成洼面，反面平直。立柱顶端用作承尘的框架为方格式。正面柱间设倒挂楣子两层，上层打槽装绦环板，板上镂鱼门洞，中透雕卷叶纹、莲花和叠棱纹（方胜）；下层挂牙边沿作壸门曲线，上透雕双龙戏珠（图3-1A）。在楣子下端立柱间，四面皆设罗锅枨，用以增加立柱之间的强度。

这张架子床，无论其造型、制作工艺或装饰纹样所体现的时代信息，应为明代中期的作品。具体表现在以下三个方面：

（1）中国古典家具造型分类上，人们通常把腿足置于平面四角的称之"桌形结体"，腿足内收者则为"案形结体"。案形结体的家具是一种古老的结构形式，早在三千年前的甲骨文中，就有了这种床式的象形文字"┳┳"[1]。这种符合材料力学原理的结构形式，汉代以后得到广泛应用，仅出土实物就可为我们提供众多例证，如江苏邗江五代墓出土的榻形床（插图3-3）[2]、内蒙古辽墓出土的带矮围子床（插图3-4）[3]、山西大同金墓和襄汾明初洪武时期的墓葬中也都有出土（插图3-5、插图3-6）[4]。另外在古代绘画如五代《勘书图》与《重屏会棋图》上，也能见到这种床式（插图3-7、插图3-8）[5]。上海博物馆收藏的这张架子床除了床体立柱增高可置顶盖作防尘外，在构件的组合上也与上述床式一脉相承，如围子上设栏杆，并用高矮老连接；腿足不但同样雕琢出花芽形轮廓，而且还保持着用直枨支撑的原始作法。为此，该床的基本结构显得十分古朴，它与明代嘉靖以后版画上大量出现的架子床风格完全不同。

（2）这张架子床的木作工艺比较陈旧，制作手段也显得不规矩。如整体构件的连接均使用透榫，透榫牢度虽相对要强，但暴露榫孔和榫舌截面影响美观，而这正是明代之前传统匠作的孑遗。对该床主要装饰部位攒接而成的双笔管式围子来说，明代计成所著《园冶》中已有提及，但双管排列不匀，主要是用料有长短，榫孔间距有差异，以至造成横杆、竖杆不同程度的倾斜，直观形象很不对称。还需指出的是，该床在减地浮雕工序上对地子的处理也不够平整，使牙条和看面床足表面无光洁度可言。中国古代使用硬木制作家具是从明代晚期才流行起来，明代中期极少有见，故其匠作技术还相对不够成熟。

（3）这张架子床能体现其时代特征的除上述诸因素外，还特别要重视以下两点：一是床体上层建筑均用方材，凡看面都打洼，立柱经倒棱后再施委角线。明代家具好施洼面和委角线的匠作手段，过去在明式家具研究领域里未被人们重视，其实这种线脚是明代的特色，笔者在明墓发掘时经常在出土的器具上见到，在明代建筑上也常有使用，如安徽歙县呈坎村建于明代嘉靖时期的"宝伦阁"所用立柱，就是这种洼面结合倒棱带委角的线脚（插图3-9）。笔者在黄山徽州区潜口村建于明代中叶的"方观田宅"中，见到一张与屋俱存的六柱式架子床，尽管该床为板式围屏和床额作成冬瓜梁，显示着它的地方特色，但其六柱上的线脚亦作洼面，而且同样倒棱施委角线（插图3-10）。二是该床楣额和牙条上刻作的龙纹和卷叶纹，也均有明代中期风格。龙纹的形象是龙发上冲前飘，头额隆起，如意形鼻前凸，体有丫状飞翼，龙爪四趾，鼻须甚短，这样的形象刻画，其制作年代是不会晚于明代中期的（参见本书第四章第三节"龙纹"部分）。再从牙条上的卷叶纹看，明清时期家具牙条上的卷叶纹是一种时代性很强的装饰，其规律是时代早写实性强，叶瓣宽阔繁密；时代晚则蜕变为飘带形，毫无生气。该床牙条上的卷叶纹叶瓣宽厚卷转，与现藏故宫博物院明初釉里褐宝座看面的卷叶纹风格一致（参见本书第四章第三节"卷叶纹"部分），故其纹样的时代也不会晚于明代中期。

　　明式家具作为学术名称，它指的是材美工良、造型优美的家具。人们一般认为明式家具是在明代晚期始进入它制作上的成熟期，明代中期尚处于萌发阶段。而本器用黄花梨硬木制作的架子床，是目前所见最早的和仅有的明代中期作品，故该床的形制、匠作手段和装饰纹样，无疑对明式家具的形成具有重要研究价值。

>>> 插图3-9 安徽歙县呈坎村明嘉靖"宝伦阁"立柱

>>> 插图3-10 安徽黄山市潜口村明方观田宅中的六柱式架子床

>>> 图3-2　清黄花梨六柱式架子床

2．清黄花梨六柱式架子床（图3-2）

长226厘米、宽162厘米、高234厘米。

该床于1993年在浙江民间征集。从整体风格看，庄重大方，华贵而不失秀丽。若从文化的意趣细加品味，无论在结构上和装饰上，都无愧为明式家具的代表作，在国内收藏的黄花梨架子床中，很少见到如此优秀的同类实物。

这张架子床床身十分敦实。具有中国古典家具鲜明特色的三弯腿与宽阔的牙条以45度夹角相交，显得自然和谐。在床屉与牙条之间增饰一束腰，以至床身在视觉效果上出现了层次感。该床的上层设施也十分得体，围子以四簇云纹加十字相连，上设栏杆，中以螭纹卡子花点缀，这种疏密有致而又恰如锦地的布局，使朴实无华的图案折射出丝丝典雅的韵味。床顶上四周均落挂檐，三面纹样与围子同，做到上下呼应。正面楣子透雕双凤朝阳和双龙戏珠纹，间以转珠云衬托，使空灵剔透的画面气息充满活力。

人们崇扬明式家具，除了造型上的秀丽大方外，其木作工艺出类拔萃之处也是无可否认的。就本床而言，主要表现在三个方面：一是能充分运用线脚装饰，如牙条边沿为皮条线，用壶门曲线与三弯腿相连，线条柔婉流畅。在床体立柱上，摒弃了通常的单调乏味四面平造型，而施以小洼面和减地圆角线脚装饰。二是凡看面正视部位，都精雕细琢吉祥题材，如门围子刻麒麟，通体设鳞，毛发纤细，五官传神，回眸作奔走状。牙条上为减地手法的浅浮雕，卷叶纹舒展飘逸，螭呈爬行状，张口舞爪相向而行。三是重视围子装饰，即以斗簇的工艺手段作组合云纹加十字相连，在制作上追求对称匀净，尤如漆器雕刻上的锦地纹，能对环境氛围起到极强的烘托作用。总之，这件高品位的明式家具，从造型到雕刻，无不倾注着设计者的匠心，无怪乎人们总是把明式家具誉之为文人家具。

这是一张民间传世的架子床。这种床式从明代后期始流行，一直可延续到近代。而本床则是清代中期的作品。其时代特征体现在以下三个方面。

（1）三弯腿云纹足是元明清三代常见的造型。从传世和出土实物以及有关绘图看，元明时期的三弯腿所表示的云纹足是以各种立体的形式出现的（插图3-11、插图3-12、图3-3）。进入清代以后，随着腿足的增高，足端云纹才从立体形转向平面形，以浅浮雕甚至是线刻来勾勒云头。本器云纹造型显然属后者。

（2）该床围栏是用斗簇的手法把刻成一团的四朵云纹加十字组合而成。斗簇工艺在明代后期始流行，吴江计成所撰《园冶》中的"斗瓣"即如此表现[6]。但明代的斗簇有梅花式、尺栏式、海棠式、锦葵式诸种，却未见用十字相连的。笔者在安徽、江西等地考察明清建筑时，常见清代建筑的格子门和窗棂上使用这种纹样，也有用作匾额边栏的[7]。为此，家具上出现的四簇云纹加十字连接的图案，应是从清代的建筑装饰移植而来。

（3）判断这张架子床制作年代的另一重要依据是床体上雕刻的龙纹、螭纹、麒麟纹和卷叶纹。因为这些纹样按其刻画特征，均属清代中期作风。

龙纹（图3-2A）：龙首毛发似火焰状飘忽，非传统的后曳或上冲式。头颅短，嘴角开口浅。眉作锯齿形，飞翼消失，握拳状爪，鼻须特长。

螭纹：该床分别在牙条、挂牙和卡子花上雕琢螭纹（图3-2B、图3-2C、图3-2D）。尽管它们的形体有不同的表现形式，但其共性已变兽身为蛇身。有的作环体，也有的四肢消失体尾不分。

麒麟纹（图3-2E）：明代的麒麟形象有四大特征，即龙首、鳞身、蹄足和肩部生有"丫"字形飞翼。该麒麟头部形象已是清代的作风，而且飞翼完全消失。

卷叶纹（图3-2F）：牙条上的卷叶纹叶瓣表现不明显，整体

>>> 插图3-11　元大德二年版画圆悟禅师插图上的云纹足

>>> 插图3-12　上海龙漕古典家具商行藏明代石供桌三弯腿上的云纹足

>>> 图3-3　上海博物馆藏明代脚踏上的云纹足

>>> 图 3-2A 龙纹

形象如同一根等宽的飘带，与明代宽厚饱满近于写实的卷叶纹风格迥然不同。

对上述纹样制作年代的确认，是我们将可信实物按时间先后排列有序而获得的图样资料作标尺加以厘定的（参见本书第四章第三节），其科学性毋庸置疑。反之，当我们确信如此优秀的架子床是清代中期的作品时，我们将更加坚信，即明式家具在清代中期的发展势头是十分强劲的。

>>> 图 3-2D 螭纹卡子花

>>> 图 3-2C 螭纹挂牙

>>> 图 3-2E 麒麟纹

>>> 图 3-2B 牙条上的螭纹

>>> 图 3-2F 卷叶纹

二、罗 汉 床

在高型家具未产生之前的汉代，作为坐卧用具并明确见于记载的，主要是床和榻。汉代的床、榻功能不同，其大小也有区别，《初学记》卷二五引汉儒服虔《通俗文》中指出，"三尺五曰榻，八尺曰床"，若以今制折合，则当时的榻长仅84厘米，床约长192厘米。以此可见榻当属坐具，床可坐卧两用。汉代床、榻尽管体积上有差异，但有一个共同点，即好在周边设围子为屏。山东安丘汉画像石与辽阳棒台子屯东汉墓壁画中所见床榻，都在其背后设扆，侧面设屏，合称"屏扆"[8]。从出土资料看，汉代屏扆都较高，汉代以后屏扆的高度逐渐递减，至宋代时"屏"与"扆"的作用消失，而演变为一种装饰性较强的矮围子，这在传世绘画上有较明确的反映，如五代后蜀黄筌《勘书图》和宋人《维摩图》所绘床榻上的围子就显得十分低矮，并以绘画和窗棂条格装饰（插图3-13、插图3-14）。至迟在宋代出现的这种矮围子床榻，从家具造型演变的传承性看，无疑是明清时期流行的"罗汉床"之前身。

明清时期文献资料以"罗汉床"命名的家具不见记载。这是因为罗汉床只是北方匠师的一种俗称。若按此三面围子的床式，明代史料上有称为"弥勒榻"的。事见明高濂《遵生八笺》：短榻，"高九寸，方圆四尺六寸，三面靠背，后背少高。如傍置之佛堂、书斋闲处，可以坐禅习静，共僧道谈玄，甚便斜倚，又曰弥勒榻"[9]。明代被人们习称为罗汉床的床榻，通常较"弥勒榻"为长，文震亨《长物志》中有其明确记载，"榻，座高一尺二寸，屏高一尺三寸，长七尺有奇，横三尺五寸，周设木格，中贯湘竹，下座不虚，三面靠背，后背与两傍等，此榻之定式也"[10]。显然这种长七尺的罗汉床与被称之短榻的"弥勒榻"坐具在功能上是不同的，故这两种家具不能混为一谈。那么北方匠师何以将此类带矮围子且较长的床榻称之"罗汉床"？前辈学者曾有过不同的解释，有的认为罗汉床的矮围子同建筑结构中的"罗汉栏板"有相似之处，故很可能罗汉床之名，是用来区别围子间有立柱的架子床[11]；又有的认为这种床式整体形象敦实厚重，颇像一尊端坐的胖罗汉，故始有此称谓[12]。上述探说不免有牵强之处。笔者认为罗汉床之由来脉络是清楚的，

>>> 插图3-13　五代黄筌《堪书图》上的榻
（台湾"故宫博物院"藏画）

带围子的床榻早在唐宋已定型,前述宋人所绘《维摩图》最为典型,维摩为大乘居士,他手持法器在床榻上现身说法[13]。事实上明代罗汉床的前身即唐宋时期流行的有矮围子设壶门带托泥的床榻,这种床式唐宋时期最为佛教僧侣和居士所喜爱。所谓居士,即梵语迦罗越,《维摩诘·方便品》称:"若在居士,居士中尊"。慧远疏:"在家修道,居家道士,名为居士"。唐宋时期不少文人雅士正是奉佛修道者。为此,罗汉床的称谓实与早期使用对象大多为佛教徒有关,这是民间长期来约定俗成的一种便称,它与"置之佛堂、书斋闲处,可以坐禅习静,共僧道谈玄,甚便斜倚"的弥勒榻性质是一致的。

明清时期的罗汉床风格典雅,且大多小巧玲珑,"置之斋室,必古雅可爱,又坐卧依凭,无不便适。燕衎之暇,以之展经史,阅书画,陈鼎彝,罗肴核,施枕簟,何施不可。"[14]为此它深受时人赏识,不但在明清两代皇宫、王府的殿堂和文人书斋里有陈设,出土实物中也时有明器发现。在明清小说版画中,更是随处可见的常设家具。

明清两代的罗汉床范例甚多,但遗憾的是真正属于明代的遗物传世极少,大多为清代作品。不过在上海地区明代中期墓葬中出土了一件结构上很有代表性的模型。清代罗汉床中,则有明式的,也有清式的;围子有作三屏风、五屏风、九屏风不等;围子装饰有用绦环板的,也有嵌云石或攒接的。这些不同样式的罗汉床,都是清代人文文化的真实反映。

>>> 插图 3-14 宋人《维摩图》中的床榻(台湾"故宫博物院"藏画)

>>> 图3-4 明楠木三屏风围子罗汉床

1．明楠木三屏风围子罗汉床（图3-4）

长33厘米、宽8厘米、高12厘米。

该床出土于上海宝山冶炼厂明墓。据买田券记载，是明代中期成化年间的随葬品。

这张罗汉床后板围子为中高旁低的独板，上有宽墨线作间隔，如同用三块板攒合而成。该床铺面板材截面下皮内收为冰盘沿，与彭出的牙条衔接如束腰状。看面三足，为三弯腿形式。足下刻作兽首形，下按托泥。腿间牙条并列壶门。三面围板作后高前低的阶梯状走势，并都作委角。

用木板作围子是中国古代罗汉床中最为简便的做法。作为明器该床不施雕刻和装饰，故尤显得简朴。然而我们仍能在其简朴中得到以下两点反馈。

（1）明代罗汉床主要以三屏风围子为结构形式。这不但在明和清初版小说插图中有较多的反映（插图3-15、插图3-16、插图3-17、插图3-18、插图3-19），出土实物亦能为之佐证。如明洪武年间山东朱檀墓出土的罗汉床（插图3-20）[15]、明万历时期浙江嘉兴项氏墓出土的罗汉床[16]和现正在台湾台中科技博物馆展出的明绿釉陶质罗汉床（插图3-21）也都是三屏风围子罗汉床。从现有资料看，罗汉床的围子组合越多，其时代越晚，五、七、九、十一屏风围子罗汉床，都是进入清代后才出现的。

（2）在传世实物中，可以确认为明代晚期的罗汉床已十分罕见，至于明代早、中期作品更是无所见。我们目前能见到的明代早、中期罗汉床样式唯有两处明器：一为山东朱檀墓出土；另一即本器。此外现藏于北京故宫博物院的元末明初遗物青花釉里褐宝座，尽管其体短而作为坐具，但其围子形式与罗汉床等同，故亦可作为明前期的资料进行研究（插图3-22）[17]。上述三器在围屏上有三点共

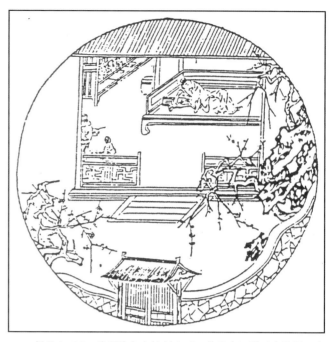

>>> 插图 3-15　清顺治方来馆刻本《万锦清音》版画中的罗汉床

>>> 插图 3-19　清顺治方来馆刻本《万锦清音》版画中的罗汉床

>>> 插图 3-16　明天启刻本《彩笔情辞》版画中的罗汉床

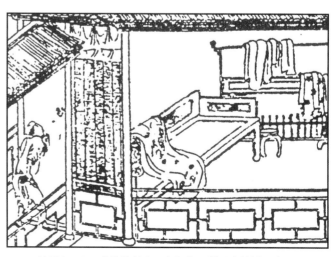

>>> 插图 3-17　明崇祯刻本《金瓶梅》版画中的罗汉床

>>> 插图 3-18　明崇祯刻本《金瓶梅》版画中的罗汉床

性：一是都为三屏风式，后边围板似作三段组合，但均为榫卯相连的独板；二是背板中高旁低，两侧更低，围子走势呈阶梯状；三是围屏均施委角。上述诸特点与宋人《维摩图》所绘床榻上的矮围子相同，故纯属传统的结构形式。这种形式的罗汉床，在明代后期版画上已几乎不见。再从床体看，首先三器床足均为三弯腿，三弯腿是元代家具特色之一，在元代家具中能找到很多实例（插图3-23、插图3-24）[18]。而到了明代中期以后，罗汉床的腿足大多作内翻马蹄形。其次，山东朱檀墓和上海宝山冶炼厂明墓出土的两张木质罗汉床，其床足下都有托泥，这也是宋代以来的传统作法。尤其需要指出的是上海出土的这张罗汉床，其看面还设三足和并列壶门，这就更多保留了古代床榻多足、多壶门特征，故显得更加古朴。托泥的应用和多足的结构形式，在蹄足占主要地位的明代晚期，已逐渐消失。

>>> 插图3-20　明洪武朱檀墓出土带帐架罗汉床

>>> 插图3-22　内蒙古赤峰元宝山元壁画墓中的三弯腿圆机

>>> 插图3-24　山西文水北峪口元墓壁画中的三弯腿抽屉桌

>>> 插图3-21　明绿釉陶罗汉床

>>> 插图3-23　元末明初青花釉里褐宝座（故宫博物院藏）

>>> 图3-5 清铁力木床身紫檀围子罗汉床

>>> 插图3-26 明万历萧腾鸿师俭堂刊本《陈眉公批评红拂记》

2. 清铁力床身紫檀围子罗汉床

长221厘米、宽122厘米、通高83厘米。

床身束腰打洼,四足与牙条作鼓腿彭牙式。围子攒接作曲尺形。该床整体造型十分端庄,特别是用指甲面短材以圆角攒接而成的曲尺式围子,显得十分匀称雅致,清代匠作之美,此亦可谓一例。

这张罗汉床虽视觉效果颇美观,但有两点当引起研究者注意:一是其质地,三面围子均用紫檀制作,而床身却用并不名贵的铁力木[19],何故?二是后背围子与两侧围子的衔接显得十分勉强,现状是后背显短,所以只得在两侧立柱外再添加一条木,此条木再与侧面围子榫卯相接,而并非作一木连做或直接在两侧立柱上开孔与侧面围子相连。在中国古典家具中,凡规正而有品位的作品,其主要用材应保持一致性,倘若材料匮乏,则主料可拼接,辅料可用其他材料补充,而未见有如此凑合的。另一方面,明式家具在结构上向以科学、合理为尚,众多传世罗汉床,侧面围子总是与后背围子的两侧边框直接衔接,而并非在后背围子的两端添加条木与侧围相接,这种做法不但有损牢度,在形式上与传统做法相悖,由此就难免有该罗汉床床身与围子并非原配之嫌。

这张罗汉床已流传有年,它是否是原件组合,尚有待作进一步研究。但就其围子和床身各自的制作风格来说,它们都是清代的做工,而且十分典型。

首先是围子。明代的床无论是架子床还是罗汉床,最形象、最直接的信息,莫过于戏曲或小说版画上的各类插图和明墓出土的家具模型。版画在明代晚期十分兴盛,其内容是现实生活的写照,故有关家居的环境和家具的样式当事出有据。据笔者收集的资料,在数以千计的明版插图中,明代晚期罗汉床的围子一是用

>>> 插图 3-25 明万历萧腾鸿师俭堂刊本《陈眉公批评红拂记》

>>> 插图 3-27 明汤显祖撰《玉茗堂还魂记》

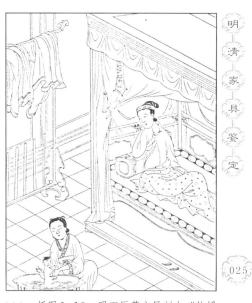

>>> 插图 3-28 明万历草玄居刻本《仙媛纪事》

>>> 插图 3-29 清顺治刊《笠翁十种曲》本《凤求凰》

>>> 插图 3-30 清顺治刊本《玉搔头》

>>> 插图 3-31 清顺治刊《笠翁十种曲》本《奈何天》

>>> 插图 3-32 明崇祯金陵两衡堂刻本《画中人》

>>> 插图 3-33 明崇祯刻本《金瓶梅》

>>> 插图 3-34 明万历新安刻本《红梨花记》

>>> 插图3-36 明崇祯刻本《金瓶梅》

直板,二是嵌云石作装饰。明人文震亨在其《长物志》中还提到髹漆和嵌螺钿两种[20]。在明版插图中,由于架子床的围子相对罗汉床要高,故其对围子样式的设计要比罗汉床丰富。其间有各种开光式围子,如云头、壸门、海棠式等造型(插图3-25、插图3-26、插图3-27、插图3-28)。其次是用攒接手法制作成"卐"纹、"H"纹、"T"字纹、斜格纹、直棂纹、"一字连环纹"和"十字连环纹"等图样(插图3-29、插图3-30、插图3-31、插图3-32、插图3-33、插图3-34、插图3-35、插图3-36),但也始终未见这种曲尺式围子。事实上曲尺式围子在我国古代出现很早,它本是建筑栏杆的装饰,如山西云岗石窟北魏时期的栏杆上已有发现;现藏西安市文管会的隋开皇四年董钦铜造像的围栏上也有使用[21];辽宁昭乌达地区辽墓的棺栏和宋代《璇闺调鹦图》栏杆上均有这种曲尺纹[22]。从现有资料看,这种建筑装饰上流行的曲尺纹,在明代时还未被移植到家具上来。明代卧具上的围子纹样组合较为简朴,而且从绘图形象和出土的架子床围子的匠作看,在攒接处均保持直角状态。而该罗汉床围子不但把攒接围子所用的材料处理成清代流行的指甲面线脚,而且攒接交汇处加工成圆角,使曲尺显得更柔婉、秀丽。这种匠作手段与明代的硬作工是完全不同的。它流行于清代,因为在清代的栏杆上常常能见到(插图3-37)[23]。

除了床围子外,该床床身造型的时代性也能在其蹄足上体现出来。中国古典家具发展到明清时代,蹄足是最常见的一种形式。但明清两代的蹄足在造型上是有明显区别的。明代蹄足的挑出部分十分低矮,这有大量实例可证:如故宫旧藏刻有崇祯款的填漆戗金龙纹罗汉床(插图3-38),其足挑出部分作扁方形[24];上海明万历潘氏墓出土的几架(图3-6)[25]、苏州明万历王锡爵

>>> 插图3-38 故宫旧藏崇祯款龙纹罗汉床

墓出土的拔步床(插图3-39)[26]和浙江嘉兴项氏墓出土的木榻(插图3-40)[27],其足亦十分低矮。明代使用矮马蹄的现象,在有关史料绘制的图样上也能见到踪迹,如明万历时期出版的专释器用形制的《三才图会》所绘架子床和罗汉床,其内翻马蹄也是那样低矮(插图3-41A、插图3-41B)[28],以上实例揭示的是明代蹄足的基本形态,与本器床足大挖马蹄,蹄足高而方正的作风完全不同。明清时期,蹄足的发展趋势是由低向高递进,这是家具年代鉴定上应该掌握的一个规律。本罗汉床的蹄足造型,在明代遗物中不得一见,而在清代同类家具中却是常见的,如故宫博物院收藏的花梨嵌玉石栏杆罗汉床,其鼓腿彭牙和内翻蹄足的造型即与本器一模一样(插图3-42)[29];另有被称为紫檀透雕荷花纹的罗汉床,其鼓腿彭牙内翻蹄足的作风,亦与本器相一致(插图3-43)[30]。上述两器牙条下坠或在牙条上浮雕方拐子纹,足证其制作年代不会早于清代中期。

从现有传世实物看,这种方折明显的高马蹄足,流行于清代中期。清代中期以后,腿足造型又开始向粗壮发展。笔者收集的清代中晚期作工考究的床榻,其腿足形体大多如此(插图3-44A、插图3-44B),这是受清式家具重体量作风的影响。而作为一种时代风格,不但传世实物有其表现,在清代绘画中也能反映出来,如现藏天津艺术博物馆的清嘉庆时期的杨柳青年画"苏小妹三难新郎"中的床足(插图3-45)[31],就是那么粗壮而笨拙,它既费料,上下比例也失调,这就是中国古典家具进入后期阶段在造型和艺术上出现的一种衰微现象。

>>> 插图3-37 安徽歙县斗山街清乾隆杨家大院围栏上的曲尺纹

>>> 图3-6 上海明万历潘氏墓出土的架几

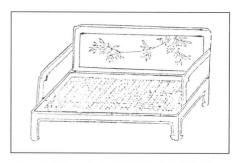

>>> 插图3-41A 明万历王圻《三才图会》上的架子床和罗汉床

>>> 插图3-41B 明万历王圻《三才图会》上的架子床和罗汉床

>>> 插图3-40 浙江嘉兴明万历项氏墓出土木榻

>>> 插图3-39 苏州明万历王锡爵墓出土的拔步床

>>> 插图3-42 故宫藏清代花梨嵌玉石栏杆罗汉床

>>> 插图3-44A 浙江慈溪民间收藏架子床

>>> 插图3-43 故宫藏清紫檀透雕荷花纹罗汉床

>>> 插图3-44B 浙江慈溪民间收藏架子床

>>> 插图3-45 天津艺术博物馆藏清嘉庆杨柳青年画中的架子床

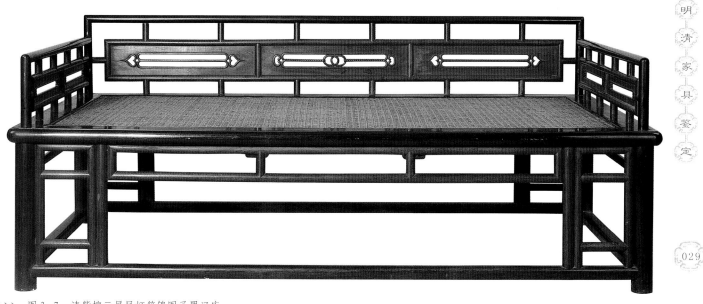

>>> 图3-7 清紫檀三屏风灯笼锦围子罗汉床

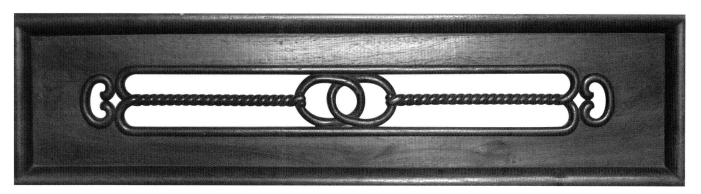

>>> 图3-7 清紫檀三屏风灯笼锦围子罗汉床局部

3. 清紫檀三屏风灯笼锦围子罗汉床（图3-7）

长216厘米、宽130厘米、通高85厘米。

明清时期的罗汉床结构，大多由围子和床身分体组合的。而该床围子与床身不能分体，关键是其腿足与围子立柱一木连做。这张罗汉床在传世实物中虽不多见，但在元代至顺刻本《事林广记》中有其踪迹（插图3-46），故仍属中国古典家具中的传统样式。

该罗汉床结构上的另一特点是床屉与管脚枨之间设立柱，立柱与腿足之间形成的空间配置竖框，立柱与立柱之间的空间，装榻子式窄横框。这种结构形式与明清时期流行的竹制家具匠作手段十分相似。古代用竹子制作家具必然存在两个弱点：一是竹的受力强度不如木材坚实，易弯曲，故竹制家具必须用立柱支撑或镶框以增加强度，如插图3-47、插图3-48、插图3-49所示；二是竹子不能出榫，故凡交接处多用裹腿做。对本器来说，床屉四边与管脚枨虽未采用裹腿做的方法，但柱间镶入方框的做工当是非常典型的。这张罗汉床床体大边和抹头用材粗壮，且是硬木紫檀料，故有很强的承重力。由此，床屉下部仿自竹制家具的结构形

>>> 插图3-46 元至顺福建建安椿庄书院刻本《事林广记》续集卷六插图

>>> 插图3-47 明万历金陵陈氏继志刊本《重校荆钗记》

>>> 插图3-48 明万历虎林容与堂刊本《李卓吾先生批评琵琶记》

>>> 插图3-49 清顺治十八年方来馆刻本《比目鱼》

>>> 插图3-51 清光绪刊本《详注聊斋志异图咏》

>>> 插图3-50 清乾隆徐氏梦生堂刊本《写心杂剧》

>>> 插图3-52 清光绪上海藏壁园藏本《海上百艳图》

>>> 插图3-53 清光绪刊本《详注聊斋志异图咏》

式显然是出于一种装饰的目的，以此来弥补腿间空旷、单调的视觉效果。

上海博物馆收藏的这张罗汉床造型较别致，前人虽有著录，但对其制作年代未有考证，这或许是由于找不到对比资料的缘故。其实该床的装饰风格和所施纹样的时代性是十分明显的，它表现在两个地方：

（1）该床围子的结构形式是从清代房屋建筑的窗棂形式移植而来。清代的窗棂样式丰富多彩，但自清代中期以后流行一种民间称之为"灯笼锦"的结构，即内心为长方框，旁用短柱与外框连接，由于窗户相连，犹如盏盏灯笼而得名。这种灯笼锦式的窗饰主要是为配置玻璃设计的，所以它在清代中期以后才流行，该时期的门、窗以至家具上都能见到如此图样（插图3-50、插图3-51、插图3-52、插图3-53、插图3-54）。

（2）该床围子所置绦环板上开凿鱼门洞，内使用了双套环卡子花连绞丝纹绳索的图样。家具上的双套环卡子花明代不见使用[32]，

目前见到的最早形象资料系故宫博物院藏《雍亲王题书堂深居图》上
的方桌（插图3－55），其时间约在康熙后期⁽³³⁾。近年笔者赴安
徽、江西等地对明清建筑和家具进行实地考察，发现双套环卡子花流
行于清中期以后，是各地门、窗和挂落上常见的装饰（插图3-56、插图
3-57、插图3-58、插图3-59）。绞丝纹绳索在家具上的出现时间相对要
晚些。它最先应用于清式家具上，并专门与玉璧相连（插图3－60），名
为"绦璧纹"。中国古代向有供璧、系璧以通凶吉的迷信意识，最早见
之《礼记•明堂位》："周又画缋为沙棻，戴以璧，垂五彩羽于其下。"不
过周代用的是画彩之帛，到清代时则改帛为绳索。绳索除做绞丝状
外，也有光素的（插图3-61）。而这类纹样的出现时间均不超过清代中
期。本罗汉床使用绞丝纹绳索的行为是明式家具中的孤例，而且已改
系璧为系环，这是受清式家具的影响而出现的一种异化现象，故其制
作年代应晚于绦璧纹的应用，甚至可到清代晚期。

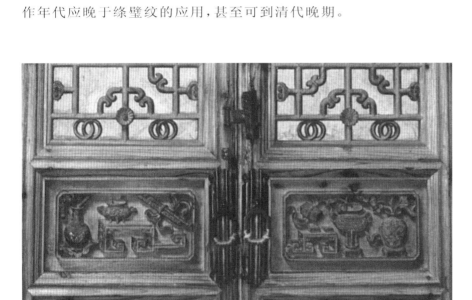

>>>　插图3-57　江西婺源思溪村清嘉庆"承裕堂"格子门上的双套环卡子花　　　　　>>>　插图3-54　故宫藏清乌木七屏扶手椅

>>>　插图3-58　苏州西山镇东村乾隆壬申年建"敬修堂"腰华板上的双卡子花方桌

>>>　插图3-59　安徽屯溪万粹楼明清家具馆清代晚期挂落上的双套环卡子花

>>> 插图 3-55　故宫藏《雍亲王题书堂深居图》

>>> 插图 3-60　清红木高束腰绦壁纹扶手椅（田家青《清代家具》图 46）

>>> 插图 3-56　清代晚期格子门上双套环卡子花

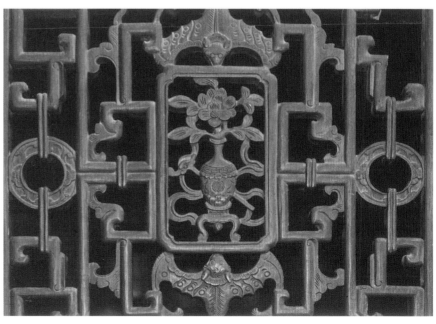

>>> 插图 3-61　安徽歙县宏村清道光"敬修堂"窗棂上的"绦壁纹"

>>> 图 3-8　清榉木三屏风螭纹围子罗汉床

>>> 图 3-8A　围子上的双螭灵芝纹

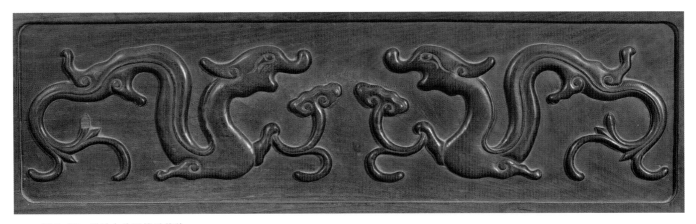

>>> 图 3-8B　围子上的双螭灵芝纹

4．清榉木三屏风螭纹围子罗汉床（图3－8）

长202厘米、宽91厘米、通高86厘米。

此床三面均为独板围子。后背围子中高旁低，这是宋代以来传统的样式。床有束腰，正面和侧面均为爆仗筒镂孔。牙条彭出，大挖鼓腿，马蹄兜转有力。该床整体造型稳重敦实，尤其是在围子上满布螭虎灵芝纹装饰，从而使视觉效果增添了不少吉祥气氛。

这张罗汉床是清代晚期民间用当地生长的榉木制作的。据物主介绍，该床原藏浙江宁波，是由其在上海工部局任职的曾祖父置办，时在清咸丰时期。

传世的清代罗汉床较多，但能获得有正确制作年代的作品甚少。本罗汉床作为清代晚期的实物遗存，使我们对传统家具制作年代的鉴定，产生了更加深刻的感悟：一是该床围子较矮且三面板筑，束腰留有爆仗筒，鼓腿大挖矮马蹄，这些匠作手段都属明代传统做法。可见一个朝代的制作工艺并没有因朝代的更替而改变，明代的做工常常被清代沿袭，为此，鉴定一件家具的制作年代，对其做工的判定，只能代表一个方面。二是家具上的装饰纹样是鉴定其制作年代的重要因素。中国古代传统家具所形成的样式，往往可延续一个很长的时间，而代表人们思想观念的纹样却随着社会环境和经济状况的变化而不断衍化，就本器围子上浮雕的螭纹来说，象鼻式头形、蛇身躯体、花蕊状尾和棒槌形四肢，与清代之前那种张牙舞爪、狰狞可怖的兽身螭相比，已是名存实亡了。这是因为历史已进入了封建社会的末期，一种没落、腐朽的态势决定了其形象必然走向衰败（参见本书第四章第三节"螭纹"部分）。

5．清榉木三屏风攒边围子罗汉床（图3－9）

长200厘米、宽92厘米、通高88厘米。

床后背围子中高旁低，用攒边装绦环板连成一块。三屏风围子内壁均饰高浮雕螭虎灵芝纹，床身有束腰，束腰与牙条一木连做，大挖鼓腿，内翻矮蹄足。

该床整体造型与前述"三屏风螭纹围子罗汉床"基本相同。特别是围子上雕刻的螭虎灵芝纹，从形象到布局几乎一模一样，而且均以榉木为材料，所以它们的制作年代应是一致的。

中国传统家具中的罗汉床轻盈美观，使用方便。明人文震亨早在其《长物志》中就大加赞许，说它"古雅可爱"，"坐卧依凭，无不便适"，故罗汉床在明清两代是非常流行的。尤其是这种小巧而适宜一人独用者，更是明清书斋必备之物。

据调查，本器是江苏苏州洞庭东山岱松村刘氏故物[34]，前器则为浙江宁波市郊清代旧宅遗存，两地相距数百里之遥，然今发现制作风格相同的器物，个中是家具作为商品流动所致，还是工匠异地揽工而为，这就有待另行探讨了。

>>> 图 3-9 清榉木三屏风攒边围子罗汉床

>>> 图 3-9A 围子上的双螭灵芝纹

>>> 图 3-9B 围子上的螭和灵芝纹

>>> 图3-10 清紫檀五屏风围子罗汉床

>>> 图3-10A 围子上的装饰纹样

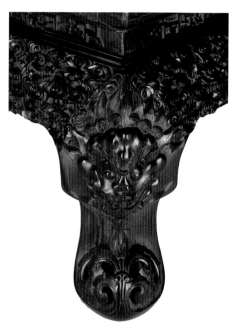

>>> 图3-10B 床腿上的兽面纹雕刻

6.清紫檀五屏风围子罗汉床(图3-10)

长200厘米、宽125厘米、通高96厘米。

床围子由五块彩屏组合。彩屏背面髹红漆作描金。彩屏正面周边用紫檀剔地浮雕云蝠纹双框,屏心将鸡翅木和各色玉石刻成山岚、楼阁、花卉、帆舫等景观作镶嵌,并运用底色彩绘的技巧,把这些景物有机地展示出来。整个画面由近入远错落有致,或群峰竞秀或山峦逶迤、或花木逢春或水天一色。总之,尺幅之内翳翳数景,宛若丹青。

该床床屉板作,上铺藤席。束腰下有托腮,牙条彭出,上满雕云蝠纹。腿为三弯式,上浮雕兽面纹。足端卷起番莲,镂空呈球面状。

彩屏围子罗汉床在清代家具中并不多见,它是把清代类似于百宝嵌的制作工艺运用到罗汉床上,使该床的实用功能与观赏功能熔为一体,成为名副其实的家具艺术品。

人们对清式家具的评估主要表现在重体量、重装饰。重体量是指不惜耗材;重装饰则是指充分应用一切可以利用的材料和一切可以使用的工艺手段,达到富丽、豪华的目的。这张罗汉床在装饰上虽算不得登峰造极,但艳丽的围屏和满雕的床身,这种繁缛有余,锦绣不足的作风已充分显露出来,为此,该床可视为清式家具中的典型作品。

这张罗汉床在造型上的特征是:围屏已由先期的三扇变为五扇,且高度增加;腿足貌似三弯腿,实际上是直足,只是上肩彭出而已。这种腿形正是清代道光以后流行的曲线腿的前身。若再从所琢兽面纹看,毛发丛生、眼球前凸、额头乳疱满布、鼻形如蒜,张口露平牙,体现的是人性化面样,失去了传统兽面纹那种狰狞的面目。由此我们认为,该床应是清代中晚期的作品。

>>> 图 3-11　清红木镶云石七屏风围子罗汉床

>>> 插图 3-62　上海豫园藏清代罗汉床

7. 清红木镶云石七屏风围子罗汉床（图3-11）

长226厘米、宽134厘米、通高138厘米。

该床围子用红木攒框，内镶瘿木板，板心嵌大理石。侧面围子稍窄，近边梃处圆雕灵芝纹装饰。床屉为板，上铺藤席。屉下有束腰，牙条彭出。床体大边、束腰和牙条中段均略内收，形成一凹面。四腿为三弯式，足端向上翻转形成卷饼状，足底作圆球以承重。

清代罗汉床样式要比明代丰富得多，特别在中期以后，代表潮流的罗汉床形体不断加大，屏扇不断增多，围子不断增高。在装饰上有作雕刻的（插图3-62）；也有镶嵌瘿木（插图3-63）和云石的。而民间最常见的装饰手段大多以云石为饰。本罗汉床高围子、七屏嵌云石的结构特征，正是这一潮流的产物。

关于本床的制作时间可从四个方面获得信息：一是其用料为红木，红木又名酸枝，它在我国古代是清中期以后才流行起来的家具用材；二是在侧屏前端近床沿用灵芝纹作为附加装饰，这是清代晚期罗汉床常见的一种装饰，如浙江平湖清莫氏庄园中保存的一张光绪二十三年罗汉床即如此（插图3-64）；三是三弯腿卷云纹足是传统家具常见的结构形式，但明代的卷云纹足是立体云头，清代退化为浮雕或线刻，而本器则呈卷饼状，与传统风格相比已严重走形；四是该床看面中部从边梃、束腰到彭出的牙条，均为收腰线脚，这种做工显然受19世纪西式家具的影响所致，由此这张罗汉床的制作年代当属清代末期。

>>> 插图3-63 上海豫园藏清代罗汉床

>>> 插图3-64 浙江平湖清光绪莫氏庄园中保存的清末罗汉床

三、榻

榻在中国历史上是一种十分古老的家具，至今虽无确切实物可证其始用于何时，但至少在距今两千余年的汉代已有了"榻"字。按史料记载，汉代时人们把榻看作是床的一种，只是比床要小，且十分低矮，刘熙《释名·释床帐》有言："长狭而卑曰榻，言其榻然近地也"。20世纪60年代，在河南郸城县竹凯店的一座西汉后期砖室墓中，出土了一件石榻，该榻平面呈长方形，四角置曲尺状足，长87.5厘米、宽72厘米、高19厘米，榻面刻有隶书一行，其文曰"汉故博士常山太傅王君坐榻"[35]，显然这是一件带有铭文的汉代遗物（插图3－65）[36]。但从其长和宽的尺度看，这件石榻不能卧而只能坐。事实上汉代的"榻"是专指坐具，考古发掘出土的汉墓壁画或画像石上，我们能见到不少榻专门作为坐具的形象资料，如河北望都汉墓壁画上的主记史和主簿对坐的方榻（插图3－66）[37]、徐州矛村汉墓画像石上两人连坐的合榻（插图3－67）等[38]。

榻在汉代十分流行，作为坐具主人常作自用外，还用于待客会友，《后汉书·徐稚传》有载："陈蕃为太守……不接宾客，唯稚来，特设一榻，去则悬之。"至魏晋以后，榻开始向长和宽发展，高度也相应递增。该时期的榻带屏者十分重视装饰，且用以作为床的倾向日趋明显。不带屏者其日用功能得到进一步加强，由于体积的增大，原先作为"长狭而卑"的榻，不但可卧，同时也起到桌的功用，榻上不仅可以放置樽、案、凭几等，还可以弈棋、弹琴和鉴赏书画。现藏美国波士顿艺术馆的北齐《校书图》上的榻最为典型，其上除有四人校书外，还备有凭几、隐囊、食具、文具和长琴等（插图3－68）[39]。这种不带屏的榻在南北朝十分流行，并一直延续到唐宋时期，只是其造型逐渐由壶门台座向梁柱式框架结构演变，如插图3－69为宋人《李嵩听阮图》上的榻[40]，虽其还保存了早期四面见方的箱式造型，但那种多壶门多足的现象已消失。同为宋代的《赵伯骕风檐展卷》中的榻，则已是四角立柱式足了。原先箱式结构中的重要附件托泥，已被视为不必要的构件被淘汰（插图3－70）[41]。从家具史的发展现状

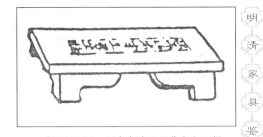

>>> 插图3-65 河南郸城西汉墓出土石榻

>>> 插图3-66 河北望都汉墓壁画中的方榻

>>> 插图3-67 江苏徐州汉墓画像石上的合榻

>>> 插图3-68 北齐《校书图》上的坐榻

>>> 插图3-69 宋《李嵩听阮图》上的榻

>>> 插图3-70 宋《赵伯骕风檐展卷》上的榻

>>> 插图3-71 明崇祯版《新镌古今名剧柳枝集·倩女离魂》中的榻

>>> 插图3-75 明弘治刻本《新刊奇妙全相注释西厢记》插图中的罗汉床

>>> 插图3-72 明万历二十八年金陵刊本《南柯梦》中的榻

>>> 插图3-73 明万历虎林容与堂刻本《幽闺记》中的榻

>>> 插图3-74 明崇祯刻本《金瓶梅》中的榻

看，这种结构简练的梁柱式榻，至少在宋代已定型，至明代时则更为时人所赏识，我们今天在明版戏曲、小说和词话插图中，能见到其大量踪迹（插图3-71、插图3-72、插图3-73、插图3-74、插图3-75）。

明代的榻精巧雅致，其功能可坐可卧，故其使用范围极广，明版插图中，有将其安置书斋、客厅的，也有移至庭园的。然而利用率越高其折损率相对也大，故时至今日，我们已很难寻觅到一件真正的距今四百年以上的木榻。有幸的是上海地区的明代墓葬中出土了一件用当地生长的榉木按实物缩比制作的明器。这件明器也是目前所见国内唯一出土的明代木榻。这就为我们了解和研究明榻提供了一件难得的写真实物（图3-12）。

该木榻出土于上海肇家浜路明万历潘允征墓[42]。其结构特征是：屉面用藤编，藤面下为棕编，束腰与牙条一木连做，牙条与腿足45度格角相交，方直腿下内翻矮马蹄，通体髹黑漆。由此，我们从这件明代遗物上可获得三点信息：一是明式家具是以苏式家具为基础发展起来的，该榻作为地方性家具，其床屉上藤下棕的做工，必然对明式家具带来直接影响；二是榻的表面髹黑漆，这正是明人范濂在《云间据目钞》中提到的江浙一带民间家具好用"金漆"的记载[43]；三是榻的四足为内翻马蹄，其蹄足挑出部分显得扁矮，这真实反映了明代蹄足的时代风格，与清代家具高马蹄造型区别明显。

>>> 图3-12　上海明万历潘允征墓出土的木榻

四、拔步床

古代人们追求安逸的生活,对睡卧所用的床尤为重视,清人李渔《闲情偶寄》中,就有这么一段坦言:"人生百年……日居其半,夜居其半……而夜间所处,则止有一床,是床也者,乃我半生相共之物,每迁一地,必先营卧榻而后及其他……欲新其制,苦乏匠资;但于修饰床帐之具,经营寝处之方,则未尝不竭尽绵力,……其法维何,一曰床令生花,二曰帐使有骨,三曰帐宜加锁,四曰床要着裙……"(44)这里李渔首先强调床的重要性,以至人们往往不惜工本营造卧室;其次是怎样使人躺在床上能充分享受睡眠的乐趣,由此提出了自己的设想。今天,我们若按照李渔的要求来选择卧具,那么明代晚期流行起来的拔步床,显然是最具优越性的家具了。

拔步床又叫踏板床,它是一种俗称,见之于《通俗常言疏证》引《荆钗记》所载(45)。在明代匠作专著《鲁班经·匠家镜》中,则称为"大床"或"凉床"。这种床式的基本构造是,先设一大平台,平台上置一架子床,床前增设廊抚,廊抚两端可置灯桌和便溺之器,上安顶盖承尘,前楣有挂檐。考究的拔步床还在平台三面安板墙,以造成房中套房的格局。该结构的最大特点是使用面积大,而且有一个相对密闭和静止的空间,故拔步床在明代后期很得到上层社会赏识。要说拔步床的不足之处则是由于体积庞大,不易移动,于是贴近地面的地平板长期受地面潮气的侵蚀而自然损坏率极高,一般不到百年便可散架,这就是明代拔步床几乎不见传世的根本原因。所以今日人们研究早期拔步床的成因和结构形式,还得借助于从明墓中出土的模型。

>>> 图3-13 上海明万历潘允征墓出土拔步床明器

>>> 图3-14 上海博物馆藏明代陶屋床　　　　　　>>> 插图3-76 台湾台中科博馆藏明代陶屋床

　　上海博物馆展出明代拔步床一张。这张拔步床出土于本市肇家浜路明万历时期任光禄寺掌醢署监事的潘允征墓,该床是目前所见国内唯一用当地生长的榉木按实样缩比制作的明代遗物(图3-13)[46]。所以它虽然是明器,但与实物具有同等的研究价值。

　　那么这张拔步床能为我们提供哪些研究信息呢?主要有三个方面:一是该床的装饰手法具有时代性,如挂檐上的海棠式透孔、围栏上的"卍"字纹、门围子上的鱼门洞以及床体上的矮马蹄足,都是明代房屋建筑或家具装饰上最流行的造型。特别是"卍"字纹,古代人们通常把它看作是太阳或火的象征,自佛教传入中国后,它又作为释迦牟尼胸部的"瑞相"而成为吉祥符号,故明代用"卍"字纹作为题材的装饰特别流行。二是该床围子的制作工艺采用了攒接的匠作手段,所谓攒接,即将纵横短材通过榫卯衔接成各式图案,这就是明代的特色,它与清代常见的"斗簇"工艺不同。三是该拔步床床前有浅廊,廊沿两端设门围子,故其整体结构显然是仿照了明代居室的基本结体,即面阔三间、进深两间的格调制作的。从文献记载和出土实物证实,这种形体庞大的拔步床是明代后期才问世。然而追索它的由来,实与明代中期用以随葬的"陶屋床"有密切关系。明代自成祖夺取帝位迁都北京后,便进入了一个全盛时期。政治的稳定和经济的繁荣,使封建士大夫常常浸润于醉生梦死之中,他们生不极养,死乃崇葬,千方百计要为自己在另一个极乐世界营造安乐窝,于是明代中期墓葬中便出现了一种集住宅与床榻功能于一体的"陶屋床"(图3-14、插图3-76)[47]。这种屋床虽在现实生活中是不存在的,但作为理想化家具常被制成明器。其正面形象是上有屋檐,檐下设斗拱,枋下四立柱,立柱有柱础。若从侧面看,进深为走道，后室下有床体，上用格子门当作围子，这就是进深两间的房屋布局。我国历史上的房屋建筑早在宋代已向高大宽敞的形式发展，其中最基本的结构就是面阔三间，进深两间的形式。如浙江宁波天封塔出土的宋代银殿即如此⁽⁴⁸⁾。如果我们把宋代银殿、明代中期"陶屋床"和明代晚期拔步床的结构图作一比较，不难发现明代晚期使用的拔步床结体，就是从宋代房屋建筑样式衍化而来（插图3-77）。

体积庞大的拔步床是明代晚期出现的新兴家具。这一床式在清前期还并不流行，它的大发展是在清中期以后。特别在南方地区，由于地气潮湿，而该床地平板可起到隔潮作用，故民间大量制作。不过这一时期的作品，用料并不讲究，但装饰却十分繁缛（插图3-78）⁽⁴⁹⁾，有的如同闺房一般，可完全封闭起来（插图3-79）⁽⁵⁰⁾。

>>> 插图3-77A 宋代银殿结构图

>>> 插图3-77B 明代陶屋床结构图

>>> 插图3-77C 明代拔步床结构图

>>> 插图3-78 江苏南通民间收藏拔步床

>>> 插图3-79 苏州民俗博物馆藏拔步床

五、脚踏

脚踏为"承足"之器具，古称"脚床"或"踏床"。在汉代则称之"榻登"，《释名·释床帐》有曰："榻登，施之大床前，小榻上，登以上床也。"这里就把脚踏的使用位置和功能讲得十分清楚：它本是床前的附属物，为此，我们在传统家具分类上，当把脚踏归入床榻类家具范畴。

榻登在历史上始用于何时，尚无资料可循。但在许慎《说文》中，却已有"蹋"字而无"榻"字，故有人认为榻登之本义为蹋板，它长狭而卑，便于移动，易于上下，久则离床而为独立之坐具，是故为榻的前身[51]。若从出土实物看，山东沂南汉画像石上，曾出现一幅几上置两双鞋的画面，于是也有人怀疑"此几乃是放于卧室床前的榻登"[52]。此说似乎勉强，因为画面上的栅足几是汉代最常见的庋物用具，而且其高度不亚于床榻，作为登榻之阶梯与情理有悖。

脚踏的最早出现不晚于汉代后期，这是可信的史实。但在以席地坐为生活方式的时期，床榻的高度大多十分低矮，而床前特意设置榻登似无必要，所以，当时的榻登至少还不是普遍使用之物。所以我们今天研究传统家具是很难找到早期实物的。

我国古代榻登的使用被人们广泛重视起来当在宋代以后，因为这时人们的生活方式已由席地坐发展到垂足坐，无论卧具还是坐具的高度较之先代都大大增加。这时床前设脚踏既可用作登踏，鞋子又可置于脚踏上；椅凳前设脚踏，双足便可搁置于其上，于是脚踏的防潮和阶梯功能才被充分发挥出来，所以在宋代以后的生活中，我们能找到很多有关脚踏使用的实例，如插图3－80为四川广汉宋墓出土棺床前使用的脚踏[53]；插图3－81为南宋

>>> 插图3－80　四川广汉宋墓出土的棺床和脚踏

>>> 插图3－81　南宋《白描罗汉图》上的脚踏

>>> 插图3－82　元代刘贯道《消夏图》上的脚踏

>>> 插图3－83　明万历映雪草堂版《还魂记》中的脚踏

>>> 插图3-84 明万历新安刻本《红梨花记》中的脚踏

>>> 插图3-85 明崇祯刻本《金瓶梅》中的脚踏

>>> 插图3-86 清康熙承宣堂刻本《圣谕像解》中的脚踏

>>> 插图3-87 清乾隆徐氏梦生堂刊本《写心杂剧》中的脚踏

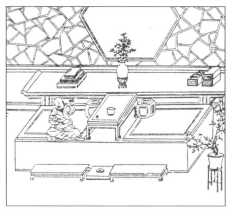

>>> 插图3-88 清道光上海同文书局石印本《鸿雪姻缘》中的脚踏

《白描罗汉图》上罗汉坐椅前设置的脚踏[54]；插图3-82为元代刘贯道《消夏图》中榻前所设脚踏[55]；插图3-83、插图3-84、插图3-85、插图3-86、插图3-87、插图3-88是明清版画中有关脚踏使用的生活场景。

脚踏是承足之器，它紧贴地面而广受潮气的侵蚀，所以其损坏率极高。且不说宋元时期的遗物，如今连明代实物已罕见。多年来笔者多处访求，唯在江西婺源县博物馆库房见到了明万历时期江西袁州知府程汝继家中的遗物。该脚踏方形，是扶手椅的配器，榆木质，外髹黑漆，束腰为脊棱线式起凸，牙条有壶门线脚，矮蹄足，在结构和制作工艺上均体现了传统风格（插图3-89）。

脚踏在清代前期历史上仍广为流行。只是到了清代晚期，由于住房条件的改变和带脚踏的写字桌的应用，脚踏的使用范围越来越狭窄，从而没有艺术品位或使用价值不大的脚踏被自然淘汰。如晚清画家吴有如所绘《申江胜景图》和《海上百艳图》等反映现实生活的大量风俗画中，已很少见到使用脚踏的境况，所以清代流传下来的脚踏也已并不多见了。

笔者所收集的资料中的有件清代脚踏，它们在艺术形式和使用功能上各具特色，是传世清代家具中具有相当个性的作品。

>>> 插图3-89 明万历江西袁州知府程汝继遗物

長117厘米、宽38厘米、高11.5厘米。

脚踏原件下有托泥,现已散失。虽为残件,却是紫檀制作,并用厚螺钿嵌螭纹三团作装饰,其制作、用料十分考究,是一件难得的精品。该脚踏长117厘米,宽仅38厘米,从其所占面积分析,应是清代宝座前的附件。

这件作品的制作年代在其造型、纹样和制作工艺上表现强烈:一是凡家具边梃有凹口的做工,是受19世纪西式家具造型的影响所致,这在清末至民国时期安装玻璃镜具的梳妆台和清代中晚期流行起来的带云头搭脑的太师椅上最常见;二是其螺钿所刻螭纹造型已远离写实呈图案化,通体又以转珠纹为装饰,这类螭体造型和装饰特征,是清代中期以后出现的;三是脚踏三弯腿足端卷云纹用灯草线兜转,这是一种形象性的表意手法,与传统的圆雕立体卷云纹风格有异,故其时代显得较晚,应是清代晚期的作品。

>>> 图3-15 清紫檀有束腰嵌螺钿脚踏

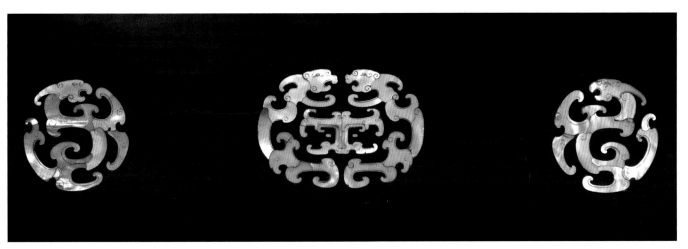

>>> 图3-15A 脚踏上的螭纹图案

明 清 家 具 鉴 定

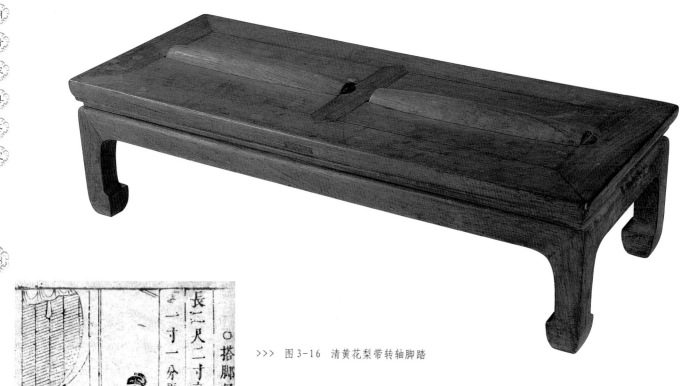

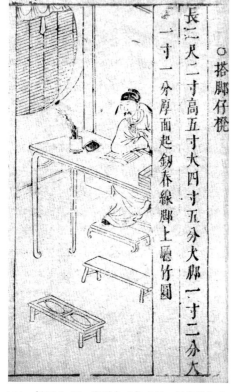

>>> 插图3-90 明刊本《鲁班经·匠家镜》中的滚凳

>>> 插图3-91 明刊杨定见本《忠义水浒全传》第五十六回插图中的滚凳

>>> 图3-16 清黄花梨带转轴脚踏

2. 清黄花梨带转轴脚踏（图3-16）

长77厘米、宽31.2厘米、高21厘米。

该脚踏形似炕桌，有束腰，矮直腿内翻马蹄足。其结构特征是面板中轴线上留出对称的两条空档，内装中间粗两端细的活轴两根。活轴可任意转动，是古代搁脚与健身的两用家具。

带转轴的脚踏古时称为滚凳，事见明文震亨《长物志》卷六[56]。这种滚凳由脚踏转化而来，其作用已与"榻登"之本义有别，在明代版画中，它已不是床榻前的附件，而与坐具相配，故仍能起到搁脚作用。

滚凳在明代是十分流行的，在明代晚期资料中，不但有其专门介绍，而且还绘有图像。如《鲁班经·匠家镜》图式中，明代书房中即有此物（插图3-90）。明刊杨定见本《忠义水浒全传》第五十六回插图中，也有其与圈椅配用的图像（插图3-91）。滚凳的特殊功能深得明代文人的赏识，故明人笔记中也留下了它的踪迹。如高濂《遵生八笺》："……今置木凳，长二尺，阔六寸，高如常，四程镶成，中分一档，内二空，中车圆木二根，两头留轴转动，凳中凿窍活装，以脚踹轴滚动，往来脚底，令涌泉穴受擦，无烦童子，终日为之便甚。"[57]明文震亨《长物志》对此也曾有相似的记载。总之"以脚踹轴，滚动往来，盖涌泉穴精气所生，以运动为妙"[58]的滚凳与明代文人的养生之道挂上了钩，所以在古代文人书房中成了常备之物。

这张滚凳的基本造型属明式家具的范例。由于通体光素无刻纹，故在年代判断上唯可借鉴的是其足型。该器蹄足敦实高挑，与明代的矮马蹄有明显区别，另则足底木质坚实、完整无朽，兹按常理推测，其制作年代当相去不远，是为清晚期不至于有误。

第二节　椅凳类家具

清代李渔在其所著《笠翁秘书·器玩部》指出："器之坐者有三：曰椅、曰机、曰凳。"椅为可倚之坐具；机者《集韵》释作"树无枝也"，它本是指竖立的木墩子，现作坐具名，可引申为无靠背的凳子。故在北方语言中，机与凳常联称，在造型上并无严格的区别。明文震亨《长物志》有云："机有二式，方者四面平等，长者亦可容二人并坐，圆机须大，四足彭出……。"[59]这里的方机、长机及圆机在明版插图中常见，如插图3-92为明《鲁班经》中的方形坐具，按其形制我们也可称之为方凳、长方凳；插图3-93为明《重校荆钗记》中四足彭出的圆机，我们亦可称其为圆凳。

在中国历史上，早期席地坐时期是无椅凳可言的。但随着生活习俗向垂足高坐发展，椅凳的出现和使用便成了社会进步的必然现象。这一现象大约发生在魏晋南北朝时期。

"椅"之名本属落叶乔木，许慎《说文》载曰："从木奇声"，本义作"梓"，故《尔雅》释义将椅、梓、楸同作木名。而作为器用之坐具，"椅"字则到了中唐以后始见，这在日本天台宗高僧慈觉《入唐求法巡礼记》中有其记载："十八日，相公入来寺庙……相公及监军并州郎中、郎官、判官等皆椅子上吃茶。见僧等来皆起立，作手宣礼……即俱坐椅子。"[60]此所见之事为唐文宗开成三年。作为坐具的椅字出现在唐代，当是不争的史实。但大凡文字的载录一般均要晚于实物的出现，对此宋人黄朝英所著《靖康缃素杂记》中曾有这么一段评说："今人用倚字，多从木旁，殊无义理。……以鄙意测之，盖人所倚者为倚，此言近之矣。何以明之？淇澳曰：'猗重较兮'新义谓'猗，倚也。重较者，所以慎固也。'由是知人所倚者为倚。可知椅名之由来，本即作倚靠的倚，后则以其木制，故又借用椅字。"[61]这段话宋人虽自谦为意测，但却把中国古代椅的由来讲得十分透彻，而且完全合乎史实。我国历史上的倚具实最先来自佛教造像，在敦煌石窟公元6世纪西魏时期的285窟壁画中，由一幅比丘端正盘坐在一把两旁有扶手、后有靠背的椅子画像（插图3-94）[62]，这就是我们目前所见中国古代家具史上最早能达表意的椅子的形象。从图像看，该椅座屉用绳编织而成，故在当时人们称之为"绳床"[63]。绳床是外来佛教文化的产物，它在中国传播期间，不断地接受着汉文化的影响，其屉面和靠背逐渐被竹木所取代[64]。出土实物告诉我们，椅子的汉化过程至迟在唐天宝十五年已告完成，因为在陕西西安发掘出土的高元珪墓壁画中，人们从墓主生前所坐的大木椅看到，这时的椅子椅足方正粗壮，搭脑做成弓形，特别是后背立柱顶端以栌斗形式承托搭脑的结构，完全是吸取了中国传统建筑中的木作构件组合特色制作的中式椅了（插图3-95）。[65]

凳子的出现相对椅子要早一些。但作为坐具的"凳"字，东

>>> 插图3-92　明万历刻本《鲁班经》插画中的方凳

>>> 插图3-93　明万历金陵陈氏继志斋刊本《重校荆钗记》插图中的圆凳

>>> 插图3-95　西安出土唐高元珪墓壁画中的椅子形像

>>> 插图3-96　河南新乡博物馆藏东魏石刻画像石

汉许慎《说文》中未列，至晋时吕忱之《字林》始见，并释为"床属"。晋距汉魏不远，故晋人之说当事出有据。凳既为床属，唯可指者即床之附件榻登，汉刘熙《释名·释床帐》明确指出："榻登施于大床之前，小榻之上，所以登床也。"以此可知凳的最初用途为"登踏"用。其后大概随着垂足高坐的需要，由低矮的登具转而成为可供垂足坐的凳具。此说确否？不妨请再阅一段宋人的评说：吴曾《能改斋漫录》云："床凳之凳，晋已有此器。《世说》：'顾和与时贤共清言，张元之、顾敷是中外孙，年七岁，在床边戏，于时闻语，神情如不相属，暝在镫下。'乃作此'镫'字。今《广韵》以镫为鞍镫之镫，岂古多借字耶？凳，《广韵》云出《字林》，殆后人所撰耳。"[66]这里宋人也明确指出，凳在晋代已有，不过早期的坐具不称凳，而称镫，"凳"字出自《字林》，是后人所撰罢了！这段话给人不无启迪，"凳"字诞生之前是为"镫"，镫后人指的是鞍镫，但初时也是指一种登踏用具，故此鞍镫之镫与前述榻登之登本义相同，笔者由此想见，中国历史上作为坐具的凳，最先是由登具演化而来，其时大约在魏晋时期。

在通常意义上讲，凳是垂足高坐后的产物。为此我们在研究本民族历史进程的内在情况外，还应当重视外来文化对汉民族坐姿和坐具演变的催化作用。就坐姿来说，早在汉代，来自西域的佛教造像中的垂足坐，随着宗教的传播越来越深入汉地，这对中国传统的席地跪坐习俗带来了强烈的冲击。其次就坐具来看，自东汉至南北朝时期至少有三种高坐传入中原地区：一是胡床（即交脚凳）（插图3-96、插图3-97）；二是四足方凳（插图3-98）；三是筌蹄（腰鼓形凳）（插图3-99、插图3-100）[67]。这三种坐具与汉民族自身

>>> 插图3-98 敦煌257窟北魏壁画中的高方凳

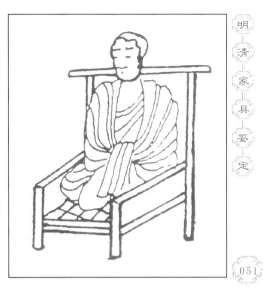

>>> 插图3-94 敦煌石窟西魏285窟壁画中的扶手椅

>>> 插图3-99 龙门石窟北魏莲花洞石刻画中上的腰鼓形凳

>>> 插图3-100 山东益都北齐石刻画中的鼓形凳

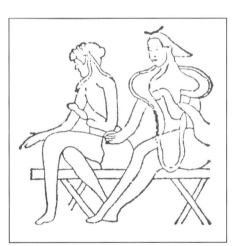

>>> 插图3-97 敦煌257窟北魏壁画中的交机

发展起来的凳具相结合,起先在上层社会流行,其后向民间渗透,由此随着垂足坐姿的不断扩大,为了适应新生活的需要,这种高足坐具的质量和数量都得到相应的提高,宋代以后,终于达到了普及的程度。

我们今天从有关文献记载和各种绘画资料看,宋代的椅凳类家具形式丰富,但遗憾的是传世品几乎不见,唯有宋墓出土的明器时有发现。上海博物馆收藏的椅凳类家具主要是明清时期的传世品,此外考古人员在明墓发掘中还出土了不少家具明器。其品类有靠背椅、交椅、官帽椅、圈椅、玫瑰椅;凳具则有方凳、圆凳和交机等,不但在体例上已基本大备,而且制作工艺十分精巧,不少器物已作为中国古典家具的标准样式享誉国内外。

一、靠背椅

在椅子分类中，凡无扶手仅有靠背的椅子，人们称之为靠背椅。然靠背椅是统称，靠背椅中还可按不同的造型来命名其椅式，如灯挂椅、梳背椅和屏背椅等。灯挂椅是指搭脑的长度超过靠背两立柱间的宽度，使之外挑，犹如江浙一带民间挑灯的竹竿而得名；梳背椅即指靠背用直杆左右等距离排列而成，如同梳齿而得名；屏背椅顾名思义即后背如屏障，这类椅多流行于清代晚期，而且屏面以嵌大理石作装饰为最常见。

靠背椅在我国古代何时始见，现尚无明确的说法，但至少在五代顾闳中《韩熙载夜宴图》上已见到其成熟的形象（插图3-101）。从现有的考古材料看，靠背椅在宋、辽、金时期是极其流行的，甚至超过其他椅式。这里有一个不可忽视的社会因素，即有宋一代时尚一桌两椅夫妻对坐的生活习惯（插图3-102），而靠背椅与桌配用时，人坐椅上，膝在桌下，由于椅无扶手阻挡，坐者无论入座或离位，均可左右随意移动。笔者查阅了大量出土的墓葬壁画，发现凡一桌两椅式布局的椅子，全都是靠背椅，而且大多在我国的北方地区使用，如宁夏泾源宋墓、山西沁县宋墓、山西绛县裴家堡金墓、山西闻喜下阳宋金墓、山西闻喜寺底金墓、山西闻喜金墓、河南安阳新安庄西地宋墓、河南宜阳北宋墓、河南新密平陌宋墓、河南禹县宋墓、河北曲阳南平罗北宋墓等处都有发现[68]。至于壁画中单件形象出现的，更不在少数。尤为可贵的是这一时期还出土过一批用作随葬的日用靠背椅，典型的见于内蒙古解放营子辽墓、内蒙古翁牛特旗广德公墓、河北宣化下八里辽墓、北京金墓（插图3-103）以及辽宁省博物馆馆藏的辽代靠背椅（插图3-104）[69]。南方地区则在江苏武进和江苏江阴两地也出土了至今保存尚好的宋代实物（插图3-105、插图3-106）[70]。

>>> 插图3-101 五代《韩熙载夜宴图》上的靠背椅

>>> 插图3-102 河南禹县白沙宋墓壁画中一桌两椅生活场景

>>> 插图3-103 北京城垣博物馆藏金代靠背椅　　　　　　>>> 插图3-104 辽宁省博物馆藏辽代靠背椅

>>> 插图3-105 江苏常州博物馆藏宋代靠背椅　　　　　　>>> 插图3-106 江苏江阴博物馆藏宋代靠背椅

靠背椅在宋、辽、金时期是人们生活中最常见的坐具，除了大量木制者外，宋代绘画上还出现了用竹制作的靠背椅（插图3－107）。元明以后，随着圈椅、官帽椅和交椅使用的不断增多，靠背椅的使用量则相对减少。然而尽管用量上不及前代兴旺，但在质量上却有很大提高，主要体现在两个方面：首先从力学角度讲，早期辽和北宋靠背椅的靠背取用与搭脑平行的横档作为受力面，这无论从牢度和舒适度来说，都是不完满的；其次除了前脚枨落地外，两侧和后脚枨定位较高，作为框架结构的相对应力必然减弱。上述两点欠妥之处自南宋以后渐得改进，靠背用材由横向安置逐渐转变为直向，而且明清时期的靠背板还做成S形曲线，完全是按照人体脊柱的生理特征制作的。两侧和后档管脚枨也降至与前脚枨对称，由此增强了机架结构的牢度。再从美学角度讲，宋、辽、金时期的靠背椅构件大多用方材，其间除立柱稍做倒角加工外，其他均不加修饰。构件衔接也以露明榫为多。椅子屉面周边不作冰盘沿线脚。边梃交接处有的还用绞头造形式，这既影响美观，使用时也不方便（插图3－108）[71]。而到了明清时期，靠背椅以圆材为主，搭脑大多作弓形或牛角式曲线，立柱与靠背板同步呈S形，不少作品在其靠背板上进行点缀式雕琢，座屉下牙条或券口大多为壸门或洼堂肚线脚。总之，这一时期的靠背椅，结构圆润、雕刻精湛、风格典雅，虽为日用品却能显示出特有的艺术韵味。

>>> 插图3-108 内蒙古赤峰辽墓出土的绞头造靠背椅

>>> 插图3-107 台湾"故宫博物院"藏宋《文会图》上的竹椅

>>> 图 3-17　明黄花梨剑脊棱雕花背靠背椅

1．明黄花梨剑脊棱雕花背靠背椅（图3－17）

座面长62.5厘米、宽42厘米、通高99.5厘米。

这是一件与传统靠背椅结构差异较大的家具。靠背椅的传统样式是立柱与后足一木连做，坐凳做成框架式，四周用脚枨固定。而该椅后背与腿足不相连，整块靠背用榫卯固定在凳子后边梃上；坐凳做成四面平式，下无管脚枨，故世人见之多有怀疑为拼凑之作。其实该椅造型尽管有些特殊，但它所表现的制作工艺和装饰题材，却从不同的角度体现了明代的特征，从而成为我们今日研究明代家具值得借鉴的重要实物。

（1）搭脑

搭脑是椅子后背最上的一根横木，因可倚搭头颅而得名。故凡椅类家具都有这一结构。从考古资料看，中国古代搭脑主要分为直杆和弧形两种形式，直杆搭脑自古以来一成不变，弧形搭脑则不同时代有其不同的审美要求，故变化较大。中国古代最早的弧形搭脑可参见唐代罗楞伽《六尊者像册》中比丘合掌端坐的扶手椅，其上搭脑为弧形，两端如牛角上翘，翘角大于９０度（插图3－109）[72]。同样的造型在五代《韩熙载夜宴图》上也有表现（插图3－110）。笔者曾查阅有关发掘报告，这种角形向上耸立的搭脑在辽、宋时期是十分流行的，不但在北方的内蒙古、河南、河北、山西

>>> 插图3-109 唐《六尊者像册》中的椅子搭脑

>>> 插图3-110 五代《韩熙载夜宴图》中的椅子搭脑

>>> 插图3-111 内蒙古辽墓壁画中的
椅子搭脑

>>> 插图3-112 河南白沙宋墓中的椅子搭脑

>>> 插图3-113 江苏李彬夫妇墓出土的肩舆搭脑

>>> 插图3-114 浙江嘉兴
项氏墓出土的靠背椅搭脑

>>> 插图3-115 苏州王锡爵墓出土的扶手椅
上的搭脑

等地大量发现，地处南方的江苏也有出土。典型的如插图3-111内
蒙元宝山辽墓壁画上的靠背椅、插图3-112河南白沙宋墓壁画上的
靠背椅和插图3-113江苏溧阳李彬夫妇墓出土的肩舆明器，都是这
种翘角搭脑[73]。有元一代，考古发现和传世绘画中的坐具形象
大多为圈椅和交椅，故横杆出头的搭脑较少见。自进入明代以后，虽
然椅类明器出土不多，但就能见到的代表性实物，如浙江嘉兴项氏
墓和江苏苏州王锡爵墓中随葬的靠背椅与四出头官帽椅之搭脑
两端依然翘势明显，只是已没有早期的角度大，大约在３０度至４５
度之间[74]。这种角形是最贴切的牛角式造型（插图3-114、插
图3-115）。上述两墓的墓主均为嘉靖至万历时人，应该说他们所
接受的家具文化和造型意识，都是受到明代早、中期做工的影响，
故其制作风格是一致的。

　　明代搭脑的最后形变是在万历至崇祯间。虽然我们至今尚未
获得出土实例加以佐证，但明代晚期大量刊出的版画图集中所绘
椅子搭脑的形象保持一致性，足以证明该时期的造型与中晚期搭

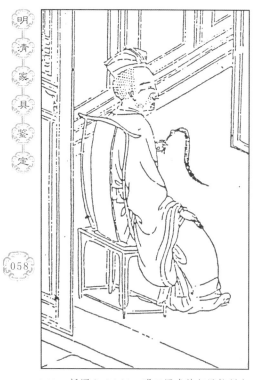

>>> 插图3-116A 明万历武林起凤馆刻本《北西厢记》插图

>>> 插图3-116B 明万历长乐郑氏藏明刻本《重校金印记》插图

>>> 插图3-116C 明崇祯山阴孟氏刊本《酹江集》插图

>>> 插图3-116D 明万历金陵陈氏继志斋刊本《新镌量江记》插图

>>> 插图3-116E 明万历顾曲斋藏本《古杂剧》插图

>>> 插图3-116F 明崇祯刻本《金瓶梅》插图

脑造型又有了新的变化。插图3-116集明代晚期作品中的代表性实物六例，所示搭脑的共性是：弧线柔婉如弓形，翘角更趋平缓，而且搭脑横向长度超出两侧立柱部分要比先时短得多。顶端如"火柴头"式的做工也不见了，代之出现的一作硬截面处理，二为鳝鱼头造型。按此，我们若把这件剑脊棱雕花背靠背椅搭脑与之比较，不难发现它与后者形象差异明显，而应当是明代中晚期见到的"牛角式"造型。

>>> 插图3-117 安徽黄山潜口村明代"司谏第"宅中的脊棱式窗格

>>> 插图3-118 安徽屯溪老街明代"程氏三宅"中的脊棱式栏格

059

>>> 插图3-119 安徽休宁县明代"金舜卿斋"中的脊棱式栏格

>>> 插图3-120 宁夏拜寺口双塔出土的西夏木桌

（2）剑脊棱线脚

靠背椅之靠背框架用剑脊棱线脚装饰，是以往明代家具研究中从未涉及的。其实这是一个重要的时代信息，因为这种装饰手法是直接从明代建筑装饰移植而来。笔者近年来对浙江、安徽、江西的明清建筑进行了大量考察，摒弃这些古建筑维修中人为增添的不切时代的伪饰，发现凡保持明代结构和样式的窗棂和围栏，其镶嵌绦环板的外框木构件之线脚，主要有两种表现形式：一作洼面；二作剑脊棱。而两者之间又以剑脊棱装饰占多数。如插图3-117为安徽黄山潜口村民宅博物馆保存的明代中期"司谏第"宅中的剑脊棱式窗格；插图3-118为安徽屯溪老街省重点文物保护建筑明代晚期"程氏三宅"中的栏格；插图3-119为安徽休宁县文物保护建筑明中晚期"金舜卿宅"中的剑脊棱式栏格。上述窗格和栏格在结构设计和制作风格上，完全与这件剑脊棱雕花靠背相同，只是所镶绦环板雕刻题材不同而已。

其实剑脊棱线脚在中国古典家具历史上早有应用，最典型的实例是宁夏贺兰县拜寺口双塔出土的西夏木桌（插图3-120），脊棱起凸明显，交接处榫卯严密，显然这时的线脚已是很成熟了[75]。再从目前我们所能见到的明代家具资料看，尽管传世的可信实物不多，但仅有的作品对剑脊棱线脚的应用仍表现强烈，如明洪武年间的朱檀墓出土的四件实用家具中,有一件夹头榫罗锅枨半桌的罗锅枨看面,就使用了剑脊棱线脚[76]。现保存在江西婺源县博物馆的明代袁州知府万历时人程汝继家的遗物圈椅与脚踏,其椅枨和脚踏束腰也都是用剑脊棱线脚装饰[77]。总之,脊棱式线脚在明代建筑领域的应用是十分广泛的,人们把这种线脚移植到家具上来,也是顺理成章的事。

（3）雕刻工艺

评判一件家具的好坏,人们除了重视其质地和造型外,更是好从其雕刻工艺上去品味,故凡上档次的作品,无不在雕刻上下功夫。就本器而言,其雕工之精、之细,当首屈一指,它是目前所见中国古代家具中唯一一件采用双层透雕制作的家具,其工艺的复杂性,完全超过了通常所见的圆雕、浮雕和剪影式透雕。

中国古代雕刻工艺,早在新石器时代就已经有了线刻、减地浮雕、透雕和圆雕。这在我国南方江浙地区的河姆渡文化和良渚文化中就有大量出土。但雕刻工艺的真正发展,是到了南宋时期才开始进入高潮,其主要表现为当时的玉雕作品上出现了立体多层镂雕。多层镂雕是玉作工艺上的最高手段,它设计巧妙,工序复杂,由于作品艺术价值极高,故深得上层社会的赏识。然而到了明代,随着商品经济的发展,这种高水平的玉雕作品已不能满足社会的需求,于是在明代中晚期,玉雕匠师创造了一种表意明朗,雕刻工序相对简约但又不失神韵的双层透雕以替代,这种双层透雕在鉴赏家眼里被誉称为"花上压花"。上海博物馆收藏的这件雕花靠背椅,其雕琢工艺正是从当时的玉作工艺移植而来,每块绦环板将主题纹样凸于上层,衬托纹样隐于下层,既层次分明,又穿插交织融成一体。为此,这件家具就其雕刻工艺来说,也是一件有着强烈时代标志的作品。

（4）纹样题材和表现风格

纹样题材和所表现的风格是时代的产物。为此,同一时代的社会背景和人文意识,必然造就相同的文化底蕴和时代烙印。这件靠背椅的雕刻题材和表现风格与明代中晚期的其他艺术品有着很多共性,甚至是一脉相通的,在此我们可以找到很多实例。

图3-17A是靠背板上端最醒目部位的"寿"字纹开光。边框作明代流行的洼面线脚。主题纹样前凸,以"寿"字为中心,旁侧针叶松、回首鹿和仙鹤衬托。下层纹样满布缠枝纹,内框底线上有山峦,山峦两侧蔓生出灵芝。整幅画面纹样繁缛但表意明朗:松为乔木,属性高大,宋王安石《字说》有云:"松为百木之长,犹公也,故字从公。"公是古代爵位名称,在《礼记·王制》中被列为五等之首,由于松与公相关联,因此松便成了高官的象征;鹿与禄为谐音,古人以鹿假借为俸禄。该图题材上刻松,下雕鹿,其题意显然表达的是高官厚禄。高官厚禄的吉祥题材在明代是十分时兴的,上海博物馆收藏的明代中晚期玉雕带饰、嵌饰、牌饰都有这种表意,请见图3-18、图3-19、图3-20所示。图3-21为上海明代中晚期墓中出土的霞帔坠子,其上部玉雕嵌饰的纹样亦是同此内容[78]。

>>> 图3-17A

>>> 图3-18　上海博物馆藏明代玉雕上的松、鹿、鹤、灵芝纹

>>> 图3-19　上海博物馆藏明代玉雕上的松、鹿纹

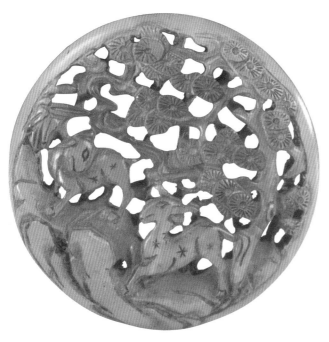

>>> 图3-20　上海博物馆藏明代玉雕上的松、鹿纹

>>> 图3-21　上海明墓出土玉雕松鹿纹嵌饰

　　画面上的鹤与灵芝则表达了另一层意思。鹤历来被看作长寿的象征,《淮南子·说林训》载:"鹤生三年则赤顶,七年羽翮具,三十年鸣中津……一百六十年则变止,千六百年则定形,饮而不食。"显然古人把鹤看作是千岁不死的祥禽。灵芝又称仙草,汉张衡《西京赋》有云:"神木灵草,朱实离离。"明代的道家方士对其推崇备至,时人视其能能驻颜回春的吉祥物。为此鹤与灵芝的引申义与"寿"字有关。如果我们把整幅画面通解,则可归纳为八个字,即"高官厚禄,延年益寿"。这与图3-18明代中晚期玉雕上雕琢的松、鹿、鹤、灵芝的组合含义一脉相通。

图3－17B是靠背板中部的马纹开光。边框长方形带委角，作明代流行的洼面线脚。主题马纹起凸，上端云雾缭绕，雾间垂叶，下刻寿山福水。底纹枝叶繁缛，交织成片。明代家具木刻作马纹者，尚属少见。但作为吉祥物是有其历史渊源的。我国古代早在商周时代已对马进行开发和利用，俗语说："南船北马"就道出了马在人类生活中的重要作用。故中国历史上素有崇拜和祭祀马祖的迷信和礼仪。《尔雅·释天》和《孝经》等许多史料甚至还把马看作是二十八星宿中东方苍龙七宿的第四位房宿"天驷"[79]。天驷又称天马，《晋书·天文志》云："天驷为天马，主车驾。"即是说天马是专为天帝所乘的神马。由此，中国古代的马纹在民间俚俗中常常被看作是祥瑞之物，有着极强的生命力。

那么古代被称之天马的神兽是何等形貌呢？《山海经·北山经》曾载神话中的天马是："其状如白犬而黑头，见人则飞（郭璞注'言内翅飞行自在'。），其名曰天马，其鸣自訆。"这里明确表示天马能飞，是长有翅膀的。其实在我国的汉魏时期，谶纬神学泛滥，道家学说中羽化而登仙的思想主宰了整个社会，人们憧憬着美好的生活和祈求长生不死，他们不但自身装扮成生有羽翼的仙人，还把一切被视作升仙运载工具的兽类神化，故汉代的画像砖、画像石上大量出现的龙、鹿、麒麟、跨虎、鹤、羊、马等都长有翅膀。从历史现状看，我国早期神兽的翅膀比较写实，如插图3-121为汉代龙纹[80]，插图3-122为汉代马纹[81]。唐宋时期，随着神学观念的逐渐淡化，凡题材为神兽的羽翼也随之退化，只是作为一种象征性表示而存在，故其造型已非原先的写实形象，而形变为一条带叉的飘带，如图3-22所示。而到了明代时，这根飘带与羽翼的原形已风马牛不相及，不但叉增多，而且带尾约定俗成为"丫"字形，所有被视为神兽的动物身上都作此刻画。如插图3-123为安徽歙县明万历许国相府中的石刻麒麟；图3-23为上海博物馆收藏的明代晚期玉雕带铐上的麒麟纹。这种具有明确时代特征的"丫"字形飘带，与本椅马纹所刻带状羽翼的形象完全一致。

>>> 图3-17B

>>> 插图 3-121 汉代画像石龙纹拓片

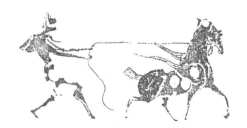

>>> 插图 3-122 汉代画像石马纹拓片

>>> 图3-22 上海博物馆藏宋代玉雕龙纹

>>> 插图3-123　安徽歙县明万历许国相府中的石刻麒麟

>>> 图3-23　上海博物馆藏明代玉雕带钤上的麒麟纹

>>> 插图3-125　明十三陵墓道上的石刻卧马俑

>>> 插图3-124　陕西户县贺氏墓出土元代马俑

　　马在中国历史上是重要的交通工具，人们对马有极强的亲善感，但在形像刻画上，不同时代具有不同的风格。大致来说，汉至唐代的马形剽悍强健，肌肉力度感外露，尤其表现在宽阔的胸部与臀部；元明时期的马则显得温顺媚俗，体格圆浑而重修饰。最引人注目的是其颈背上的鬃毛，犹如辫子分成束状，出土实物如元代的马俑和明代十三陵墓道上的石刻卧马都是这种雕工（插图3-124、插图3-125）[82]。若将本椅所刻马纹与之比照，它们之间存在的相同特征当不言而喻。

　　图3-17C是靠背板下档部位的鹭鸶、莲花纹开光。边框作海棠式洼面线脚。主题纹样鹭鸶与莲花起凸，底纹苇叶及枝梗穿插交织。中国古代建筑或家具上的装饰纹样，其用意可归纳为一句话，即"图必有意，意必吉祥"。因此所有被利用的吉祥物必然

>>> 图 3-17C

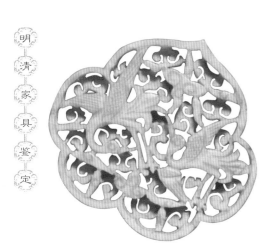

>>> 图 3-24 上海博物馆藏明代玉雕带饰上的鸟纹

>>> 图 3-17D

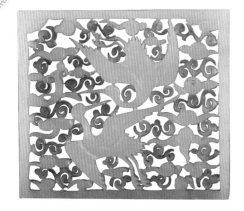

>>> 图 3-25 上海博物馆藏明代玉雕带饰上的鸟纹

是人们追求吉祥观念的物化表现。这种表现的手段和方式主要有四种：一是取物之声韵；二是取物之形状；三是取物之属性；四是取物之意蕴。如蝙蝠，蝙蝠之蝠与"福"为谐音，故可用蝙蝠之形象代福；石榴则属以形取义，它"千房同膜，万粒如一"，所以古时常以石榴象征多子多福；龟以属性取义，在道家学说中被看作北方之神，《广五行记补》中则称它"龟令经万岁"，所以古时人们好用龟比作长寿；兰花为幽香之物种，君子之交淡如水，与善人交如入芝兰之室，故以兰花之意蕴来象征人的品行。本椅靠背板上的图样是鹭鸶与莲花，其物化表现的手法是取物之声韵，鹭与"路"，莲与"连"均为谐音，科举时代人们对考生的祝颂语"一路连科"即由此生义。这与中国民俗吉祥图案中常见的鹭鸶与芙蓉象征"一路荣华"、鹭鸶与牡丹象征"一路富贵"的形式和含义是相同的。

>>> 插图 3-126 上海文物商店明代玉雕上的兔纹拓片

鸟在中国封建时代的人文意识中是最常见的吉祥题材。尽管其种类多，象征意义也各有不同，但每一个时代所表现的艺术形象是基本一致的。我国唐代之前的早期鸟纹大多与神学有关，在天人感应思想的支配下，鸟的形状多富有想象和夸张。唐宋以后人们的艺术创作进入世俗化，注重实际，故鸟纹的刻画比较写实。特别到了明代，鸟身各部位比例适当，羽毛丰满，并常以动态表达画意。在雕刻手法上，管钻形眼、硬折翅是微观上必然出现的时代特征。明代的鸟纹在玉雕工艺上尤为多见，上海博物馆收藏的带饰和嵌饰上有不少以鸟纹为题材，这些鸟纹的刻画形态和表现风格，与本椅木雕鸟纹是完全一致的（图3-24、图3-25）。

图3-17D是靠背板右侧部位的兔纹开光。边框亦作海棠式洼面线脚。图中白兔口衔灵芝，作回首状。足下山峦起伏。山之巅柞树茂密，灵芝丛生。通体雕刻虽十分繁缛，但层次分明、情景交融，是一幅明代木作工艺中典型的写意作品。

>>> 图 3-26 上海博物馆明代玉雕上的兔纹拓片

兔在我国古代主要是月神的象征，它是十二生肖中的一员，是文学作品和民间神话故事中的重要题材。月神一说最早出自《淮南子·冥训》，月中嫦娥怀中的白兔，则是西王母制不死药的捣药工[83]，所以民间常以白兔代指月亮，即所谓"月中何有，白兔捣药"。唐李白《把酒问月》诗也曾提及："白兔捣药秋复春，姮娥孤栖与谁邻？"初唐四杰之一的卢照邻《江中望月》诗"沈钩摇兔影，浮桂动丹芳"，更是以兔影喻月影。总之，白兔活泼可爱，寄托着人们美好的遐想，所以我国古代获兔被认为是瑞应吉祥之事。

本椅白兔口衔灵芝作回首仰月状，这是明代匠师的刻意之作。同样题材常见于明代玉雕作品上，如图3-26为白兔仰月、插图3-126为白兔回首衔灵芝，画面同样以山峦、灵芝、柞树为题材。明代玉雕作品上的兔形也十分写实，体态匀称，长耳或竖或抿，大圆眼，口微张，体表常刻体毛装饰。

图3-17E是靠背板两侧镶嵌的荔枝纹附加装饰。边框用洼面线脚作壸门曲线，框内自上而下满雕荔枝，枝叶茂盛，穿插交织而显得生机勃勃。

荔枝是产于我国南方的佳果，早在西汉司马相如《上林赋》中已被称为"离支"，可见其栽培历史之长。荔枝是人们喜爱的果实，它有止渴、生津、健气的药用作用，正如《本草纲目》所记载的："荔枝冬夏常青，其实大如鸡卵，壳朱肉白，核黄黑色，似半熟莲子，精者核如鸡舌香，甘美多汁，极益人也。"相传荔枝有一个重要特性，《农政全书》有言："熟时，人来采，百虫不敢近；人才采摘，诸鸟蝙蝠之类，群然伤残。"因此，古人常把荔枝看作辟邪之果。另一方面，荔枝谐音"利子"，古时荔枝的图样或实物，也常备于新婚之日，用以祝吉，繁衍子孙。

由荔枝的物理属性，决定了它在人们心目中的地位。尤其在明代中晚期，用荔枝作题材的雕刻特别多，如图3-27A、图3-27B、图3-27C为上海博物馆藏明代中晚期玉雕荔枝纹带饰和嵌饰、插图3-127为北京故宫旧藏明中晚期象牙雕荔枝纹方盒[84]。我们再从这些象牙、玉器对荔枝体表所刻纹样看，有菱形纹、回字纹、十字纹以及各种几何形填线纹。这些装饰手法，与本椅所琢的荔枝纹样如出一辙。

图3-17F是两靠背立柱外侧镶嵌的螭衔灵芝纹附加装饰。边框用洼面线脚作壸门曲线，框内横卧一螭，口衔灵芝。主题纹样的下层亦以灵芝衬托，缠连一片。

螭，是中国古代神话传说中的一种与龙有关的神兽。自古以来，人们相信螭能辟邪，螭常常被用作各类艺术品的主题纹样。而在明清时期的建筑和家具上，则更为多见。从历史现状看，由于螭纹的变异性间距较短，故只要我们能从微观上掌握其演变规律，那么它必然对明清家具的断代产生重要作用。明代的螭纹出土实物很多，它们的特征与本椅所刻螭纹的风格是一致的，这里我们不妨把上海明万历朱守诚墓中出土的紫檀瓶上的螭纹作一比较（图3-28A）[85]，不

>>> 图3-17E

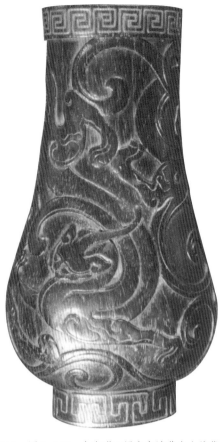

>>> 图3-28A 上海明万历朱守诚墓出土的紫
檀瓶

>>> 插图3-127 北京故宫博物院藏明
代象牙荔枝纹方盒

>>> 图3-27A 上海博物馆藏明代玉雕荔枝
纹带饰和嵌饰

>>> 图3-27B 上海博物馆藏明代玉雕荔枝纹
带饰和嵌饰

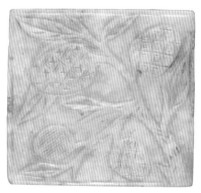

>>> 图3-27C 上海博物馆藏明代玉雕
荔枝纹带饰和嵌饰

>>> 图3-28B 上海明万历朱守诚墓出土的紫
檀瓶上的螭纹拓片

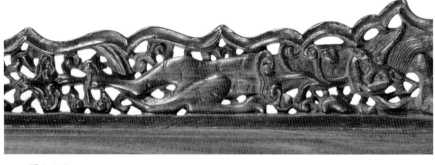

>>> 图3-17F

>>> 图3-17G

难发现它们之间的共性相当明显：一是头部都作正面形象，两腮
饱满似苹果形脸；二是兔唇、契形鼻、猫耳形耳朵；三是躯体长
度与尾巴长度基本相等；四是脊柱线表现明显；五是口衔灵芝，
灵芝造型相同（见图3-28B 拓片中小螭口衔灵芝形象）。而清代螭
纹大多作侧面像，体长尾短分叉多，形体圆浑无力度感，脊柱线
也随之消失（请参见本书第四章第三节"螭纹"部分）。

图3-17G是该椅四面平方凳正面牙条壶门出尖处雕琢的兽面
纹。该兽面纹正面阳文线鼻腔上部线条兜转似灵芝，上有出尖线
条与壶门牙条上的出尖同步雕琢。只是尖端连一小珠，小珠下
坠，这说明该兽面纹虽有明确的表意，但已艺术化、抽象化，与
早期兽面纹的那种神圣形象不能比拟。

中国古代的兽面纹尽管有各种不同的形象表示，但早期兽面纹有一个基本样式，即头顶必出尖如锥状，如插图3-128所示[86]。出土实物告诉我们，这种现象最先发现于江浙地区的良渚文化中，如插图3-129良渚文化中的巫师所戴羽冠的造型[87]。但到汉代时，这种羽冠出尖的造型已约定俗成为一种特定标志，如插图3-130巫师头顶两侧仍插有羽毛，然中间已变为出尖装束[88]。汉代的画像石上，有的方相士头顶则直接作尖凸，而且驱鬼者手中常握有利斧[89]，这一行为在《后汉书·马融传》中被称为"翬终葵，杨关斧"（插图3-131）。翬为雉鸟之羽，"终葵"者《周礼·考工记》释其为"锥"形，关斧属驱鬼之法器，对此清代大考据家顾炎武在其所著《日知录》中，即称为"古人以椎逐鬼，若大傩之为"[90]。"锥"作为驱鬼的特定形象，自古以来锐利无比，但本椅所刻兽面纹的"出尖"已经增添小珠装饰，这是违背传统观念而出现的一种退化现象，但其时代仍不晚于明代，因为明代以后的兽面纹已见不到"出尖"装束了。

家具是人类生活起居的重要辅助用品。在漫长的封建社会里，人们对命运的掌握往往臆造出一种精神寄托，于是主宰命运的方式和动力只得通过祈祷、上供、巫觋等形式来消灾纳祥。家具上的一切吉祥题材，正是在这样的时代背景下产生的。它既反映了当时人们的世界观，也为我们今天研究和鉴定古典家具，提供了十分宝贵的资料。

>>> 插图3-128 汉代画像石上的兽面纹拓片

>>> 插图3-129 良渚文化玉冠状器上的巫师形象摹本

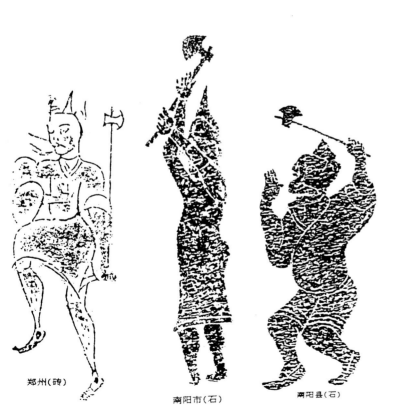

>>> 插图3-131 汉画像石方相士拓片

>>> 插图3-130 汉代画像石、画像砖上的巫师形像拓片

>>> 图3-29 清黄花梨洼堂肚券口靠背椅

2. 清黄花梨洼堂肚券口靠背椅(图3-29)

座面长57.5厘米、宽41.5厘米、通高117厘米。

这是一把按传统样式和结构制作的靠背椅。其特征是搭脑两端微微上翘,出头短,且作硬截面处理。立柱与后腿一木连做。立柱与靠背同步为S形曲线。座屉四边有简练的冰盘沿线脚,下底施压边线。四足微外撇,正面和两侧均设洼堂肚券口。前管脚枨下有贴脚牙条。

鉴定一件家具的制作年代,主要应从其造型特征、附件形式和装饰纹样三个方面着眼,然后再找出它们之间的平衡点。该椅通体光素,虽然缺少了纹样所能提供的时代信息,但其造型和附件的时代性还是比较明确的。具体表现在以下三个方面:一是搭脑翘势平缓,已是一种退化了的牛角式造型。搭脑两端作硬截面者始于明代晚期,这在明代版画上有所见(插图3-132),然这种搭脑在清代制作的明式家具上流行;二是座屉进深仅41.5厘米,甚至比造型小巧的玫瑰椅的进深还短,这不符合明代坐具相对宽敞的特点;三是明代家具的牙条形式唯有直牙条或壶门牙条两种,这是大量明墓出土的家具明器和明版小说、戏曲、词话中成千上万幅家具插图所能证实的。洼堂肚牙条是清代的新生事物,它由壶门牙条退化而来。壶门线脚在明清两代的建筑或家具装饰上,不分早晚都很流行。但作为发展主流,壶门的出尖是由高向低演化的,如图3-30为上海明墓出土的以壶门线脚为主要装饰的架子床[91],其壶门曲线波折大,且出尖高;图3-31为上海博物馆藏清代的黄花梨圈椅,图3-32为清代的紫檀圈椅,其牙条波折不但平缓,且出尖很低。这一态势的继续发展,就造就了洼堂肚线脚的诞生[92]。笔者多年来对明清建筑和明清家具的装饰线脚作广泛收集,壶门线脚主要表现在各类器物的牙条或底座上,而明代的底座如须弥座和门枕石,包括家具中带有底座的箱类,几乎清一式用壶门线条表示(图3-33、插图3-133、插图3-134、插图3-135);明代家具上的牙条形式,除通常所见的直牙条外也唯见壶门牙条。但到了清代以后情况就不同了,建筑结构中的须弥座或门枕石除继续使用壶门线脚装饰外,还出现了新生的洼堂肚造型,如插图3-136所示[93];同样地,家具上的洼堂肚牙条也同时出现了,而且不但在清代制作的明式家具上经常使用,清式家具上更是十分流行,只是其下坠的"肚形"不同而已(图3-34、图3-35)。

根据洼堂肚牙条的特点,再结合本椅结体圆润,立柱与靠背均作S形曲线,四足外撇且外圆内方,以及券口边缘使用流畅的灯草线装饰的风格,该椅的制作年代应在清代中期或稍后。

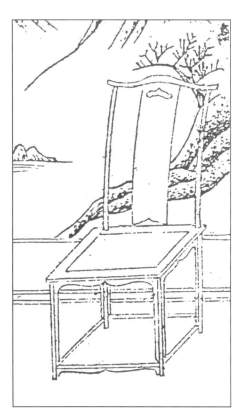

>>> 图3-30 上海明墓出土架子床明器

>>> 图3-31 上海博物馆藏清代黄花梨圈椅

>>> 插图3-133 安徽歙县呈坎村明代建筑"首善儒宗"门柱须弥座上的壶门线脚

>>> 插图3-134 江苏苏州明代"紫金庵"门枕石上的壶门线脚

>>> 图3-32 上海博物馆藏清代紫檀圈椅

>>> 插图3-136 苏州西山明湾村乾隆年建"礼耕堂"门枕石上的洼堂脚

>>> 图3-33 上海明万历潘惠墓出土盝顶箱底座上的壸门线脚

>>> 插图3-135 台湾台中科博馆藏明墓出土绿釉陶箱底座上的壸门线脚

>>> 图3-34 上海博物馆藏清式家具牙条上的蕃莲纹

>>> 插图3-139 宋萧照《中兴瑞应图》上的直靠背交椅

>>> 图3-35 上海博物馆藏清式家具牙条上的云纹

>>> 插图3-138 山西闻喜县金墓壁画上的直
后背交椅

>>> 插图3-137 宋张择端《清明上河图》上的直后背交
椅

>>> 插图3-140 中国国家博物馆藏明人绘《麟堂秋宴图》上的直靠背
交椅

>>> 插图3-141 宋《蕉荫击球图》上的圆后背交椅

>>> 插图3-142 江西乐平宋墓壁画上的圆后背交椅

>>> 插图3-143 宋人绘《春游晚归图》上的"荷叶搭脑"交椅

二、交 椅

交椅是由交机发展而来。交机即古代之胡床，北方人称之"马扎"，民间俗称折叠凳。胡床本是一种无靠背的简易坐具，当人们在其座屉之上增设靠背之后，它便成为一种可倚可坐的椅子。由于这种椅子的四足成对相交，故以其形名之"交椅"。

从现有的传世绘画和已发掘的墓葬壁画看，交椅是宋代始见的新型家具。按其结构特征，宋代交椅可分为两大类：一类是直后背交椅；另一类为圆后背交椅。直后背交椅是不带扶手的椅子，这种椅子又可分为横置靠背和直靠背两种。所谓横置靠背即是在后背两倚柱中间用木档横向制作，如插图3-137北宋张择端《清明上河图》上赵太丞家药柜前的那把交椅。山西闻喜县金代壁画孝子图上，也有一件与其相同的横置靠背的交椅（插图3-138）[94]。靠背木档横置的作法，无论是从力学的角度还是从使用舒适的角度来讲，均违背科学原理，在结构上显得较原始，椅子的制作年代也早，在边远或不发达地区使用的时间较长。所谓直靠背者即将横置的靠背改为垂直屉面的靠背，这在宋萧照《中兴瑞应图》上有其形象（插图3-139）[95]。这种样式的靠背既能增加搭脑的牢度，人们使用时也可依附其上，使背部肌肉放松。由于靠背竖向结构的优越性较大，它不但深受时人赏识而且迅速取代横向靠背，并一直延续到明清时代还在使用（插图3-140）。

宋代的圆后背交椅在结构上要比直后背交椅复杂得多，它不能和一般椅子那样将扶手与下面的鹅脖和联帮棍相交，而只能安在前腿上端，再弯转向前探伸，这种悬空无支撑力点的结构必须通过特别的设计来加以克服，比如在转角处安角牙，在弯转处安金属杆固定。如果再加上大弧面椅圈用多段拼接而成，其强度和牢度显然是不足的。为此，在中国古代传统坐具中，最难保存的就是交椅。

宋代的圆后背交椅多见于南宋。从传世的绘画和考古发掘的墓葬资料看，这种圆后背交椅样式可分为有搭脑与无搭脑两种。现藏北京故宫博物院的宋《蕉荫击球图》上，有一幅无搭脑交椅图样（插图3-141），座屉网织，靠背分成三节，中段有刻纹装饰，这把交椅的整体结构与明代制作的交椅样式一模一样，可见这一椅式在南宋时已经定型了。类似的作品在河南焦作金墓[96]、四川广元宋墓[97]和江西乐平宋代壁画中也能见到其踪迹（插图3-142）[98]。交椅椅圈上增设搭脑的结构，曾经作为一种家具的新式样流行一时，这在宋人笔记中多有记载。最详细的要算张端义《贵耳集》所述："今之交椅，古之胡床也，自来只有栲栳样，宰执侍从皆用之。因秦师垣宰国忌所，偃仰片时坠巾。京尹吴渊奉承时相，出意撰制荷叶托首四十柄，载赴国忌所，遗匠者顷刻添上，凡宰执侍从皆有之，遂号太师样。"[99]文中的"秦师垣"就是宰相秦桧，当时有京尹吴渊因奉承时相而在椅圈上添置了荷叶形托首，由于这种带荷叶托首的椅子是为太师设计的，故历史上曾名之曰"太师椅"。现藏台北"故宫博物院"的宋人绘《春游晚归图》中,一仆人随马后肩扛的一把交椅,在椅圈上就有这种"荷叶搭脑"的形象(插图3-143)。

交椅自宋代出现后,一直是上层社会使用的家具。有元一代,世风依然,如元刊《事林广记》插图和陕西蒲城出土的元代壁画上[100],交椅在厅堂八字形排列,周围奴仆成群,上坐者都为蒙古族高官(插图3-144、插图3-145)。交椅发展到明代时,随着商品经济的扩大和世俗化倾向的加剧,其使用范围逐渐趋向社会化,除了上层统治者外,民间商贾和文人的使用量不断增加,这在明版小说、戏曲插图上时有所见(插图3-146)。普通市民视交椅为权力和地位的象征,故常被当作吉祥物制成冥器随葬。上海地区的普通明墓中已有多处发现,有木制的,也有锡制的(图3-36)。

交椅形成于宋代,流行于元明两代。进入清代后,由于其实用价值不大而逐渐被淘汰。特别是豪华、庄重的清式家具出现后,交椅首先在上层社会被取代。所以清代皇帝不坐宝座而坐交椅的实例,只有在巡幸中见到(插图3-147)。

>>> 插图3-145 陕西蒲城元代壁画墓上的交椅

>>> 插图3-144 元刊本《事林广记》上的交椅

>>> 插图3-146 明万历金陵广庆堂刻本《镌新编出像南柯梦》中的交椅

>>> 图3-36 上海松江叶榭乡明墓出土锡交椅

>>> 插图3-147 清郎世宁《哈萨克贡马图》中乾隆所坐交椅(法国吉美博物馆藏)

>>> 图3-37 清黄花梨雕 "塔刹" 纹圆后背交椅

>>> 图3-37A 壶门形开光内的塔刹纹图样

>>> 图3-37B 螭纹角牙

1．清黄花梨雕"塔刹"纹圆后背交椅（图3-37）

座面长69.5厘米、宽53厘米、通高94.8厘米。

椅靠背用独板制作，上减地浮雕壶门形开光，开光内有双螭及莲叶、宝瓶图案。前腿上端弯转处用雕螭纹的角牙填嵌支撑。扶手下安镂空托角牙子。椅部件交接处包裹铁镂银缠枝纹饰件。该椅虽雕饰不多，但整体结构和谐、比例匀称，是传统交椅的基本形式。

交椅在元明时期十分流行，至清代前期仍有延续。但由于传世实物太少，所见古代绘画中的图像又过于简略，以至于这种早在南宋已定型的器物，至今仍无法从其造型或结构上去寻找它们的时代差异。唯可喜的是现有传世交椅上大多都有纹样装饰，这便成了我们今天鉴定其制作年代至关重要的线索。

这把交椅最醒目的纹样是靠背板壶门形开光内的一簇图案。除了对称的简练螭纹外，居中图样的上部似为一葫芦状瓶形物，瓶形物下有台座，再下为"T"字样造型。这个"T"字形纹样两端向下弯转的线条刻有波折，似象征叶瓣的抽象表现。据此我们可得到一个重要启迪，该图案作为吉祥物实与宗教有关，因为在佛教艺术中，宝瓶和莲瓣的组合，是阐发佛典教义最重要和最崇高的标志。若按图检索，与佛教有关且图样与其近似的表现主要有以下三类：一是古代的弥勒菩萨像常手持长茎莲，而在左右舒张的莲叶中心置有净瓶（插图3-148）[101]。净瓶又名捃稚迦，唐代高僧玄奘所著《大唐西域记》中有其记载，被看作是僧众十八物之一[102]。这一图样比较写实，在表意上与靠背板上的刻画有相似之处，唯不同的是净瓶有流，而刻图上的瓶形物没有流。二是佛教用器中的香宝子。香宝子是香炉的附属物，置于佛座之前的香案上，一般中间为香炉，两旁置宝子。出自敦煌的唐代彩色麻布上曾有一幅佛教画，以艳丽的三朵莲花捧出香炉和两边的香宝子（插图3-149）[103]。该图样上的鼓腹细颈瓶置于莲座上，其表意与靠背板刻图上的纹样也相似。然而用放置香料的容器刻于家具上来达到宣扬佛典的目的似有牵强之处。三是佛教经典中的吉祥物塔刹。中国古代佛塔是专

>>> 插图3-148 古代弥勒菩萨

>>> 插图3-148A 古代弥勒菩萨手中的长茎莲和净瓶

>>> 插图3-149 法国卢浮宫藏唐代佛教画中的香宝子

>>> 插图3-149A 法国卢浮宫藏唐代佛教画中的香宝子（摹本）

>>> 插图3-150 山西太原天龙山观音塔上宝珠形刹顶

>>> 插图3-151 山西五台山珍宝楼银塔上的葫芦形刹顶

为埋藏佛骨舍利的建筑。它的结构形式分为基座、塔身和塔刹三部分。塔刹是塔的顶子,冠表全塔,至为重要。由于"刹"是佛界的象征,所以专门用象征佛界之宝的莲华、相轮和宝瓶做装饰。莲华,传为佛教净土生长的一种植物,分仰莲或覆莲;相轮又名承露盘,按照佛教经典《术语》上说:"相论,塔上之九轮也。相者,表相。"《行事钞》上说:"人仰视之,故云相。"意思说是作为塔的一种仰望的表帜,以起敬佛礼佛的作用[104];宝瓶是全塔之顶尖,也有称之为宝珠的,一般作带出尖的球状或葫芦形状。其实物形象前者可参见山西太原市天龙山观音塔(插图3-150),后者可见五台山珍宝楼银塔(插图3-151)[105]。而这两种塔尖宝瓶的比拟形象在上海博物馆和故宫博物院明式家具的靠背板上都有发现[106]。总之,构成塔刹的佛典之宝莲华和宝瓶,正是本椅靠背板上表现的,这是一种充满佛光的图样。考古发现,作为吉祥物它首先出现在石刻上,而后才由建筑雕琢移植到家具上。

为了进一步证实本椅刻纹即是佛教经典中的"塔刹"图样,我们还可以选择以下两例出土实物作补充说明。其一,山东省博兴县曾出土一批北朝造像,其中有一件北齐天统四年弥勒佛造像的须弥座上刻有一幅舍利塔图案[107],如插图3-152所示,正中为一宝瓶形象,其腹部开有储物孔,下设莲座,左右分别作长茎莲。在这幅造像的两侧,又刻造像人夫妻像。男女均作跪姿,手持莲花,莲花前分别竖刻"过去佛弟子翟洛周侍佛时"和"妻朱姮侍佛时"。在须弥座的左面还刻发愿文三十一字。这块石刻的图样和文字为我们阐明了两点史实:一是早在北齐时塔刹图像已被看作佛典之精华,人们视其为佛祖的象征而受到顶礼膜拜;二是塔刹的基本形象在古人心目中是用虚拟的瓶形物与莲花座组合而成的,这与本椅靠背板上的刻纹内容相同。其二,广东海康县白沙乡曾发现一座明代晚期火葬墓,墓葬为一具皈依陶函(插图3-153)[108]。这件陶函顶呈四落坡,正中塑一形似葫芦的瓶形物,该瓶与本椅靠背板上刻的葫芦形瓶几乎一模一样,瓶身上也镂刻储物孔的特征,充分说明它们所表达的理念是一致的。该瓶在底部还刻有覆莲,显然这具陶函也是佛教领域用以瘗埋佛骨的葬具。人们一般会认为,此函并非古塔,何以作为塔刹象征的葫芦形宝瓶和莲叶会塑在陶函上呢?其实中国历史上供奉舍利的佛塔是从古印度埋藏佛骨的坟墓"窣堵坡"转化而来。古印度的窣堵坡是用土、石聚集起来的圆形坟墓,坟墓墓顶上有一突出构件,梵语称之"刹多罗",窣堵坡上的刹是由幢杆和刹柱上的相轮组合而成,火化后的佛骨即供奉于此,以示尊贵(插图3-154)。汉代佛教传入中国后,古印度埋藏佛骨的圆形坟墓未被中国人传仿,唯吸收的是古印度佛教窣堵坡的意义和形式的部分,即是"刹"。为此,中国古代的塔是在本国原有建筑形式的基础上,接受外来佛教内容后的一种独创。塔刹是佛图的象征,故凡一切与瘗埋佛骨有关的建筑和结构都可用此标识,这与《洛阳伽蓝记》记述佛教传入之初,国民"自此以后,百姓家上,或作浮图焉"的性质是相同的[109]。

>>> 插图 3-153 广东海康县出土明代皈依陶函

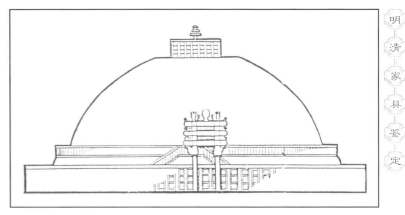

>>> 插图 3-154 古印度三齐窣堵坡上的"刹"

>>> 插图 3-155A 辽宁省博物馆藏佛床格子门上的塔刹纹图像

>>> 插图 3-155B 苏州紫金庵明代门枕石上的塔刹纹图像

>>> 插图 3-156 苏州紫金庵明代门枕石上的品字形卷莲纹

　　本椅靠背板上雕刻的这幅纹样，由于前辈学者尚未破解其题意，故长期来被误称为"朵云纹"或"如意云头纹"，对家具制作年代的认证也无从着手。今释为佛教图像，那么我们可循家具与建筑的亲缘关系，在佛教建筑领域里寻找其年代答案。笔者经多年访求，现已发现与其相同的图像，早在辽代时就已经出现，而且这一特定的标记，一直延续到明代的寺庙建筑上还有使用。前者是辽代出土的辽三彩佛床明器侧面格子门上有其堆塑；后者是笔者在苏州东山镇的紫金庵门枕石上见到了类似的石刻作品。尽管堆塑和石刻图样较粗犷，没有木雕那么细致清晰，但壸门形开光、左右分驰的莲叶和莲叶上置有葫芦形瓶状物的三要素是确信无疑的（插图 3-155A、插图 3-155B）。苏州紫金庵又名金庵寺，它创建于唐朝初年，盛唐和南宋时曾两次大修葺，现有的建筑是明代重建的。该门枕石正反两面都有刻纹，除了正面的塔刹图像外，反面则在壸门开光内作三朵交缠一体的卷莲纹（插图 3-156）。这种在开光内作卷莲的图样，最早见之于明代初期的建筑石刻须弥座上，这里可辑录下例实物作佐证：插图 3-157 为明永乐十一年建成的武当山玉虚宫御碑亭须弥座上的刻纹[110]；插图 3-158 是明洪武八年建成的南京明故宫

>>> 插图 3-152 北齐须弥座上阴刻舍利塔图像

>>> 插图3-157 明永乐十一年
石刻须弥座上的卷莲纹

>>> 插图3-158 明洪武八年石刻须
弥座上的卷莲纹

>>> 插图3-159 明洪武十六年明孝陵文武门须弥座上的
卷莲纹

>>> 插图3-160A 安徽歙县明万历许国牌坊
梁枋侧面的卷莲纹

>>> 插图3-160B 安徽歙县明万历许国牌坊梁枋侧面的卷莲纹

午门须弥座上的卷莲纹[111]；插图3-159是洪武十六年明孝陵文武门须弥座上的刻纹[112]。从摹本实物看，明初的卷莲纹叶瓣丰实，卷转活泼而富有生气。相比之下紫金庵门枕石上的图样，叶瓣已被简化为图案式造型，故其制作年代必相对要晚。有幸的是笔者在安徽歙县考察时，发现在全国文物保护单位许国牌坊上有其同样的刻纹（插图3-160A、插图3-160B），许国牌坊建于明万历十二年，故由此可证，门枕石上的刻纹亦为明代晚期的作品。

在壶门形开光内刻有交缠一体的三朵卷莲纹，始于明代早期的建筑石刻上，其后随着时间的推移，纹样逐步由繁缛向简易发展。紫金庵门枕石上的卷莲纹代表的是明代晚期的作风，其莲叶虽作形象性表示，但还能见到其叶瓣刻画较宽厚且带有波折的特征。这一图样发展到清代中期时，则完全被线条取代，如插图3-161是浙江嵊县黄泽镇余家路13号嘉庆年建造的"老当铺"门楼楣额石刻卷莲纹

>>> 插图 3-161 浙江黄泽镇清嘉庆"老当铺"门楼石刻卷莲纹

>>> 插图 3-162 美国旧金山中国古典家具博物馆藏座屏风披水板上的卷莲纹

>>> 插图 3-164 北京故宫博物院藏座屏风披水板上的品字形卷莲纹

>>> 插图 3-163A 安徽潜口村民宅博物馆"德庆堂"藏靠背板上的卷莲纹

图样,在壶门形开光内,卷莲纹已变为三条相叠的弧线。这一抽象的图案也同时被移植到清代家具上来,如美国旧金山原中国古典家具博物馆收藏的清代中期黄花梨大理石插屏式座屏风的披水板[113]和安徽潜口村民宅博物馆"德庆堂"内收藏的清代晚期靠背椅的靠背板上,均有这一刻纹(插图3-162、插图3-163)。现藏北京故宫博物院的黄花梨嵌玻璃油画透雕螭纹插屏式座屏风之披水牙子上雕刻的仅用三条弧线表示的品字形卷莲图案,则是在此基础上的进一步简化,其性质相同(插图3-164)[114]。

紫金庵门枕石上的图样为我们探索交椅靠背板上的刻纹性质和年代提供了重要依据。但还必须指出的是交椅靠背板上的壶门形开光内还增添了一对相向而视的简练螭纹、在交椅后腿弯转处还使用了刻有螭纹的角牙支撑。这又为我们从另一角度探索该椅的制作年代提供了依据。

>>> 插图 3-163B 安徽潜口村民宅博物馆"德庆堂"藏靠背板上的卷莲纹

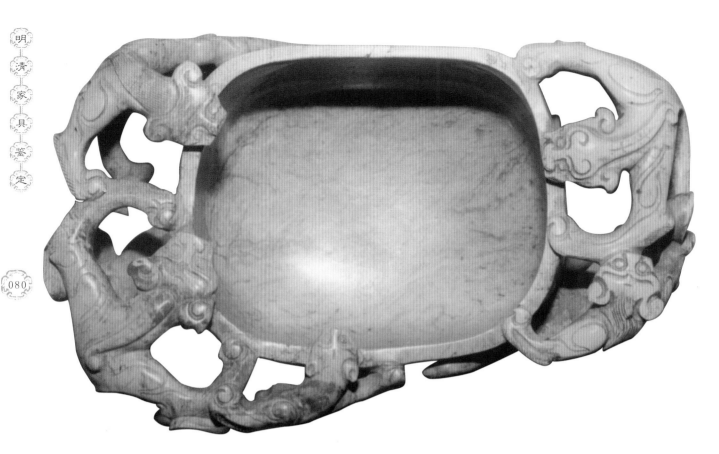

>>> 图3-38　宁夏博物馆藏明代玉雕五螭杯

>>> 插图3-165　上海文物商店藏明代玉雕螭纹饰件

>>> 插图3-166　上海文物商店藏清代玉雕螭纹饰件

　　螭是我国古代的辟邪兽，作为吉祥物明清两代常用作建筑或家具装饰。但清代的螭纹与明代造型不同，明代螭纹均作兽身正面像（图3-38、插图3-165），清代螭纹除继承传统风格外，为适应建筑或家具装饰环境的需要，常变作侧面像，如插图3-166所示。有些作品在特定条件或特殊需要下，往往用线条来勾勒其侧面形象，如上海博物馆收藏的清康熙豇豆红太白尊上的球形开光内一对相向而视的螭纹，即作如此表现（图3-39）；上海博物馆收藏的清前期黑漆描金宫灯的挑头，虽作圆雕，但亦以线条侧面勾勒其形（图3-40）。而这种做工和表现形象，与交椅上螭纹的表达方式是一致的，而且其形貌风格也相同。由此，笔者从螭纹的作风和形貌鉴定，该交椅的制作年代已入清。

古代的纹样是时代的产物，它的发生、发展和消亡必然有一个时间跨度。对本椅而言，明代晚期的纹样可延续到清代早期继续存在。这把交椅靠背板上壶门形开光内的塔刹图样与所刻螭纹的组合，正是明末清初家具纹样交融的典型实例。

>>> 图3-39A 上海博物馆藏清康熙中晚期太白尊

>>> 图3-39B 上海博物馆藏清康熙中晚期太白尊上双螭摹本

>>> 图3-40 上海博物馆藏清代黑漆描金宫灯架

>>> 图 3-41 清黄花梨雕麒麟纹螭纹圆后背交椅

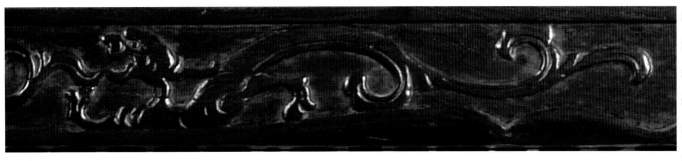

>>> 图3-41C

2．清黄花梨雕麒麟纹螭纹圆后背交椅（图3－41）

　　座面长70厘米、宽46.5厘米、通高112厘米。

　　椅靠背攒成三截，上截透雕团螭纹开光；中为麒麟、葫芦，麒麟足踩灵芝及洞孔石；下有壶门亮脚。座屉前梃看面壶门出尖处刻卷叶，两侧作相向而行的螭纹。该椅用材粗硕，凡构件交接处均用铜皮包裹。

　　这把交椅的主题纹样由螭、麒麟和葫芦组成。螭为神兽，用以辟邪，这是清代家具上最流行、最通俗的装饰。而在同一画面上雕琢麒麟回首仰视葫芦的景观，这样的组合在古典家具上是不多见的。葫芦在中国古代民间被认为是十分有灵气的东西，它是道教的法器，是求吉护身、辟邪祛祟之物。但从葫芦生长的自然属性观察，它是藤本植物，藤蔓绵延，结实累累，与瓜果一样体内多籽，故民俗又常用它作为祈子祝福的象征物。而麒麟为仁兽、瑞兽之外，在民间影响最深刻的正如《中华全国风俗志》中记载的那样，麒麟能为待育者送子，可见本椅纹样匠心所在是对子孙繁衍的良好祝愿和期望。可为这幅图样题意佐证的是，在安徽黟县宏村清道光二十五年落成的"振绮堂"门窗绦环板上，我们看到一幅木刻"麒麟送子图"，图上麒麟作昂首观望状，麒麟身上骑一道者，道者手持葫芦，其"送子"之画意一目了然（插图3－167）[115]。

　　明清交椅年代的鉴定，重在雕刻纹样的识别。这把交椅流传有年，影响深远，并一直作为明代标准器称道于世。但事实上它是一件清代作品，我们可从以下三个方面加以甄别。

　　先看螭纹。螭是明清两代吉祥物中的首选题材，大量的建筑物装饰如雀替、梁垫、裙板、挑头、额枋、腰华板以及石刻栏板、砖雕和玉器、竹刻、文房用具等艺术品上最为常见。但由于明代螭纹的形体是传统的兽身和正面形象，故经常会受到雕饰物形状的限制而造成形体布局不妥帖的局面。如建筑结构中的柱和额枋交汇处的三角形雀替上，古人好用螭的形貌作吉宅标记，插图3－168所示为安徽休宁县古城岩明万历吴继京功名坊雀替上的兽身螭，在近乎三角形的构件上雕刻的是四肢伸展、回首衔灵芝的写实螭纹，但无论其形体布局如何设置，画面总显得十分拘谨。而到了清代以后，由于清代匠师将明代的兽身正面螭改变为侧身环体螭，从而使螭纹形体与雕饰物的各种载体能有机结合。清代匠作的这一创举虽然使原先如同猛兽的螭失去其威慑力，但作为吉祥

>>> 图3-41A

>>> 图3-41B

>>> 插图 3-167 清代麒麟送子图

>>> 插图 3-168 明万历吴继京功名坊雀替上的兽身螭

>>> 插图 3-170 苏州西山庙东村嘉庆年建王宅遗
存圈椅靠背板上的环体螭

>>> 插图 3-169 清嘉庆"乐善好施"堂雀替上的环体螭

>>> 插图 3-171 南京清后期刘芝田故居砖雕环体螭

>>> 插图3-172 安徽西递村清中期石础上的环体螭

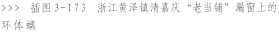
>>> 插图3-173 浙江黄泽镇清嘉庆"老当铺"漏窗上的
环体螭

>>> 插图3-174 故宫旧藏清乾隆多宝格上的螭纹卡子花   >>> 插图3-175 清代中期高束腰香几角牙上的环体螭

图案的环体螭能像卷起的飘带一样按需自由伸展。为此有清一代，凡建筑和家具上的螭纹风格出现了高度的一致性，如插图3－169为安徽歙县棠樾村清嘉庆二十五年鲍氏宗祠"乐善好施"堂雀替上的环体侧面螭；插图3－170为苏州洞庭西山庙东村嘉庆年建王氏宅第遗存的圈椅靠背板壶门开光内的环体侧面螭；插图3－171为南京清嘉庆年间建造的甘熙古居中保存的砖雕环体螭；插图3－172为安徽黟县西递村清代中期建筑石础上的螭纹；插图3－173为浙江嵊县黄泽镇清嘉庆"老当铺"漏窗上的环体侧面螭；插图3－174为故宫博物院藏清乾隆描金多宝格上的侧身环体螭卡子花[116]；插图3－175为清代中期紫檀高束腰香几角牙上的环体侧面螭[117]。总之，清代的环体侧面螭能适合各种载体的需要而富有极强生命力的同时，也给人们留下了深深的时代烙印。

按照上述螭纹的表现形式，比照本椅螭纹的形象特点，我们至少能得到两点收获：一是在壶门形开光内，螭纹作环体侧面处理，这显然是清代流行的作风；二是在座屉前梃看面作爬行状的螭，尽管它们展示的形式不同，但其头部形象以及后肢消失和躯体如带状卷转的做工是相同的。而这种形式的螭纹，正是清代中期最流行的（参见本书第四章第三节"螭纹"部分）。

再看麒麟造型。古代的麒麟是似鹿非鹿、似牛非牛的动物，汉人把它神化，成为一种仁兽。《太平御览》引《说文》云："麒麟，仁兽也，马身牛尾，肉角。"《汉书·武帝纪》颜师古注亦称："麟，麋身牛尾，狼头，一角，黄色，圆蹄。"其实麒

>>> 图3-42A 上海博物馆藏明代晚期玉雕麒麟拓片

>>> 图3-42B 上海博物馆藏明代晚期玉雕麒麟拓片

>>> 图3-42C 上海博物馆藏明代晚期玉雕麒麟拓片

>>> 图3-42D 上海博物馆藏明代晚期玉雕麒麟拓片

麟只是人们想象中的一种神兽,约定俗成的明代麒麟其基本体形有四大特征:一是龙首;二是鳞身;三是蹄足或风车形足;四是肩部生有叉形飞翼。图3-42是上海博物馆收藏的四件明代晚期有代表性的玉雕麒麟拓片,它们之间除了尾形各具特色外,其他部位的共性是一致的。对此,我们借以鉴识本椅靠背板上的麒麟纹样,不难发现它们之间形貌上的差异十分明显:一是作为龙首的角形不同,明代龙角直且有短叉,形似棍子,而该麒麟作弧形角,这是清代兽类常见角形;二是肩部飞翼消失,飞翼本是古代传统意识中能通神的标志,它的消失,表明该时期对此观念已淡薄,这是一种退化现象;三是既非蹄足,亦非风车形足,而是鸭蹼形足,这又是传统造型所不见的新造作。在麒麟的图像组合上,清代麒麟与明代的也有不同。在清人意念中,麒麟大多被看作与子嗣有关的祥瑞,故它的出现好与其他物象组合一起,如麒麟葫芦、麒麟童子等。而明代多独体,是千年不变的传统仁兽。麒麟作为瑞应之物在清时的民间广为传播,故对其形象的规范不及明代严格,而且时代越晚越自由放任。本椅靠背板上所琢麒麟在形象上与馆藏清代中期黄花梨六柱式架子床门围子上的麒麟风格一致(参见本书第三章第一节"架子床"部分),故其制作年代亦应相当。

除了以上纹饰鉴定外,该椅在结构附件的配备上,也有一个值得引起人们重视的时代问题。交椅自南宋定型以来,至清代连绵不断,它不但出现在历代绘画上,出土的明代用以随葬的交椅模型也时有发现。然而清代之前的作品,在腿与圆后背椅圈之间的力臂交汇处,没有一件是设有角牙的,请参见插图3-176、插图3-177、插图3-178、插图3-179、插图3-180、插图3-181、插图3-182、插图3-183、插图3-184、插图3-185、插图3-186、插图3-187所示。而清代绘

>>> 插图3-179 美国加州中国古典家具博物馆收藏的明代交椅明器

>>> 插图3-181 福州西门外明嘉靖张海墓出土锡交椅

图或传世实物上，却没有一件不设角牙，如插图3-188是清代郎世宁《哈萨克贡马图》上乾隆所坐交椅，图3-43、图3-44、插图3-189、插图3-190、插图3-191是上海博物馆、故宫博物院、美国加州中国古典家具博物馆和美国纳尔逊·阿特金斯博物馆收藏的交椅⁽¹¹⁸⁾，这些椅子不但都设有角牙，而且大多还用金属栿加固（图3-45、图3-46、插图3-192、插图3-193）。这大概是因腿足与力臂夹角比前朝要小而更易折断的缘故。

>>> 插图3-177　宋《蕉荫击球图》上的交椅

>>> 插图3-178　陕西蒲城洞耳村元墓壁画上的交椅

>>> 插图3-176　宋人《春游晚归图》上的交椅

>>> 插图3-180　四川洞梁县明嘉靖墓出土陶交椅

>>> 插图3-182 明宣德金陵积德堂刊本《新编金童玉女娇红记》中的交椅

>>> 插图3-185 明万历金陵富春堂刻本《管鲍分金记》中的交椅

>>> 插图3-183 明万历《鲁班经》中的交椅

>>> 插图3-186 明万历二十二年黄奇刻本《养正图解》中的交椅

>>> 插图3-184 明万历闽建书林叶志元刊本《词林一枝》中的交椅

>>> 插图3-187 明万历二十二年黄奇刻本《养正图解》中的交椅

>>> 图3-43 上海博物馆藏雕"刹"纹交椅　　　　　　　　　>>> 图3-44 上海博物馆藏雕螭纹麒麟交椅

>>> 插图3-189 故宫博物院藏雕"刹"纹交椅　　　　　　　　>>> 插图3-190 美国加州中国古典家具博物馆藏雕寿螭纹交椅

>>> 图3-45 上海博物馆藏交椅上的螭纹角牙

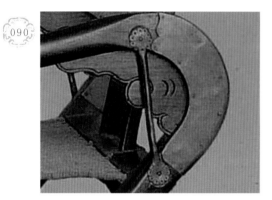

>>> 图3-46 上海博物馆藏交椅上的云纹角牙和金属柽

>>> 插图3-188 清郎世宁《哈萨克贡马图》乾隆所坐交椅

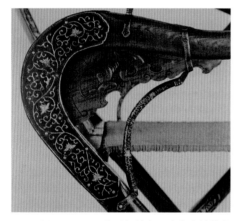

>>> 插图3-192 美国加州中国古典家具博物馆藏交椅上的螭纹角牙和金属柽

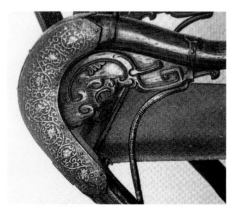

>>> 插图3-193 美国纳尔逊·阿特金斯博物馆藏雕缠枝莲交椅上的雕螭纹脚牙和金属柽

>>> 插图3-191 美国纳尔逊·阿特金斯博物馆藏雕缠枝莲交椅

三、官帽椅

官帽椅之得名肇自其形,因为这种椅式从侧面看,靠背高、扶手矮,给人有后高前低形似古代官帽的感觉。明清时期的官帽椅按其结构差异,又可分为四出头官帽椅和南官帽椅。四出头官帽椅是指靠背上的搭脑长度超过两靠背立柱间的宽度,扶手的长度超过鹅脖与立柱之间的宽度;南官帽椅则指搭脑与扶手都不出头的椅子。但这种椅式何以称之南官帽椅,至今未能有一个可信的解释。一般认为该椅多见于南方使用,故名。从中国古典家具发展情况看,明清时期被人们称为官帽椅的椅式,早在唐宋时期就已有使用,所以官帽椅之称谓当是后期的俗称。若按其使用功能定名,应统称为扶手椅。

扶手椅是既可倚靠又可扶手的坐具。在中国古代坐具发展史上,它是伴随着垂足坐的出现而同步发展起来的。考古发现早在公元五世纪时,在席地坐仍为重要坐姿的北魏时期,已经出现了类似明清时期四出头官帽椅样式的轿舆了(插图3-194)[119]。至唐宋垂足坐出现后,这种椅式便流行起来,今天我们从唐代敦煌壁画(插图3-195)、宋人画册(插图3-196)[120]和金墓出土的家具明器看(插图3-197)[121],这时的扶手椅已相当成熟。

我国明清时代的扶手椅非常普及。但在研究领域我们当明了以下两个传统称谓:一是明代的扶手椅人们通常泛指四出头官帽椅和南官帽椅,它不包括同样有扶手的宝座和玫瑰椅;二是清代的扶手椅人们主要是指清式家具中被俗称为"太师椅"的那种重体量、重装饰、靠背与扶手及座屉三垂直的椅子。清代制作的"明式"扶手椅仍以四出头官帽椅和南官帽椅相称,这是为了避免概念混乱而又便于表达的一种约定俗成的称呼。至于其他椅式,如交椅、圈

>>> 插图3-194 山西大同北魏司马金龙墓出土四出头轿舆漆画

椅、靠背椅、玫瑰椅、宝座等则都是另类专称的坐具。

上海博物馆收藏的官帽椅较多。其中四出头官帽椅虽为清代作品，但其样式和雕工却是明式家具中的典型器；南官帽椅在明墓中出土过两对明器，它们是明代家具不可多得的实物缩影。传世的南官帽椅亦为清代作品，其间有的器物已受到清式家具的影响而改变了明式家具传统的作工。但这类家具的样式却是清代民间家具的主流。上海博物馆收藏的清代扶手椅，其基本结构和雕饰，具有典型清式家具风格，在传世家具中很有代表性。

>>> 插图3-197　山西大同金墓出土四出头官帽椅

>>> 插图3-195　唐代敦煌196窟《劳度叉斗圣变》壁画中的扶手椅

>>> 插图3-196A　宋人《白描罗汉册》中的扶手椅

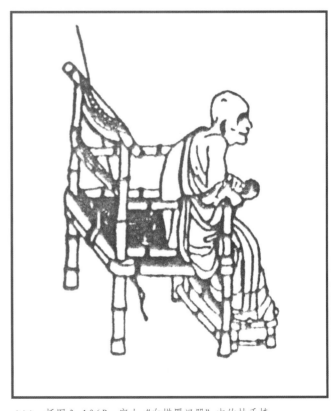

>>> 插图3-196B　宋人《白描罗汉册》中的扶手椅

>>> 图3-47　清黄花梨四出头官帽椅

1. 清黄花梨四出头官帽椅（图3-47）

座面长55.5厘米、宽43.4厘米、通高120.4厘米。

椅的上层构件用圆材。搭脑为牛角式曲线，但翘角已平缓。

扶手、联帮棍、鹅脖、立柱及靠背板均为S形线脚。凡出头部位

>>> 插图3-198 明崇祯刻本《金瓶梅》插图

>>> 插图3-199 明万历金陵陈氏继志斋刊本《重校吕真人黄粱梦镜记》插图

>>> 插图3-200 明崇祯刻本《金瓶梅》插图

加工成鳝鱼头形式，故座面以上结构圆润，视觉效果十分舒适。该椅座面为硬板。座屉以下四足用方材，而非明式家具中常见的外圆内方。在正面和两侧腿柱中，用洼堂肚券口作装饰。整体造型素洁大方，是四出头官帽椅中最基本的结构形式。

四出头官帽椅（包括两出头）自古以来十分流行，这是因为其制作上易于圈椅、交椅，使用时又比靠背椅舒适之故。就明清两代而言，这一坐具较其他椅式更为多见。然而长期以来，人们对该椅的年代鉴别尚未把握尺度，从而造成诸多谬误，这正是目前家具研究领域必须重视的课题。

笔者认为要了解明清两代四出头官帽椅的时代特征，那就必须首先确认其标准器，以便掌握该椅式在不同时期的规矩法度。然而遗憾的是，传世的清代四出头官帽椅不少，而明代制作的可信实物甚难寻觅，在缺少比照资料的情况下，凭主观臆想来判断显然是不科学的。现时我们的研究方法和手段，只能依靠出土的明代家具模型和明代出版物上的家具图样加以归纳和总结。明代的版画是反映现实生活的真实写照，其中不少作品被版画家所认定，正如郑振铎先生所评论的："几乎没有一点地方是被疏忽了的，栏杆、屏风和桌子线条是那么整齐；老妪、少年以至少女的衣衫襞褶是那么柔软；大树、盆景、假山乃至屏风上的图画，侍女衣上的绣花、椅子垫子上花纹，哪一点曾被刻划者所忽略过？连假山边上长的一丛百合花，也都不曾轻心的处置着。"[122]上海古籍出版社在编辑巨篇《中国古代版画丛刊二编》时，在其出版说明中也对明代版画的历史和文化价值作过积极评价，即"它以广泛的内容、多样的形式、明晰的写实画面、独特的雕刻技巧而博得广大人民的喜爱"。由此可见，版画对当时人们生活起居环境的描述是有相当可信度的。我国历史上明代中期以后，社会经济的发展使数以百计的戏曲、小说、词话得以出版。在这些出版物中，反映故事情节的各种场景留下了大量明代家具的踪迹，其中的四出头官帽椅尤为多见。经笔者长期的收集观察，发现明代的四出头官帽椅在结构附件的配备上，有两点鲜明的时代特征：一是椅子的牙条唯见直牙条或壶门牙条，始终不见清代常见的洼堂肚牙条。这一认识在本节"靠背椅"条中已有阐述；二是明代的四出头官帽椅支撑扶手的鹅脖绝大多数安装在联帮棍位置，如插图3-198、插图3-199、插图3-200、插图3-201、插图3-202、插图3-203、插图3-204、插图3-205、插图3-206、插图3-207、插图3-208所示。故联帮棍已无地可设。然而即使有少量鹅脖安置在前腿延伸位的椅子（插图3-209、插图3-210、插图3-211、插图3-212、插图3-213），也是不设联邦棍的。上述两种情况在明墓出土的家具明器上，也能得到印证，如插图3-214为苏州明万历王锡爵墓随葬的四出头官帽椅，其鹅脖后移，再前倾与扶手相交；插图3-215为美国加州前中国古典家具博物馆收藏的明代陶质家具模型，其鹅脖虽安装在前腿延伸位，但也不设联帮棍[123]。笔者为求证此论可信否而查阅了大量版画资料，仅发

>>> 插图 3-201 明崇祯刻本《玄雪谱》插图

>>> 插图 3-202 明万历金陵陈氏继志斋刊本《琵琶记》插图

>>> 插图 3-203 明崇祯刊本兰陵笑笑生撰《金瓶梅》插图

>>> 插图 3-204 明崇祯钱圹金衙刊本《新镌批评出像通俗演义禅真后吏》插图

>>> 插图 3-205 清顺治方来馆刻本《万锦清音》插图

>>> 插图 3-206 明崇祯十四年黄真如刻《盛明杂剧二集》插图

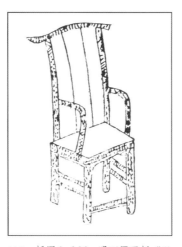

>>> 插图 3-207 明崇祯刊本兰陵笑笑生撰《金瓶梅》插图

>>> 插图 3-208 明万历王圻《三才图会》"器用篇"插图

>>> 插图 3-209 明万历范律之校刊本《红梨记》插图

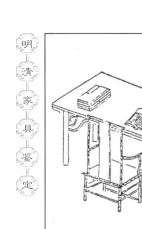

>>> 插图 3-210 明万历《古杂剧》"望江亭中秋切鲙旦折第二折"插图

现个别地方有见⁽¹²⁴⁾。其数量对比之悬殊，使我们能得到一个基本观念，即明代的四出头官帽椅一般不设联帮棍。

判别家具制作年代的要素是多方面的。作为坐具中的椅类来说，如果没有装饰纹样为我们提供时代信息，光凭硬件结构的话，那么上述对联帮棍是否设置和牙条造型的评判就显得十分重要了。按此，本椅无疑是一件清代作品。若再从明式家具某些传统作风来观察，本椅使用的方直腿与传统的外圆内方有别；座屉使用硬板而非上藤下棕的做工，这些都是明式家具在清代中期以后受清式家具影响的产物，所以，它的制作年代应在清代后期。

>>> 插图 3-211 明崇祯金陵两衡堂刻本《画中人传奇》插图

>>> 插图 3-212 清康熙承宣堂刻本《圣谕像解》插图

>>> 插图 3-213 明万历徽州观化轩刊本《玉簪记》插图

>>> 插图 3-214 苏州明万历王锡爵墓出土四出头官帽椅

>>> 插图 3-215 美国加州中国古典家具博物馆藏明代陶质四出头官帽椅

>>> 图3-48 清黄花梨雕塔刹纹四出头官帽椅

2. 清黄花梨雕塔刹纹四出头官帽椅（图3-48）

座面长58.5厘米、宽47厘米、通高119.5厘米。

四出头官帽椅是明式家具中最具代表性的坐具。其特点是结构简练、造型朴实、比例适度、风格典雅。就本椅而言，它有着如下特色：一是重视线脚装饰，如搭脑两端微微上翘，并作硬截面，使之有对称而又不失均衡的稳重态势。靠背板、靠背立柱、扶手、联帮棍和鹅脖均为S形曲线，这是明式家具喜好利用线条

>>> 图3-48A 靠背板上的塔刹图样

的曲率来美化家具的典型手段；二是该椅背高６６厘米，座屉至管脚枨坐高４２厘米，这正符合人体工程学原理所需要的坐高和膝高的尺度。特别是从靠背板作Ｓ形曲线与人体脊柱弯曲程度相符这一情况看，明式家具在设计和制作上已体现出一定的科学性；三是明式家具喜好用雕刻作装饰，繁简因物而言，但繁缛而不堆砌，简约而不单调，有恰到好处之妙。本椅选择在狭长的靠背板最醒目的地方作壶门形开光，内减地浮雕双螭纹和象征佛典教义的塔刹纹，纹样规矩、庄重，这就给内在秀丽的椅式增添了新的文化氛围；四是该椅通体用细长圆材制作，表面上看似乎很省料，其实不然，由于每根用料弯曲程度较大，制作时都必须从大料锼挖，方可满足其曲率。所以明式家具的结构往往因追求秀丽而不省料、不省工。

这把四出头官帽椅的结构和装饰纹样，是明式家具研究中不可多得的实物资料，它不但时代性强，而且纹样的性质在家具断代上，具有重要的历史价值。

所谓时代性强，首先表现在它的结构上。从其椅式看，搭脑两头挑出部分十分短促，且为硬截面处理；座屉下不设清代通常所见的枨子加矮老的组合，而是用壶门券口作装饰，这与明版图

>>> 插图3-216　山西平顺县明慧大师塔上的宝珠形刹顶

>>> 插图3-217　山西沁水县尊宿和尚舍利塔

书上的明代家具风格是一致的。但明代的四出头官帽椅基本不设联帮棍，联帮棍的使用流行于清代制作的明式家具上，这一点显然与明代坐具存在着明确的时代差异。如果我们再结合该椅靠背板壶门形开光内的对螭纹造型来判断，那么这把四出头官帽椅无疑是清代前期的作品（参见本节"清黄花梨雕塔刹纹圆后背交椅"部分）。

上海博物馆收藏的明式家具在靠背板上雕塔刹图像的有两件，一件是圆后背交椅（见图3－37），前文已作阐述；本椅塔刹图像与前者的"葫芦形宝瓶"不同，而是"宝珠"形。宝珠形刹顶形似蒜头，是佛塔的另一种表现形式。其实物形象参照物可举插图3-216山西平顺县明慧大师塔和插图3-217山西沁水县尊宿和尚舍利塔[125]。这两座石塔塔刹均为带出尖的球状物，下设莲瓣为座，其表意与本椅塔刹纹形象一致。只是木雕上的莲瓣不是写实的，而是抽象的图案。

>>> 插图3-218A 故宫博物院藏黄花梨圈椅

>>> 插图3-218B 故宫博物院藏黄花梨圈椅靠背板上的"刹纹"

>>> 图3-49 上海博物馆藏紫檀画案足部塔刹纹

>>> 插图3-219 故宫博物院藏黄花梨月洞门架子床牙条上的"刹纹"

>>> 插图3-220 故宫博物院藏黄花梨玫瑰椅靠背板上透雕"刹纹"

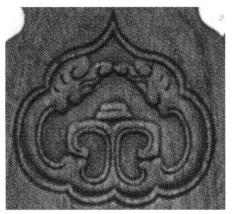

>>> 插图3-221 北京民间收藏黄花梨交椅靠背板上的"刹纹"

在靠背板上雕琢宝珠形塔刹图像的家具,过去在故宫博物院也有收藏[126],可见该图像作为家具装饰并非孤例。但遗憾的是长期以来由于人们没能正确诠释该图像的本义,以至无法对该类特定意义的图样在不同时期所表现的形式做出科学判断。事实上这一佛典教义最崇高的标识,随着佛教在民间传播的兴衰,不同时期的图样是有区别的。从现有资料看,目前所见最早的塔刹图像是北齐须弥座上的刻纹[127],宝瓶近于写实,下设莲座,两侧用象征佛教净土的长茎莲衬托(见插图3-153)。而明代晚期苏州紫金庵门枕石上的塔刹标记(见插图3-156),已是纯图案化了[128]。进入清代以后,随着商品经济的发展和新文化思想的传播,有关佛教的民间信仰越来越淡薄,由此塔刹的图像更趋淡化和变异。这在清代家具上我们能找到很多实例,插图3-218是故宫博物院收藏的黄花梨圈椅[129],其靠背板上的壶门形开光内增添了双螭,以此烘托宝珠形塔刹纹;插图3-219为故宫博物院收藏的黄花梨月洞门架子床[130],其侧面牙条上减地浮雕宝珠形塔刹纹。此图像与前者相比,除了宝珠形象依旧外,莲座叶瓣已由原来的象征性变为方折的几何形,但宝珠两侧左右分驰的长茎莲依然那么醒目;图3-49是上海博物馆藏紫檀插肩榫画案足部刻纹,该纹样与插图3-219相比,宝珠与莲座形象依然保持原有特征,然长茎莲消失;插图3-220为故宫博物院收藏的黄花梨玫瑰椅[131],其靠背板开光内雕琢的是由对峙的双螭烘托一"T"字形物。此"T"字形物极度抽象,若无上述塔刹退化序例的类比,这一失去宝珠的莲座,是无人识得其真面目的。塔刹纹样在清代家具上的出现是历史事实。如今由于清代早期家具存世不多,故早期塔刹纹相对也很少见。从现有遗存看,清代中期或中晚期的黄花梨家具传世实物较多,故晚期退化的塔刹纹图像我们还能经常见到,例如载录于北京文物局编著的《北京文物精粹大系》上的黄花梨交椅,其靠背板上就刻有一幅仅存莲座的塔刹纹(插图3-221)[132];笔者在浙江考察民居时,见到嵊县黄泽镇余家路13号被习称为"老当铺"的厅堂黄花梨槅扇裙板下的牙条上,也刻有一幅塔刹纹图像(插图3-222),只是由于雕刻的纹样不在壶门形开光内,故双螭作平行对峙,但题材表意依旧。该建筑建于清嘉庆年间,可喜的是在县志中有记载,由此也就为这类退化的塔刹纹雕刻年代提供了下限。

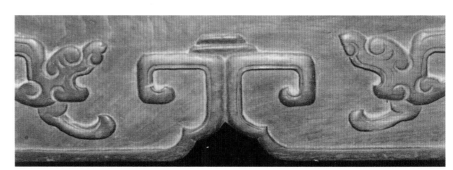

>>> 插图3-222 浙江嵊县黄泽镇"老当铺"槅扇上的"刹纹"

3.明榉木南官帽椅（图3-50、图3-51）

图3-50　高20厘米。

图3-51　高19厘米。

图3-50（成对）出土于上海肇家浜路明万历潘允征墓；图3-51（成对）出土于潘惠墓。允征为潘惠之子，故其椅式应是同时代作品[133]。

两椅座屉以上都用圆料，弓形搭脑，两端挖窝与立柱顶端凸榫卯接。靠背板呈凹弧面，且向后倾斜。明器一扶手与鹅脖均为S形曲线，鹅脖与前腿一木连做。明器二直扶手，鹅脖立于屉面，与腿足不相连。两椅座屉的下层结构区别较大，前者腿足用材外圆内方，腿间用直牙条券口装饰；后者腿足用方材，且用壶门券口作为装饰，管脚枨下设牙条。

这两对椅子虽然都为明器，但它与苏州明万历时期首辅王锡爵墓出土的四出头官帽椅具有相同的历史价值。这是因为：第一，明代晚期的潘氏家族属上海地区的名门望族，潘惠官至温州通判，允征为光禄寺掌醢署监事，允征胞弟允达为汀州府通判；另则潘家又与乡邻国子监祭酒陆深、嘉靖御医顾东川联姻，故富甲华亭，权势慑众。其生前所用家具，必材美工良，入时入流。用以随葬之器具，当俱仿自生前所好。第二，上海古称松江，溯吴淞江而上仅百里即苏州。苏松地区是明式家具的发源地，所以苏松地区出土的明代晚期家具明器，是最可靠的带有地方文化特色的家具。为此，在很难寻觅到真正明代传世的南官帽椅的情况下，掌握出土家具的规矩和法度，特别是它们的共性所在，这对我们熟悉和了解明代苏式家具特色，无疑有着重要价值。

那么这两对明器能为我们提供哪些信息呢？归纳起来主要体现在以下诸方面：

（1）这两对椅子的靠背板均为单面弧，而非S形曲线，这一现象不但在王锡爵墓出土的四出头官帽椅上有见，在明版图书所绘的家具上也最为多见（插图3-223、插图3-224、插图3-225、插图3-226、插图3-227、插图3-228）。为此，我们可视这一做工为明代靠背的主流造型。S形线脚的靠背板明代虽有见，但是到了清代才流行起来的。

（2）图3-49将扶手与鹅脖作成S形曲线的匠作手段，不但与王锡爵墓出土的四出头官帽椅作风相同，而且在明版图书所绘家具上也能找到很多实例（参见本节"清黄花梨四出头官帽椅"插图）。为此，我们可将这种曲线装饰视为明代扶手椅的常用手段。

（3）这两对椅子的座屉一用整块板材，另一在板材上增饰藤编。板材硬屉的结构与王锡爵墓出土的四出头官帽椅相同，这是一种传统的做法，说明这一木作形式在明代晚期还在使用。板屉上增饰藤编的做法，明代始于何时尚无实物可证，但至迟不晚于明代晚期。明万历时期的王圻在其《三才图会·器用篇》上也有专图表示。这种座屉在清代制作的明式家具上成为主要结构形式。

>>>　图3-50　上海潘允征墓出土南官帽椅

>>>　图3-51　上海潘惠墓出土南官帽椅

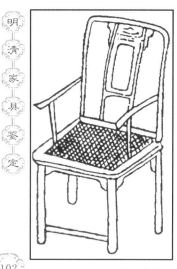

>>> 插图3-223 明万历刻本《三才图会》上的二出头官帽椅

>>> 插图3-224 明崇祯刻本西湖居士撰《明月环》插图上的南官帽椅

>>> 插图3-225 明别下斋刊本《阴骘文图证》插图上的南官帽椅

>>> 插图3-226 明天启刊本《风月争奇》插图上的南官帽椅

>>> 插图3-227 明万历刻本《西游记》插图上的南官帽椅

>>> 插图3-228 清康熙承宣堂刻本《圣谕像解》插图上的南官帽椅

（4）明式家具中凡有束腰家具或四面平家具才用方腿，无束腰家具一般都用圆腿。椅凳类家具为安枨需要，腿的横截面往往做成外圆内方。而图3-50在无束腰的屉板下安方直腿，这也是一种传统的做法。其牢度虽强，但视觉效果不及圆腿美观。为此，这种方直腿做法在清代制作的明式家具的椅凳类家具中，逐渐被淘汰。

（5）明代的南官帽椅传统上也不使用联帮棍，出土明器或明版图书上的家具形象都可为证[134]。联帮棍的使用流行于清代，它在清初绘画上才开始多见起来，如插图3-229为清宫旧藏康熙晚期《美人绢画》上的南官帽椅、插图3-230是台北"故宫博物院"藏清康熙冷枚《人物画》中的南官帽椅[135]、插图3-231是康熙陈枚《月漫清笒图》中的南官帽椅[136]。

（6）这两对椅子的牙条装饰一用直牙条券口，另一用壶门牙条券口。这两种券口也正是明代版画上唯一见到的两种形式。故传世家具上出现的第三种洼堂肚牙条或券口，必是明代以后的做工。值得重视的是在清初的南官帽椅牙条上，开始出现那么一丁点小的附加饰物，如插图3-230所示，它虽然不那么起眼，但笔者认为，这就是清代洼堂肚开始形成的另一种表现形式[137]。

明式家具是在苏式家具的基础上发展起来的，所以凡苏州一带明墓出土的民间家具，从造型、附件配备到纹样装饰的每一细节，我们都应给予充分的重视，因为这些都是恢复明代家具本来面目最真实、最可靠的实物资料。

>>> 插图3-229 清康熙《美人绢画》上的南官帽椅

>>> 插图3-230 清康熙冷枚《人物画》中的南官帽椅

>>> 插图3-231 清康熙陈枚《月漫清游图》中的南官帽椅

>>> 图3-52 清紫檀扇面形南官帽椅

>>> 图3-52A 靠背板圆形开光内的牡丹纹

4.清紫檀扇面形南官帽椅(图3-52)

座面长75.8厘米、宽60.5厘米、通高108.5厘米。

椅座屉前宽后窄形同扇面。搭脑外弧,靠背、扶手、联帮棍均为 S形曲线。四腿侧足明显,足间设洼堂肚券口,下有管脚枨。由于腿足 直径较细,脚枨与腿足的连接不能用半榫,只能用透榫,以增加其牢 度。该椅通体素混面,唯在靠背板上的圆形开光内浮雕一朵形似牡 丹的花卉。

这是一件结构圆润,造型舒展大方,选用精良紫檀料,形制 又较特殊的坐具。从现有的传世实物、出土明器以及明清时期刊出 的戏曲、小说、词话所作南官帽椅形制看,类似的样式未见有复例, 显然该椅造型是明式家具中出现的一种异化现象。中国古典家具向 以传承性强著称,这是因为家具作为一种文化,它始终受到封建

>>> 图3-53 上海博物馆藏清晚期南官帽椅靠背板圆形开光内的
螭纹

>>> 图3-54 上海博物馆藏清晚期南官帽椅靠背板圆形开光内的
寿字纹

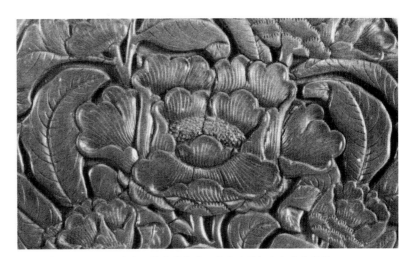

>>> 图3-55 上海博物馆藏北宋越窑罐上的牡丹纹

>>> 插图3-232 台湾"故宫博物院"藏永乐剔红盒上的牡丹纹

>>> 图3-56 上海博物馆藏宣德剔红圆盒上的牡丹纹

>>> 插图3-233 安徽歙县明万历许国牌坊上的石刻牡丹纹

经济的制约和儒家思想的影响。因此,一切跨越传统样式的家具,必然出现在封建经济受到冲击或进入变革的时代,所以从理论上说,这把扇面形南官帽椅的制作年代必是清代,而且是清代后期的作品。

事实上判断该椅是什么时期的作品,其自身结构和纹样的时代性也是十分明了的。首先,这件作品使用了清代流行的联帮棍和洼堂肚结构;其次靠背板上作的是圆形开光。圆形开光是清代中期继壶门形开光后逐渐流行起来的一种新的形式。这种圆形开光在清代晚期十分多见,上海博物馆收藏的多件紫檀南官帽椅的靠背板上,都刻有圆形开光,而且雕刻纹样与传统作风相比走形失约,如图3-53为螭纹,其纹样似环带,螭爪如同鹰爪;图3-54为寿字纹,寿字笔画化成螭的躯体,既象文字又似图案,搞得不伦不类。而本椅靠背板上的纹样同样如此,从整体形象看,该花卉非莲、非菊、非葵、非栀子,而近似牡丹,但中国历史上的牡丹雍容华贵,自古以来享有"国色天香"之美誉,故历代艺术家对富有吉祥含义的牡丹刻画留下了大量踪迹,而且其画风一脉相承。如图3-55为上海博物馆收藏的北宋越窑瓷器上的牡丹刻花、插图3-232为台湾故宫博物院藏永乐剔红圆盒上的牡丹[138]、图3-56为上海博物馆藏品"大明宣德年制"雕漆圆盒上的牡丹纹、插图3-233为安徽歙县明万历十二年许国牌坊上的石刻牡丹纹[139]、插图3-234是河北承德避暑山庄藏清乾隆百韵册上的描金牡丹[140]、插图3-235是台北"故宫博物院"藏"大清乾隆年制"刻款的剔红圆盘上的牡丹纹[141],上述牡丹尽管操刀于不同质地、不同时间,但有一个突出共性,即叶瓣与花瓣的雕刻工艺是不同的,凡花瓣者,其茎脉走势都为排列整齐的平行线,而衬托花瓣的叶瓣,其叶脉线必由茎向两侧作放射状。它与本椅将牡丹花瓣刻为叶脉线的做工有本质的区别。这就是清代晚期工艺上常常会出现的一种异化现象[142],而这种异化现象是传统文化进入衰微时期的产物,任何鼎盛时期的做工都不会出现这种状况的。

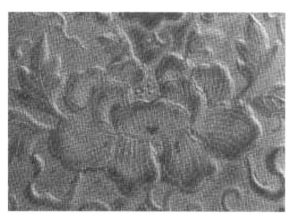

>>> 插图3-234 河北承德避暑山庄藏清乾隆百韵册上的描金牡丹纹

>>> 插图3-235 台湾"故宫博物院"藏乾隆款剔红圆盒上的牡丹纹

>>> 图3-57 清紫檀罗锅枨搭脑雕螭纹靠背南官帽椅

>>> 图3-57A 靠背板上的螭纹

5.清紫檀罗锅枨搭脑雕螭纹靠背南官帽椅(图3-57)

座面长60厘米、宽47厘米、通高100厘米。

椅搭脑做成罗锅枨形式。靠背板上圆形开光内减地浮雕团螭纹。靠背板与扶手、联帮棍、鹅脖均做成S形曲线。座屉藤编,下设罗锅枨加矮老。该椅整体造型属明式家具中的南官帽椅,但与传统结构相比,已改圆料为方材制作。

这把椅子结构简练、造型朴实,是明式家具品类中受清式家具影响较大的一种椅式,其制作年代在清代后期。

(1)明代坐具的搭脑流行牛角式、弓形式和直杆式。罗锅枨式搭脑是在弓形式搭脑的基础上逐渐发展起来的。它并不是木作匠

>>> 插图3-236 北京房山区辽代地宫出土椅子

>>> 插图3-237 明万历刊本《古杂剧》第二折插图上的官帽椅

>>> 插图3-239 明万历徽州观化轩刊本《玉簪记》插图上的竹椅

>>> 插图3-241A 吴有如绘《海上百艳图》中的桌、椅、凳

师把早在元明时期已流行的罗锅枨从桌案上移植而来，所以罗锅枨在搭脑上的出现是进入清代以后的事。特别是这种截面为方形的罗锅枨，比圆形罗锅枨出现更晚。

（2）椅子座屉下使用罗锅枨加矮老的结构形式也是清代才出现的，因为在所有出土的家具明器和明或清初出版的各类图书所绘明代成百上千的坐具样式中，该结构形式均未有见到。我们从家具史的发展序例看，罗锅枨（或直枨）加矮老（或卡子花）的装饰手段虽然早在北方辽、金时期墓葬壁画及地宫出土的实物上已有确切使用证据（插图3-236）[143]，但这一结构形式在以后很长一段时间内却未被传播，即使是到了明代，大量资料表明所有坐具的座屉下只设角牙、直牙条或壸门牙条（包括券口），枨子以设直枨为主（插图3-237），偶见设罗锅枨的（插图3-238）[144]。竹制家具还设双枨，以增加椅子的牢度（插图3-239）。罗锅枨（或直枨）加矮老（或卡子花）结构是进入清代后，首先在清初桌子上出现（插图3-240）[145]，在坐具上则要稍晚一些。但到中期便逐渐流行起来，晚清画家吴有如所绘《海上百艳图》中，凡方凳、方桌、靠背椅上，几乎都喜好用罗锅枨（或直枨）加矮老做装饰（插图3-241）[146]。

（3）判断本椅制作年代最有说服力的是靠背板圆形开光内的螭纹造型。该螭头部及前爪虽做刻意描述，但形貌变异严重，整个躯体形态比清中期环体螭刻画更为生硬和呆板，背上还滋生出一撮飞牙，如同清式家具中常见的蓄草纹样。笔者在苏州洞庭西山考察民居时，该地明湾村清乾隆时期所建"凝德堂"宅中，还保存一件清代

>>> 插图3-238 明万历《丁云图罗汉》画册上的罗锅枨官帽椅

晚期靠背椅，其椅背圆形开光内透雕一环体螭（插图3－242A、插图3－242B），形式与本椅螭纹的风格是一致的。在安徽歙县裳樾村考察时，所见清晚期"存爱堂"保存的一把圈椅靠背板圆形开光内，也透雕一团螭纹，制作虽十分粗糙，然其螭纹造型亦属同一风格（插图3－243A、插图3－243B）。

>>> 插图3－241B　吴有如绘《海上百艳图》中的桌、椅、凳

>>> 插图3－243B　安徽歙县裳樾村清晚期"存爱堂"保存的圈椅局部

>>> 插图3－242B　苏州西山明湾村乾隆年建"凝德堂"保存的晚清椅子局部

>>> 插图3－242A　苏州西山明湾村乾隆年建"凝德堂"保存的晚清椅子

>>> 插图3－240A　清康熙《美人绢画》上绘有直枨、罗锅枨、矮老和卡子花

>>> 插图3－240B　清康熙《美人绢画》上绘有直枨、罗锅枨、矮老和卡子花

>>> 插图3－243A　安徽歙县裳樾村清晚期"存爱堂"保存的圈椅

>>> 图3-58A 靠背板上的寿字纹

>>> 插图3-245 安徽黟县西递村康熙"大夫第"窗棂上的螭纹

>>> 图3-58 清紫檀罗锅枨搭脑雕寿字纹靠背南官帽椅

6.清紫檀罗锅枨搭脑雕寿字靠背南官帽椅(图3-58)

座面长63厘米、宽49厘米、通高111厘米。

椅搭脑做成罗锅枨形式。靠背板上圆形开光内减地浮雕寿字纹。靠背板、扶手、联帮棍、鹅脖均做成S形曲线。座屉板面,下设洼堂肚券口。管脚枨由前至后作步步高排列。该椅结构圆润,用料考究,是清代制作的明式家具南官帽椅中的常见形式。

这把椅子使用了罗锅枨搭脑、联帮棍、洼堂肚券口以及靠背板上减地浮雕圆形开光一系列清代常见的匠作手段,故无疑是清

>>> 插图 3-246 安徽黄山徽州区清乾隆 "应裕堂" 窗棂上的螭纹

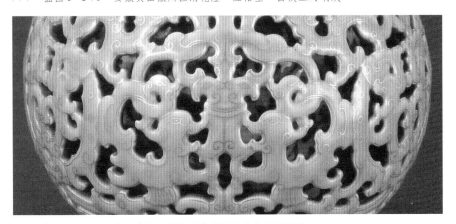

>>> 插图 3-247 台北故宫藏清乾隆粉彩镂空套瓶上的螭纹

>>> 插图 3-248（A-B） 上海文物商店藏清晚期螭纹

>>> 插图 3-249 安徽屯溪 "万粹楼" 藏清代晚期腰华板上的螭纹

>>> 插图 3-244A 元明时期玉雕螭纹形象

>>> 插图 3-244B 元明时期玉雕螭纹形象

>>> 插图 3-244C 元明时期玉雕螭纹形象

代作品。但有清一代历时二百六十余年，究竟是哪一时段制作的还得从其他因素中去探索。这里纹饰学的优势显然要比器型学更为重要了，这是因为家具上所刻纹样的变化通常要比器形的变化时间差要短。对本椅而言，靠背板上刻的寿字图样，就能为我们提供重要信息。

在圆形开光内以寿字作为吉祥的手法是清代中期开始流行的一种现象。它多见于建筑结构中的门窗槅扇和各类家具装饰。虽然寿字在中国古代民间有百种以上书写形式，但不是每个字都能从字形上判断其早晚的。而本椅寿字的最大特色是以螭纹化作笔画，而且笔画中以"转珠纹"（即小圆涡）为装饰，这是清代中、晚期流行的侧面环体螭身上最常见的做工。这种纹样过去未有人做过系统研究，所以不知其起因和它的时间跨度。其实明清时期的转珠纹是由主题螭衍生出来的。清代以前的螭纹，一般都是正面像，兽身为爬形状，匠师在雕刻时喜好在其四肢关节处或体尾分界处勾勒小圆涡，以突出螭身关节的力度，如插图3-244拓片所示，这是元明时期玉雕上的螭纹形象[147]。到了清代，早期螭纹的刻工仍保持着明代作风，如插图3-245安徽黟县西递村清康熙三十年"大夫第"建筑窗棂上的螭纹，其转珠纹样仍限于关节处。但到了清代中期时，随着先时的正面兽身螭被侧面环体螭所取代，螭身便向飘带状形体演变，无谓的分支使关节越来越多，由此设在关节处的小圆涡也成倍增多，这里可随便举两个例子：一是安徽黄山市徽州区清乾隆建筑

>>> 插图3-250 安徽黟县宏村清咸丰十年"桃园居"窗棂板上的螭纹

>>> 插图3-251 安徽休宁县古城岩清末朱奋公宅窗棂板上的螭纹

"应裕堂"窗棂上的螭纹装饰，由于其躯体四肢的随意发展，故其关节处所雕小圆涡（转珠纹）也明显增多（插图3-246）[148]；二是现藏台北"故宫博物院"的清乾隆粉彩镂空套瓶上所绘螭纹，随着连体分支的无限扩大，不但关节处的转珠纹增多，凡与螭纹相连的其他纹样，也都在线条转弯处添加了小圆涡（插图3-247）。从现有纪年资料看，转珠纹的大量出现是随着螭纹形体的变化于清代中期流行起来的。其高峰期一直可延续到清代晚期。因为这种以转珠纹为主要装饰的螭纹形体在后期的建筑构件和其他器物上也到处有见。如插图3-248为上海文物商店收藏的清代中晚期青玉螭纹佩，其卷转变形的躯体上布满了转珠纹；插图3-249为安徽屯溪老街"万粹楼"收藏的清代晚期格子门上的腰华板，其卷转夸张的躯体上也布满转珠纹；插图3-250为安徽黟县宏村清咸丰十年所建"桃园居"窗棂板上的螭纹；插图3-251是安徽休宁县古城岩清末朱奋公宅窗棂板上的螭纹，在它们的躯体如同缠枝连绵不断的同时，其转珠纹也随之布满了整个画面。由此我们也能看到，凡螭纹形变越大，其制作时间相应也晚。

当我们了解到转珠纹在家具上出现的原因和时间跨度后，我们就可对带有转珠的螭纹装饰在制作年代的探索上给予一个客观评估。例如，原中央工艺美术学院珍藏的一件黄花梨高扶手矮靠背搭脑外弧的南官帽椅（插图3-252）[149]，此椅与传统的南官帽椅相比样式有异，应是该椅式发展到后期造型上出现的一种异化现象。可喜的是其椅背圆形开光内雕刻的是带有转珠的螭纹，故按螭纹形变程度分析，它应是清代中晚期作品。我们再来观察本椅靠背板上用转珠装饰的寿字，显然该椅的制作年代也不会超过清中期。插图3-253是笔者在浙江余姚考察旧家具时见到的一堂清咸丰年间用铁力木制作的槅扇，其腰华板上所琢寿字纹与本椅做工风格相同，而这种格调的寿字装饰，正是清代晚期常见的。

>>> 插图3-252　原中央工艺美院藏黄花梨南官帽椅

>>> 插图3-253　浙江余姚民间收藏清咸丰时期铁力木槅扇上的寿字纹

>>> 插图3-252　原中央工艺美院藏黄花梨南官帽椅靠背板上的团螭纹

>>> 图 3-59　清紫檀卷书搭脑扶手椅

7．清紫檀卷书搭脑扶手椅（图3－59）

座面长77.1厘米、宽57.5厘米、通高105.5厘米。

椅搭脑为卷书样式，后背与扶手由高向低似阶梯状。座屉板面，下有束腰，鼓腿彭牙，内翻高马蹄足。靠背板上减地浮雕蝠、磬、流苏，以其谐音和比拟象征"福庆有余"。该椅牙条设回字纹，四腿中部出花芽，蹄足上由灯草线兜转出回字纹装饰。

这把扶手椅用料精湛、造型舒展凝重，尽管上部构件稍稍外弧，但扶手立柱均垂直座屉、三面围子可自由拆卸，故其椅式属清式家具范畴。清式家具以宫廷用器为典型，民间流通的清式家具往往受到明式家具的影响而在装饰上常带有明式意趣，本椅即有如下表现：一是搭脑为卷书式。卷书式搭脑非清式家具结构所有，它是明式家具中的常见形式，而且最初出现在明代的椅子上，这在清初出版的戏曲插图上就有实样绘制。如清初吴郡徐氏刊本《载花舲》和清顺治刊笠翁十种曲本《凤求凰》中的卷书式搭脑圈椅，其搭脑超出部分微微弯转，但该时尚未达到如此转卷程度（插图3－254、插图3－255）。进入清代中期后，这种椅式继续发展，不但卷转加深，

>>> 插图3-256 北京故宫博物院藏卷书搭脑圈椅

>>> 插图 3-254 清初吴郡徐氏刊《曲波园二种曲》本《载花舲》中的卷书搭脑圈椅

>>> 插图3-255 清顺治《笠翁十种曲本》"凤求凰"中的卷书搭脑圈椅

而且在扶手下增设了联帮棍,其座屉下由明代直牙条装饰改变为洼堂肚或罗锅枨加卡子花(或矮老),北京故宫博物院旧藏家具中就有此类样式(插图3-256)[150]。搭脑高出椅背为卷书形式的这一造型,在清代广被清式家具所利用,本椅就是其中一例。二是该椅腿足中部刻有花芽状附属物,这一装饰物也是从明式家具移植而来。明代的民间家具简练质朴,特别是文人创作的"明式家具",充满着自然情趣,故这时的桌类、香几等高型家具流行一种花芽腿,如插图3-257、插图3-258所示,即在腿部中段附加花芽状饰物,以此来弥补直腿的单调乏味;三是清式家具最典型、最常见的足形是方马蹄加回字纹,而本椅腿足造型是清代制作的明式家具中最流行的垂露式足[151],从而为了体现清式家具的意趣,特地在足端再浮雕方回字纹,以致产生了一种不伦不类的视觉效果。

中国古代传统文化和工艺中,向有官窑瓷与民窑瓷、宫廷画和民间流派画之分。对于家具来说,也同样存在代表上层社会以庄重华丽为特色的宫廷家具和流传于民间以简约质朴为主旋律的明式家具之区别。有清一代,这两类家具各自独立存在又相互影响地发展着。大约自清代中期始,家具从结构到装饰出现了混合型,本器就是这一社会现象的反映。

>>> 插图3-257 明万历金陵继志斋陈氏刻本《双鱼记》中的长方桌

>>> 插图3-258 明万历静堂斋刻本《月露音》中的香几

关于本椅的制作年代我们可从其纹饰特征来考虑，一是该椅通体以转珠为装饰纹样，不但在靠背板上雕刻的蝙蝠、石磬上满雕，在靠背及扶手圈口内沿均有转珠纹。转珠纹流行于清代中、晚期，一般来说转珠越多时代相对也晚；二是清代好用蝠、磬的谐音和"流苏"之长比拟吉祥语"福庆有余"。这一物化现象流行于清代中晚期。但不同时期的形象刻画均有其时代差异，就蝙蝠而言，清中期的形象比较写实，没有无谓的装饰和过多的夸张，如图3-60A上海博物馆藏清乾隆紫檀插屏立柱上的刻纹。而清代晚期纹样则完全是一种随心所欲的图案化装饰，如插图3-259为安徽黟县宏村清道光年间建"敬修堂"窗棂上的蝙蝠纹、图3-60B是上海徐家汇清同治墓出土的棺盖上刻纹[152]、插图3-260是江西婺源江湾乡晓起村清光绪"进士第"格子门裙板上的蝙蝠。今考本椅所刻蝙蝠形象，无谓装饰增添了不少，若结合其较多的转珠装饰，则其制作年代应在清代中晚期。

>>> 图3-60B 上海同治墓出土棺木上的蝙蝠刻纹

>>> 图3-60A 上海博物馆藏乾隆插屏上的蝙蝠纹

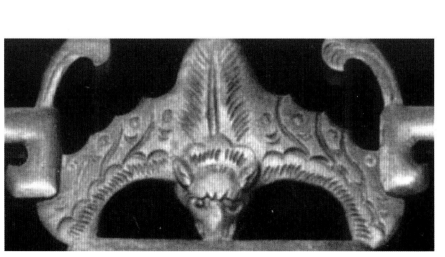

>>> 插图3-259 安徽黟县宏村清道光"敬修堂"窗棂上的蝙蝠纹

>>> 插图3-260 江西婺源晓起村清光绪"进士第"格子门裙板上的蝙蝠刻纹

8．清紫檀攒拐子围子卷书搭脑扶手椅（图3 - 61）

座面长75厘米、宽51厘米、通高103厘米。

椅搭脑为卷书样式，扶手与靠背围子均攒接拐子。座屉棕编，下有束腰。四方腿下为方马蹄足，上刻回字纹。

该椅两侧扶手、后背围子及座屉之间为三垂直，这是清式家具最显著的结构形式。明式家具的后背立柱一般都向后倾斜，再加上靠背板为迎合人体脊柱的弯曲程度做成S形曲线，故明式坐具的舒适度就显露出来。而清式家具由于后背垂直座屉，当人体背倚时腰部以下无靠，容易产生疲劳感，这是清式坐具结构上的不足之处。那么如何来克服这一弊病呢？本椅的特色就在于将靠背板像明式家具一样做成S形曲线，这是清式家具吸取明式之长的一种优化组合。

关于这把椅子的制作年代问题，我们可从两个方面去考虑：一是拐子式扶手的使用是清式家具成熟时期的产物，所以它出现不会太早，一般在清代中期开始流行，至道光时期依然是常见形式，因为目前所见传世实物中有相当多的拐子式扶手椅是清代中晚期作品；二是该椅牙条上刻有时代性很强的拐子式洼堂肚，这种肚形与回字纹洼堂肚、蕃莲纹洼堂肚一样，是清代中期至中晚期清式家具上最为流行的装饰。由此，我们将该椅的制作年代定位在清中期或稍晚，当不至于有误。

>>> 图3-61 清紫檀攒拐子围子卷书搭脑扶手椅

>>> 图3-62　清紫檀雕蕃莲纹荷叶纹搭脑扶手椅

9.清紫檀雕蕃莲荷叶纹搭脑扶手椅（图3-62）

　　座面长72厘米、宽52.5厘米、通高109厘米。

　　椅搭脑起突如云朵，扶手攒接拐子并做成阶梯状。靠背及扶手镶有卷口，透雕蕃草。靠背板浮雕蕃莲纹，纹样对称、舒展流畅，打磨精细入微。该椅板面座屉，下有束腰，牙条做成蕃莲纹洼堂肚。四直腿下内翻方马蹄足，上刻回字纹，足下置托泥。

　　这是一件典型清式家具。探究其结构和装饰，至少能从三个方面为我们拓展视野：一是该椅搭脑（或称托首）为荷叶形。清式家具上的荷叶形搭脑也有被称为云头、如意搭脑的，这是以形取名表述不同而已。但无论何种称谓，我们应了解其来龙去脉。荷叶形搭脑肇自南宋，而且首先出现在交椅上，这在宋人张端义《贵耳集》上有明确记载[153]。宋代的荷叶形托首我们今天在传世的宋人画册中能窥其踪迹，如插图3-261所示，托首远离椅背高高耸起[154]。而清代托首已与椅背融为一体，而且已经成为清式扶手椅中的重要装

>>> 图3-62A　靠背板上的蕃莲纹

>>> 插图 3-262A　清宫旧藏清式家具上的荷叶托首

>>> 插图 3-262B　清宫旧藏清式家具上的荷叶托首

>>> 插图 3-262C　清宫旧藏清式家具上的荷叶托首

>>> 插图 3-263A　北京市文物商店藏蕃莲云头搭脑扶手椅

饰（插图3－262）[155]。二是清式家具好用蕃莲纹样做装饰。蕃莲纹或称西蕃莲，它是指17至18世纪来自欧洲巴洛克建筑或家具上的一种形似牡丹样式的图案，这种图案十分富丽，具有贵族和皇室气派，纹样常以花卉为轴心，枝叶向四周展播，叶瓣讲究对称，线条舒展流畅。从传世实物看，蕃莲纹一般都在贵重的硬木家具上雕刻，它首先被上层社会接受，嗣后传入民间，其最流行的时间是清代中期至中晚期。本椅靠背板、卷口、牙条下肚即属此纹样。三是该椅足下设托泥。托泥是中国古典家具的重要结构部件，它能起到固定腿足、充实张力以及不使腿足直接着地受蚀的作用。所以自古以来无论明式家具还是清式家具，托泥的使用无门户之分，而且一直到清代晚期的家具上还有使用。

关于这把扶手椅制作年代的判断，人们通常的意见往往定为清中期。笔者认为该椅的制作年代应判断在中晚期为妥，这是因为这类民间流通而又常见的清式家具，是在上层宫廷家具的影响下发展起来的，它所处的时间应相对要晚一些。例如，北京市文物商店曾藏有一件紫檀雕蕃莲云头搭脑扶手椅（插图3－263）[156]，其造型与本椅风格相同，而其靠背板上雕琢的蕃莲纹与上海博物馆收藏的清道光三年绦环板纹样一致（图3－63），为此，我们可借鉴该椅的定位因素为本椅提供旁证。

>>> 插图3-263A 北京市文物商店藏蕃莲云头搭脑扶手椅局部

>>> 插图3-261 宋人《春游晚归图》中的荷叶托首交椅

>>> 图3-63 上海博物馆藏清道光三年绦环板上的蕃莲纹

>>> 图 3-64　清乌木七屏卷书式搭脑扶手椅

10．清乌木七屏卷书式搭脑扶手椅（图3－64）

座面长52厘米、宽41厘米、通高83厘米。

椅搭脑似卷书状，靠背和扶手做成七屏式围子。座屉藤面，屉下设罗锅枨加矮老。足端安同平面管脚枨，枨下设牙条。

该椅式上海博物馆收藏一对，北京故宫博物院亦收藏一对，它们之间除了个别部件稍有差异外，其尺码也是相同的，估计这种椅子清代曾经作为一种定式有过小批量生产。

椅子的结构形式属清式家具。但通体用圆料制作，这显然是受到明式家具的影响所致。这种现象多见于民间家具，故其制作年代相对要晚些。至于该椅应该是什么时候的作品，笔者认为可从以下三个方面进行分析：第一，清式坐椅的围子形式最初是从明代的宝座和罗汉床围子移植而来。明代的宝座和罗汉床尽管其后背造型中高旁低，但使用的是整板，故仍属三屏风形式[157]。自明至清代中期，围子的数量开始增多，逐渐由三屏风发展至五屏风。清代中期以后至民国时期，其围子又向七屏、九屏，甚至是十一屏发展。从家具造型的演变序列看，无论宝座、罗汉床或是椅子，其围子越多时代也越晚，这是不争的事实。而本椅围子是仿照七屏风的结构制作的，故其成品年代不会早于清中期；第二，该椅将围子做成窗棂式，而且每块窗棂的中央部位都是清一色方框结构，从视觉效果看，它如同悬挂的盏盏灯笼，故人们将此类景观比拟为"灯笼锦"。家具上的灯笼锦结构是从房屋建筑的门窗形式移植而来，它不但在椅子的围子上出现，在床围子上也是多见的（插图3－264）[158]。从现在能考查的资料看，这种木作"灯笼锦"装饰出现于清代中期（插图3－265），流行于道光以后，因为这种形式的框架结构是为安装玻璃而设置的，所以在清代后期出版的图书上，已成为一种流行的时髦景观（插图3－266、插图3－267、插图3－268）；第三，该椅座屉下设罗锅枨加矮老结构。这种组合形式首先出现在桌类家具上，如康熙时冷枚所作《人物画》上就有其形象[159]。在坐具上应用时代稍晚，但真正流行起来则是清中期以后的事。前述北京故宫博物院也收藏一对与本椅同式的乌木七屏卷书搭脑扶手椅，该椅不但在座屉下使用了罗锅枨，甚至在脚踏枨下也设置罗锅枨[160]，这种结构并不是为了在力学上起什么作用，说白了是一种程式化套装，是清代后期家具进入衰微时期出现的一种无意义堆砌。上海市松江区博物馆在20世纪60年代从浙江民间征集到一堂制作于清代晚期的紫檀扶手椅（图3－65），其看面座屉下的结构形式与其一模一样。

我们从上述三个方面的因素考察，本椅造型和结构特征，应属清代晚期的作品。

>>> 插图3-264 清光绪上海锦章书局刊本《详注聊斋志异图咏》中用灯笼锦式装饰的架子床

>>> 插图3-265 清乾隆五十四年徐氏梦生堂刊本《写心杂剧》中灯笼锦式窗棂

>>> 插图 3-266　清道光扬州刊本《鸿雪姻缘三集》中的灯笼锦式窗饰

>>> 插图 3-267　清光绪上海锦章书局刊本《详注聊斋志异图咏》中的灯笼锦式窗棂

>>> 插图 3-268　清光绪上海壁园藏本吴有如《海上百艳图》中的灯笼锦式落地门

>>> 图 3-65　原上海松江博物馆藏清代晚期紫檀扶手椅

四、圈椅

圈椅之称谓因其靠背与扶手连成一圆形的椅圈而得名。古代圈椅民间俗称"栲栳圈椅子"。栲栳是一种用柳条编织的圆形盛器，明代唐寅《题崔娘像》诗有曰"琵琶写语番成怨，栲栳量金买春断"即指此。所以古时人们习惯用圆形的栲栳来比作圈椅。

圈椅作为坐具在我国历史上何时出现尚难考证。过去人们只能看到唐周昉绘《挥扇仕女图》和五代周文矩绘《宫中图》上的形象（插图3－269、插图3－270）[161]。这两幅图像所揭示的圈椅虽从力学角度讲还不尽科学，但有着结构完整、装饰华丽、线条优美的特征。为此，我们有理由推论该椅还不是最初的原始椅式。近年来，上海博物馆考古部在整理出土文物时，发现一件由市郊青浦县青龙镇唐代古井出土的长沙窑褐彩乐人贴花壶（图3－66），其流下堆贴一持乐胡人。胡人头戴风帽，身穿小袖紧身袍服，肩背一弓形乐器，正坐在圈椅上弹奏（图3－66C）。该图样虽草率不规，但无疑为我们提供了一把早期圈椅的真实形像。其椅圈扶手向两侧作八字形弯曲，椅的靠背高出椅圈并用绳编织成网，显然这把椅子比唐、五代绘画上的圈椅要原始得多。

中国古代椅子的使用是随着垂足座的形成发展起来的。其间外来佛教徒坐高足靠背椅说法的影响起到了重要作用。目前我们能看到的最早椅子实例是敦煌石窟6世纪西魏时期的285窟北坡《禅修》壁画中比丘盘坐的那把[162]。该椅的特征除有扶手、靠背外，其座屉是用绳编织成网格（插图3－271）。这种用绳编织的坐椅当时称之"绳床"，如南朝梁名僧慧皎在《高僧传》就提到了佛图澄曾"坐绳床，烧安息香"的事。从历史记载看，我国南北朝时绳床还不多见，但到了唐代便频繁出现于史籍。如《旧唐

>>> 插图3-269 唐周昉《挥扇仕女图》上的圈椅

>>> 插图3-270 五代周文矩《宫中图》上的圈椅摹本

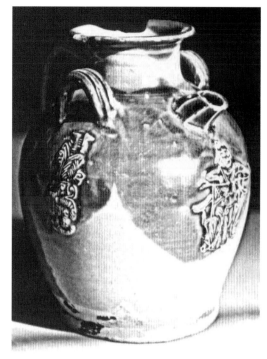

>>> 图 3-66A 唐代长沙窑褐彩乐人贴花壶出土现状

>>> 图 3-66B 唐长沙窑褐彩乐人贴花壶

>>> 图 3-66C 唐长沙窑贴花壶上的圈椅

>>> 插图 3-271 敦煌 285 窟西魏壁画上的椅子

书·王维传》记王维"在京师日饭十数名僧,以玄谈为乐。斋中无所有,唯茶铛、药臼、经案、绳床而已"。唐代的孟浩然《陪李侍御访聪上人弹居》诗云:"石室无人到,绳床见虎眠。"唐李白《草书歌行》诗亦有"吾师醉后倚绳床,须臾扫尽数千张"之记述。绳床,顾名思义是用绳编织而得名,它不但在座屉上编织,也可在靠背上编织。上海郊区出土的这件壶所绘圈椅的椅背一侧能清晰地看到其用绳编织成网格的痕迹。绳床本是外来佛教文化的产物,它在中国传播期间,不断地接受着汉文化的影响,其屉面和靠背逐渐被竹木所取代,对此《资治通鉴》引程大昌《演繁露》对汉化后的样式曾有过记载:"绳床以板为之,人坐其上,其广前可容膝,后有靠背,左右有把手,可以搁臂,其下四足着地。"出土实物告诉我们,绳床的汉化过程至迟在唐天宝十五年已告完成,因为在陕西西安发掘出土的高元珪墓壁画上,其墓主所坐椅子已是纯木构件了[163]。

追溯圈椅的历程,它也是由最初的"绳床"发展而来。现有的史料告诉我们,这种汉化后的圈椅在北宋时仍保持了唐代作风,这在宋人绘《折槛图》成帝所坐的栲栳圈椅样式得到证实(插图3-272)[164]。圈椅的发展是到了南宋才由原先繁琐、粗犷向简练、质朴演变,因为该时刘松年绘制的《会昌九老图》所坐圈椅的样式,已与明式家具中的圈椅基本一致(插图3-273)[165]。为此,我们可以得到这样的认识,明清时期流行的结构简练、造型朴实、风格典雅的圈椅,是在南宋时期定型的。

圈椅是宋代以后日常生活中的重要坐具,即使在元、明时代的墓葬中,也常被制作成明器随葬。然而由于圈椅的栲栳圈是由多节合围而成,其受力强度较差,所以作为日用品极难保存数百年之久。从今天我们所见到的传世实物看,早于清代的圈椅已是很难寻觅,即使是清代早、中期制作的,也已所存无几。

>>> 插图3-272　北宋《折槛图》上的圈椅

>>> 插图3-273　南宋刘松年《会昌九老图》上的圈椅

>>> 图3-67 清黄花梨雕麒麟纹圈椅

1. 清黄花梨雕麒麟纹圈椅（图3-67）

座面长60.7厘米、宽48.7厘米、通高107厘米。

椅圈由三段衔接，呈椭圆形。靠背板作弧面，上壶门形开光内透雕麒麟纹。麒麟昂首，张口吐舌，旁有火焰纹衬托。该椅屉面藤编，座屉下设带花芽的壶门券口。脚枨为步步高形式，枨下安牙条。

这把圈椅结构匀称、线条柔婉、用料精湛，在传世实物中，无论其工艺水平还是保存状况均属佼佼者，所以作为传世精品屡见于著录。但遗憾的是人们在赞美其价值的同时，常误将其看作明代遗物。其实这是一把清代中晚期制作的明式家具，其结构或雕饰纹样所体现的时代信息，都与明代的做工和风格有别。这主要表现在三个方面：第一，从该椅的部件结构看，它设有联帮棍，而明代的圈椅与明代的官帽椅一样，通常是不设联帮棍的，这是一种传统作风。明式圈椅定型于南宋，我们可对南宋以来的有关资料进行考察，如插图3-273是南宋刘松年绘《会昌九老图》上的圈椅，插图3-274、插

>>> 图3-67A 靠背板上的透雕麒麟纹

3-275是元代墓葬中出土的圈椅明器[166]，插图3-276、插图3-277是明墓出土的圈椅明器[167]，图3-68是上海明万历潘允征墓随葬的圈椅模型[168]，插图3-278、插图3-279、插图3-280、插图3-281是明代出版的小说、戏曲插图上绘制的圈椅，插图3-282是明代杜堇《竹林七贤图卷》中绘制的圈椅，插图3-283、插图3-284是明代木作专著《鲁班经·匠家镜》和《三才图会》中的圈椅形象[169]，插图3-285是现存江西婺源县博物馆原明万历袁州知府程汝继家中的遗物。上述众多实例无论从横向或纵向层面看，清代之前的圈椅不设联帮棍是南宋以来的传统样式。第二，该椅座屉下设置的壶门券口形制也有其时代早晚的区别。壶门式券口作为一种装饰线脚在宋代已很流行，考古发现这种线脚最先出现在建筑构件上，如四川华蓥南宋安丙墓出土的石刻"妇人启门"裙板上就有其刻纹（插图3-286）[170]，其纹样特征是券口边框较宽阔，券口两侧边沿出尖幅度大。从现有资料看，宋代建筑上的这一刻纹特征，一直可延续到明末清初，而且还被移植到家具上来。如插图3-287是江西婺源县黄村清康熙年建"经义堂"柱础上的石刻纹样[171]，图3-69是上海明万历潘惠墓出土椅子上装饰的壶门券口，插图3-288是浙江象山清初民居格子门腰华板上所刻家具上的券口装饰[172]，插图3-278及插图3-289是明版图书上的券口纹样，上述所见壶门券口形象与南宋时期的风格一脉相承。相比之下本椅所设壶门券口不但券口边框狭窄，而且花芽状出尖明显退化，线脚如同起伏不大的波折纹。这种传统装饰线条的消退，标志着该家具的制作年代也相对要晚。第三，本椅能揭示时代信息的还有一个十分重要的依据是靠背板上所刻麒麟纹。明代的麒麟特征为龙首、鳞身、飞翼和蹄足（或风车形足）。进入清代以后，麒麟纹样发生变异，绘者大多各取所

>>> 插图3-274　元代王青墓出土圈椅明器

>>> 插图3-275　元代崔莹李氏墓出土圈椅明器

>>> 插图3-273　南宋刘松年《会昌九老图》上的圈椅

>>> 插图3-276　四川成都白马寺明墓出土瓷圈椅明器

>>> 插图 3-277 山东昌邑县明墓出土陶圈椅明器

>>> 插图 3-278 明万历金陵陈氏继志斋刊本《韩夫人题红记》中的圈椅

>>> 插图 3-279 明万历虎林容与堂刻本《水浒传》中的圈椅

>>> 插图 3-280 明崇祯刻本《金瓶梅》中的圈椅

>>> 插图 3-281 明万历刊丁云鹏绘《养正图解》中的圈椅

>>> 插图 3-282 明杜堇《竹林七贤图卷》中的圈椅

>>> 图3-68 上海明潘允征墓出土圈椅明器

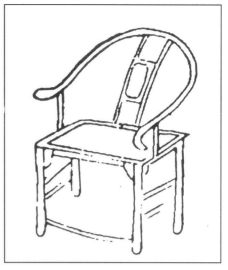

>>> 插图3-283 明万历《三才图会》中的圈椅

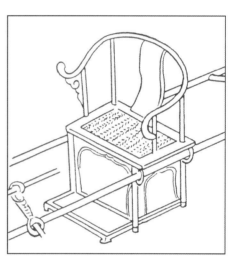

>>> 插图3-284 明万历《鲁班经·匠家镜》中的圈椅

>>> 插图3-286 四川华蓥宋墓出土石刻裙板上的壶门券口

>>> 插图3-285 江西婺源明万历袁州知府程汝继家中遗存圈椅

需任意作为,而且越晚则越不规范。如插图3-290为乾隆时期的画家周秉贞所绘《历朝贤后图》上的麒麟,其形虽循旧制作龙首、鳞身、飞翼和蹄足,但却在龙嘴上添加了一朵灵芝,可谓别出心裁[173]。然比照本椅所刻麒麟与传统样式更是出奇。一是形体比例不当,作大头小身体;二是传统龙首面样有其约定俗成的规矩(请参见本书第四章第三节"龙纹"部分),而该麒麟之头部形象的属性已变异到无从考证,实为不伦不类;三是明代麒麟所生飞翼形同带叉的飘带,而该图样肩部所生飞翼如同喇叭花;四是头、尾、眉额、下颌所生毛发杂乱无章。总之该麒麟形象与明代做工相比已严重走形失约,这种草率不规的情况只能出现在清代中期以后。值得庆幸的是该麒麟体表不刻鳞纹而用漩涡纹替代,这个纹样的时代性十分明确,因为它在清代中期或中晚期的兽身上经常出现,如苏州西山镇东村乾隆年间建造的"敬修堂"格子门腰华板和门枕石上的独角兽和鹿纹、云南剑川石钟寺清代中晚期的格子门裙板上的鹿纹[174],都是用这种漩涡纹来表示体毛的(插图3-291、插图3-292、插图3-293)。

>>> 图3-69 上海明万历潘惠墓出土椅子上的壶门券口

>>> 插图3-288 浙江象山清初民居格子门腰华板所刻家具上的券口

>>> 插图 3-290 清乾隆《历朝贤后故事图》上的麒麟纹

>>> 插图 3-287 江西婺源康熙年建"经义堂"柱础上的壶门券口

>>> 插图 3-289 明万历金陵广庆堂刻《西湖记》香几上的壶门券口

>>> 插图 3-291 苏州西山东村清代"敬修堂"门镇石上的刻纹

>>> 插图 3-293 苏州西山东村清代"敬修堂"腰华板上的刻纹

>>> 插图 3-292 云南石钟寺清代格子门裙板上的刻纹

>>> 图3-70 清黄花梨雕双螭莲纹圈椅（甲椅）

2．清黄花梨雕双螭莲纹圈椅（图3-70、图3-71）

甲椅（图3-70）座面长60厘米、宽46厘米、通高96厘米。

乙椅（图3-71）座面长59厘米、宽45.5厘米、通高96厘米。

上海博物馆收藏这种圈椅两把，尽管它们之间的造型、结构和雕刻题材相同，但不能称为一对，因为两者不是同时期作品。然而这两件器物在年代鉴定上，为我们掌握某些家具纹样和构件的演变情况，提供了不可多得的范例。

为叙述方便，我们现将这两把圈椅分别称之甲椅、乙椅。

（1）甲椅的制作年代。

甲椅的制作年代可由靠背板和牙条上的刻纹得到认证。靠背板上的刻纹是在壶门形开光内浮雕一对相向而视的螭纹和一撮花芽状物。按螭纹特征为简化的侧面像看，它已是清代的造型且出现时间不会太早。花芽状物应属一种退化的莲纹。在壶门形开光内刻莲纹图案当与佛典有关，《摄大乘论释》曾指出："释曰：

>>> 图3-71　清黄花梨雕双螭莲纹圈椅（乙椅）

以大莲华王，譬大乘所显法界真如。莲花虽在泥水中，不为泥水
所污，譬法界真如虽在世间，不为世间法所污。"[175]所以这种图
案早在宋代埋藏佛骨舍利的石函上已有见（插图3-294）[176]。自
宋至明代，出土实物告诉我们，同为埋藏舍利的函具上所刻的莲纹，
已不如前朝那么雄姿勃发，如插图3-295广东海康县白沙乡出土的
明代晚期皈依陶函上的壶门形开光内的莲花，已退化为一撮花芽状
物[177]。这撮花芽状物在明代出版的佛教题材图像中，亦有相同
的表现（插图3-296）。而且作为宗教领域的古祥图案，同时被移植到
家具上来，如插图3-297所示在明代箱式结构的床榻上，其壶门形
开光内就取这种花芽状图样为装饰。为此，甲椅靠背板上的刻纹，就
其花芽状饰物的时代，当形成于明代。但从同一开光内的螭纹造型
看（请参见本书第四章第三节"螭纹"部分），这一图样应属的下限已
是清代。

　　甲椅牙条上的刻纹年代，相对来说比较容易认证。因为古代莲

纹出于其自然属性和与佛典教义的特殊关系,它成了日常器具常见的吉祥装饰。家具牙条上的卷叶纹,实是一种对称的缠枝莲,这种纹样随处可见,而且其叶瓣阔窄、卷转幅度和花芽的大小都与不同时代的信仰程度有对应关系。上海博物馆藏有一件清康熙丁酉年(康熙五十六年)制黑漆描金山水人物长方盒,其边饰即用当时最流行的缠枝莲图案,如插图3-298所示,中间部位莲花盛开,两旁莲叶卷转蔓延,叶瓣狭长,边缘有波折,花蕊出尖醒目,舒展的卷叶极富弹性。这幅边饰上的卷叶纹与本椅牙条上的卷叶纹相比,其形象和态势十分接近,所以它们的制作年代当相去不远,应在康熙晚期至雍正时期。

（2）乙椅的制作年代

乙椅靠背板和牙条上的纹样题材与甲椅相同,只是壶门形开光内的一撮花芽状物显得更小,牙条上的卷叶纹叶瓣边缘波折消失,形态变窄如同一根转卷的带子,已完全失去其生态形象。这一现象清楚地告诉我们,从甲椅到乙椅的纹样变化实是一种退化现象(参见表3－1"甲、乙两椅装饰纹样比较图"),故乙椅的制作年代应比甲椅要晚。笔者曾对多年收集的有关建筑和家具上缠枝莲纹样按年代先后进行过排比,发现牙条上的卷叶纹若退化到条带状形态,那么该家具的制作年代应是清代中晚期,甚至更晚了(请参见本书第四章第三节"卷叶纹"部分)。

关于乙椅制作年代的判断,还有一个值得一提的现象,即其牙条的造型。该椅牙条虽然中央部位出尖,属传统观念中的壶门造型,但出尖幅度极小,故牙条的下肚线条已没有传统的壶门线脚应有的S形波折,显得十分平缓,形同下坠的鱼肚,所以其牙条的形式,也属时代较晚的作风。

>>> 插图3-294 浙江义乌出土宋代舍利函上的刻纹

>>> 插图3-295 广东海康县白沙乡出土明代皈依陶函

>>> 插图3-296　明万历继志斋陈氏刻本《锦笺记》上的须弥座

>>> 插图3-297　明弘治新刻工大字魁本《西厢记》壶门装饰床榻

>>> 插图3-298　清康熙丁酉年制黑漆描金盒上的卷叶纹

表 3-1　甲、乙两椅装饰纹样比较图

	开 光 内 的 莲 纹	牙 条 上 的 卷 叶 纹
甲椅		
乙椅		

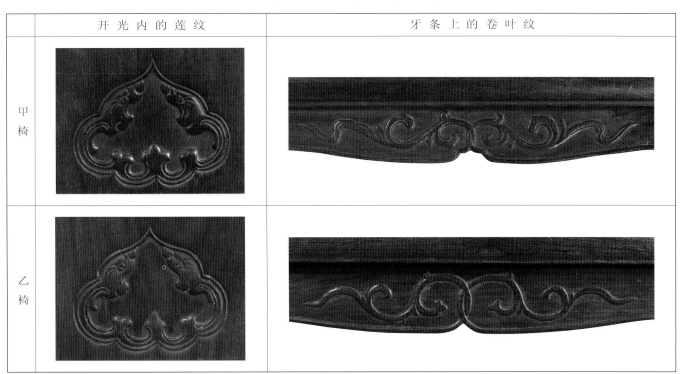

>>> 图 3-72 清紫檀雕博古纹圈椅

>>> 图 3-73 上海博物馆藏清晚期南官帽椅靠背板上的刻纹

3.清紫檀雕博古纹圈椅(图3-72)

座面长60厘米、宽46厘米、通高99厘米。

椅圈由三段衔接而成。靠背板作S形曲线,上端阴刻钟鼎纹,下端减地浮雕青铜彝器。四腿立柱穿过座屉与椅圈交接。腿间饰壶门券口。管脚枨为步步高形式,下置牙条。

这是一件精选紫檀料、结构圆润亮丽、造型舒展大方、刻纹带有古意的清制明式家具。明式家具中的椅类坐具,古代匠师大多好在其靠背板醒目部位进行点缀式雕刻,这种雕刻的题材和纹样具有很强的时代性,是我们今天鉴别其制作年代的重要依据。就本椅而言,靠背板上刻的是博古纹[178],而清代博古纹的出现和流行是有其深刻社会背景的。

清代是一个大一统国家。特别是康熙执政后,由于废止了民族歧视政策,举山林隐逸,开博学鸿儒科,奖励垦荒,减免赋税,取消三饷加派等措施,以致政治上出现了一个近百年的相对稳定局面。政治上的统一和经济的发展也为学术文化的兴盛创造了条件,故自康熙到乾隆三朝,以经学为中心,而衍及小学、音韵、史学、金石、校勘、辑佚等学术活动得到了很大发展。乾隆、嘉庆时期达到全盛。然而封建社会衰落时期的学术思想和世界观,总是带有阶级的局限性,其研究方法毕竟是形而上学的,故在大兴考据的同时,也使人们脱离了实际,好古成癖而玩物丧志。到清代中晚期时,社会上的仿古思潮严重泛滥,文化艺术领域中以仿古玉器、古瓷器、古青铜器为题材的作品大量出现,笔者近年来在江西、安徽、江苏、浙江等地考察古建筑和古家具时,亲见从窗棂、槅扇、格子门到家具的靠背板上(图3-73、插图3-299、插图3-300),以各种器皿为题材的雕刻已成为一种时髦装饰。

这把圈椅除了雕刻纹样的时代性较强外,其壶门券口边框窄,用以压边的灯草线出尖幅度小以及券口减地底子平,与压边灯草线交接处不见斜坡的现象,这些也都是清代中晚期十分常见的做工。

>>> 插图3-300 安徽黟县宏村咸丰年建"桃园居"窗棂上的刻纹

五、玫瑰椅

椅子用"玫瑰"命名,当事出有因。然而至今不得其解。有学者认为清李斗《扬州画舫录》卷十七列椅子样式时有"鬼子诸式"之称谓,故怀疑"玫瑰"两字可能写法有误[179];也有人认为玫瑰椅是古代文人雅士十分喜好的一种坐具,它装饰精美、造型新颖,有一种珍贵、典雅的韵味,所以古代用泛指宝石、美玉的"玫瑰"来誉称[180]。笔者认为此说尚有可信余地,因为该椅在古代确为文人喜爱之物。

玫瑰椅之形成当在宋代,其最早在宋代文人画中有较多发现。我们从那时的绘画中可知玫瑰椅的早期形式主要有两种:一种是扶手立面、靠背立面与座屉平面三垂直,扶手与靠背横杆持平,如插图3-301宋人绘《西园雅集图》、插图3-302南宋张训礼绘《围炉博古图》以及插图3-303南宋《十八学士图》上的玫瑰椅即如此[181];另一种是扶手、靠背与座屉三垂直,但后背横杆略高于扶手者,如插图3-304南宋《十八学士图》中的竹制玫瑰椅[182]。宋代玫瑰椅的基本造型可分为以上两种,它们之间的主要区别在于靠背与扶手是否等高而言。其他结构无多大差异,如整体为框架形式、扶手下大多不设联帮棍、后背靠背板可有可无,有的椅子前还连脚踏。

玫瑰椅之所以在宋代出现主要是迎合了当时文人的需要。有宋一代社会经济与文化都得到了很大发展,众多的文人会社成为当时文坛的一个重要现象。文士们经常定期或不定期地聚会,吟咏唱和、鉴古论道,自得风流。这在宋代史料如吕希哲《吕氏杂记》、《宋史·文彦博传》、司马光《传家集》、周密《齐东野语》、龚明之《中吴纪闻》、沈括《梦溪笔谈》等著述中有大量

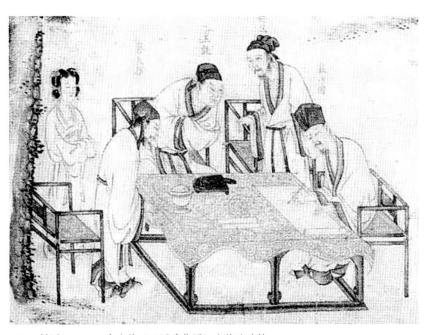

>>> 插图3-301 宋人绘《西园雅集图》上的玫瑰椅

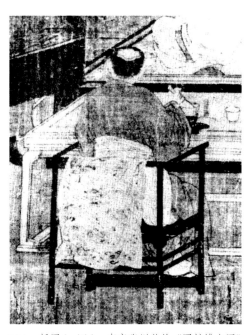

>>> 插图3-302 南宋张训礼绘《围炉博古图》上的玫瑰椅

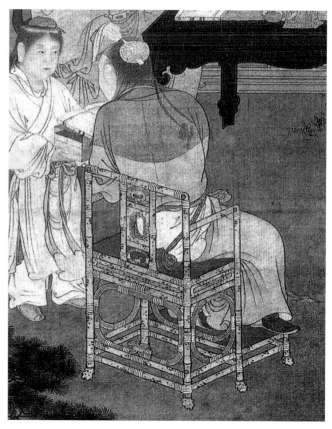

>>> 插图3-303 南宋《十八学士图》上的玫瑰椅　　　　>>> 插图3-304 南宋《十八学士图》中的竹制玫瑰椅

记载。宋代的文人聚会在宋画中能得到真实的反映,而且这些文人所用坐具就是这种矮靠背的玫瑰椅,其素朴、隽永的品相正迎合了士大夫们的需要。宋代以降,元代历时短暂,现尚无元代玫瑰椅样式可举。但自进入明代以后,玫瑰椅又较多出现在明代文人的书斋、客厅或庭园中,如插图3-305明正统谢环《杏园雅集图》所绘,在悠静的私家园林中,无论弈棋、作画无不备用[183];又如插图3-306明万历仇英绘《竹园品古图》[184],图中高士并坐玫瑰椅上,一桌满堆铜器、瓷器,另一桌善本、轴画、册页待鉴,画面上童仆成群,殷勤左右,其文化氛围依然与宋代一样那么浓郁。

　　明代的玫瑰椅不但其使用范围和使用对象与宋代一脉相承,而且其样式也没有多大的变化。从明版戏曲、小说、词话所列插图看,明代的玫瑰椅沿袭了宋代样式,有将扶手与靠背高度齐平的(插图3-307、插图3-308、插图3-309),也有后背略高于扶手的(插图3-310)。而略有不同的是,明代的玫瑰椅在其扶手下增设了联帮棍,背后立面都有靠背板。至于宋代椅式中有与脚踏相连者,明代则彻底分离了。纵观明代玫瑰椅整体表现形式,仍然是朴实素雅,除其框架结构的基本用材外,并没有新的花样。

　　历史上的玫瑰椅在装饰上添砖加瓦的行为是进入清代以后才出现的。从现有资料看,明代传统样式的玫瑰椅在清代早、中期仍有制作和使用,如插图3-311清初人李灿绘《山水人物》中的玫瑰椅和插图3-312苏州西山镇清乾隆时期所建"敬修堂"腰华板上所刻的玫瑰椅都为传统样式。但自清代中期始,玫瑰椅的装饰性附件和雕刻得到迅猛发展,最多见的是在座屉上部(扶手下部)

>>> 插图 3-305 明正统谢环《杏园雅集图》中的玫瑰椅

>>> 插图 3-306 明万历仇英《竹园品古图》上的玫瑰椅

>>> 插图 3-307 清顺治刊本《续金瓶梅后集》中的玫瑰椅

>>> 插图 3-308 清顺治金陵翼圣堂辑印本《凤求凰》中的玫瑰椅

　　设矮围子，有的将靠背横杆改成罗锅枨样式，有的靠背与扶手内框增加券口。座屉以下则有设牙条的、有用罗锅枨加矮老的。原中央工艺美术学院收藏一件清中期偏晚制作的黄花梨六螭捧寿字纹玫瑰椅最为复杂[185]，其靠背透雕六螭外，其扶手券口内外、其座屉下的牙条、其矮围子下的所有卡子花，都用螭纹雕饰来美化。

　　笔者曾见到传世的黄花梨玫瑰椅一对。这对玫瑰椅虽无雕饰，但它是清代制作的传统结构玫瑰椅中最简朴的形式，所以很有典型性。

>>> 插图3-309 明崇祯刊《一笠庵四种曲》本《人兽关》中的
玫瑰椅

>>> 插图3-310 明末德聚堂刊本《情娘风流院传奇》中的玫瑰椅

>>> 插图3-311 清初人李灿绘《山水人物》中的玫瑰椅

>>> 插图3-312 苏州西山镇清乾隆年建"敬修堂"腰华板上刻作的玫瑰椅

>>> 图 3-74 清黄花梨靠背镶券口玫瑰椅

1. 清黄花梨靠背镶券口玫瑰椅（图3-74）

座面长56厘米、宽43.2厘米、通高85.5厘米。

椅座屉之上三面设矮枨，下施单矮老。靠背内安装浮雕拐子纹的券口牙子，牙子落在枨上。座屉下正面设洼堂肚券口，两侧为洼堂肚半券口。管脚枨为步步高形式。该椅用材圆润，造型素雅，是清代玫瑰椅结构中的一种基本形式。

中国传统玫瑰椅可分成扶手与靠背齐平和靠背略高于扶手的两种结构形式。从现时所见传世实物看，前者样式已几乎不见，目前我们看到的大都是靠背高于扶手的一种。装饰形式可分成两类：一类是偏重线条装饰，如靠背为直棂纹、冰裂纹等（插图3-313、插图3-314）[186]，或以添加枨子和矮老来改变其空棂不实的视觉效果；另一类即施雕刻，雕刻题材有螭纹、刹纹、寿字纹等。装饰考究的则从靠背、扶手到壶门券口无处不琢（插图3-315）[187]。本椅装饰较为简洁，除了靠背及座屉下设券口外，仅在座屉上置矮围子。

关于该椅的制作年代问题，我们可从两个方面去考虑：一是在椅子上使用枨子与矮老的组合是到了清代中期才时兴起来的；二是洼堂肚牙条的使用是在壶门牙条退化的基础上发展起来，所以它的形成时间一般不超过清代中期。再从椅子保存现状看，尽管其结构用材很细，牙板也很薄，但均完好无损。特别是从其足部着地受侵蚀程度甚微的状况分析，该椅的使用时间不会太长，应是清代中晚期的作品。

>>> 插图3-313 清直棂围子玫瑰椅

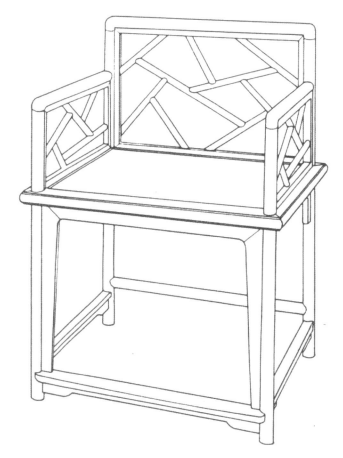

>>> 插图3-314 清冰裂纹围子玫瑰椅

>>> 插图 3-315 清黄花梨透雕靠背围子玫瑰椅

六、宝座

　　宝座即床式大椅。明清时期帝后像中所画的大型坐具，我们称之宝座。宝座原则上说是一个专有名称，它是皇宫中制造的为皇帝或后妃所专用的坐具，所以也可称御座。若将床式大椅都称之为宝座的话，那就是一种广义的解释了。

　　明清时期的御用宝座主要有两种类型：一种是木质髹金漆或朱漆金饰；另一种为硬木精雕细琢而成。前者至今还有保存在紫禁城的，如故宫太和殿中的"贴金罩漆蟠龙纹宝座"（插图3-316）。这种坐具结构浩繁、多立体雕饰，是不易移动的固定式家具。用紫檀或其他硬木雕琢的明代宝座至今未有可靠实例。清代作品传世实物尚有不少遗存。我们现时所能见到的明代围屏式宝座唯见墓葬出土明器，如北京定陵孝端皇后作为陪葬的汉白玉宝座（插图3-317）[188]。这种

>>> 插图3-316　故宫太和殿贴金罩漆蟠龙纹宝座

形式的宝座作为宫廷家具中的皇室用器,它不可能在民间流传,更不是民间创作的明式家具。受其椅式直接影响的是起源于清代上层社会的清式家具。它是清式家具由明代宫廷家具发展而来的一则典型实例。上海博物馆收藏的来自清宫旧藏的紫檀雕云龙纹宝座(图3-75),其上层围屏的样式,几乎与孝端皇后的随葬宝座一模一样。

宝座与御座应是一个统一的概念,它是皇权的象征物,所以它只在皇宫、皇家园林或行宫里陈设,而且没有成对的,只能是单独陈设在殿堂的中心或显要位置。至于它的权威性,则在清雍正元年的谕旨中曾有过反映:"朕见新进太监,不知规矩,扫地时,挟持笤帚,竟从宝座前昂然直走。尔等传于乾清宫等处首领太监等,嗣后,凡有宝座之处,行走经过,必存一番恭敬之心,急趋窜步方合礼节。"

上海博物馆"家具馆"展出清代宝座五件,其中四件是用紫檀雕琢而成,另一件用红木金漆嵌染牙工艺制作。五件宝座中又有两件与座屏相配套,显得十分端庄和富丽。就其雕刻工艺来说,若用精美绝伦来比喻实非过誉之词。

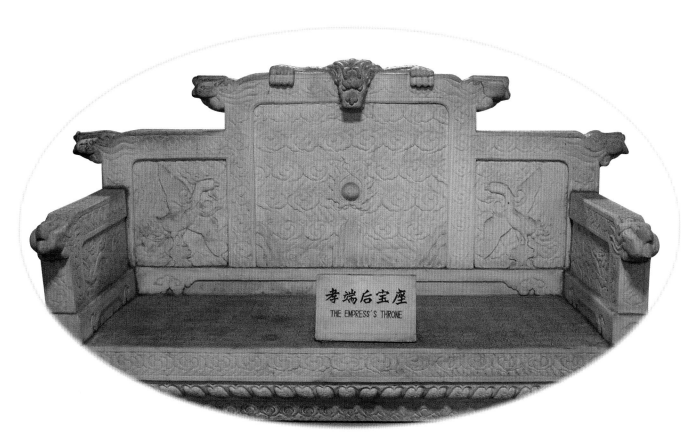

>>> 插图3-317 明定陵孝端皇后宝座

>>> 图 3-75 上海博物馆藏清紫檀雕云龙纹宝座

1．清紫檀雕云蝠寿字纹宝座（图3－76）

座面长130厘米、宽78厘米、通高115.5厘米。

宝座采用三屏风围子，后背托首部位为勾云纹起凸，两侧至扶手以阶梯状递减，围子出角处施委角。座面硬屉，屉下有束腰，牙条彭出，腿微鼓，内翻马蹄足，下置托泥。该宝座围屏内外均雕云蝠纹，纹样对称，刀工锐利，纤细工整。牙条为云纹洼堂肚，旁刻拐子纹。腿足下浮雕蕃莲式飞牙和回字纹。

这件宝座形体宽大，用料粗硕，造型端庄，刻工精致，是清式家具中的一件典型范例。该椅通体以云蝠纹为装饰，加上时代相对显晚的蝙蝠造型和云纹洼堂肚的使用，其制作年代应在清代中期偏晚。

>>> 图3-76 清紫檀雕云蝠寿字纹宝座

2．清紫檀雕云龙纹宝座（图3－77）

座面长128厘米、宽89厘米、通高121厘米。

宝座为三屏风围子。后背托首部位起凸，两侧至扶手依次递减，并做成波折状，末端如勾云纹。座面硬屉铺席，屉下有束腰，牙条彭出，腿微鼓，内翻马蹄足，下置托泥。该宝座通体高浮雕云龙纹，后背正中醒目处刻正面龙，两旁又衬以两小龙，龙出没于云雾间，作上下翻腾之势。在龙纹下部则刻寿山福水，以象征天地宇宙。

这件宝座形体宽大，造型庄重，雕琢精细，纹样繁缛，给人有密不通风之感，其气韵之浩繁在清式家具中难能一见。关于该

>>> 图3-77 清紫檀雕云龙纹宝座

椅的制作年代，我们可从以下三个方面去观察：一是宝座起伏状的围子造型是仿照西式家具制作的，这是18世纪法国洛可可风格对中国传统家具带来的影响；二是龙纹刻画特征是毛发丛生，虾米状眼突起尤甚，头额疱疗显露，上颚触须特长，鹰爪呈弧形指，加上拖把式尾的出现，显然这是清代中期以后龙纹的常见形式；三是洼堂肚（鱼肚形）牙条下垂部分切成直线，这是清代中期始出现的做工，它流传于清代中期以后，是洼堂肚牙条的又一种表现形式。按照上述诸因素，该宝座应是清代中晚期的作品。

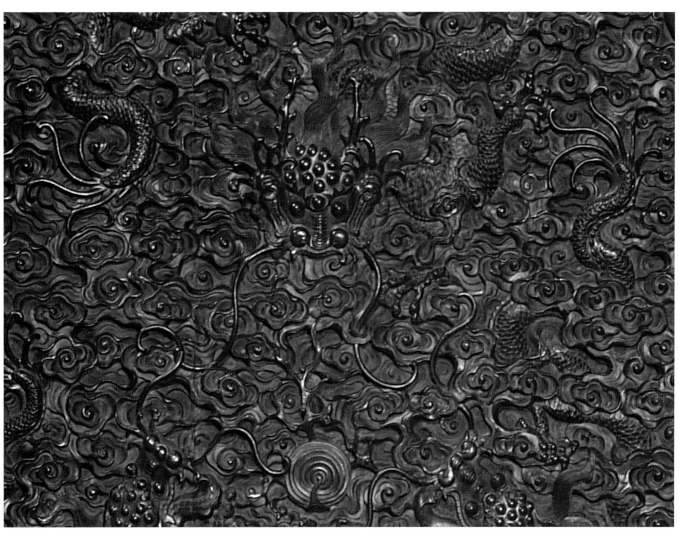

>>> 图3-77A

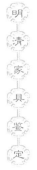

>>> 图 3-78 清红木金漆嵌象牙宝座

>>> 图 3-78B

>>> 图 3-78C

3. 清红木金漆嵌象牙宝座（图3-78）

座面长112.5厘米、宽75.5厘米、高117.5厘米。

宝座做三屏风围子。后背搭脑部位形同罗锅枨，两侧至扶手依次递减。座屉硬板，下有束腰，牙条彭出，上开光内浮雕吉祥果。腿为三弯腿，肩部包裹铜掐丝珐琅。足下置罗锅枨式托泥。该宝座屏面贴金嵌染牙组成的寿桃、佛手、石榴，旁以蝙蝠衬托。整个画面金碧辉煌，富贵呈祥。

清代家具的装饰名目繁多，其中十分重要的一条是望图附会，因物名而捏造物宜，这是民间习用的手法。就本椅而言，它取用的桃子、佛手、石榴与蝙蝠，是清代中期以后最流行、最典型的吉祥物题材。

桃子：它玉液琼浆，甘甜适口，历来是人们喜爱的佳果。在《太平御览》所载的《神异经》、《汉武帝内传》中，就被誉称为"仙桃"、"寿桃"或"蟠桃"。由于桃子能治阴虚、盗汗、咯血、祛瘀，所以在民间被看作是祝寿纳福的吉祥物。

佛手：其形有爪，故又名"九爪木"。李时珍《本草纲目》中称其为"佛手柑"。佛手是花、果俱佳的植物，其果可入药，现代中医认为它有理气、化痰功效；花可供观赏，其香味经久不散，故古人常置于书斋品赏。佛手除实用价值外，作为吉祥物是以佛手喻佛，是佛的象征，文学名著《红楼梦》第四十回描写探春房中，就用佛手做清供，以示吉祥。

石榴：石榴又称安石榴，汉时由波斯一带传入我国。古代人们喜欢石榴除了其花繁似锦的观赏价值外，正如晋潘岳在《安石榴赋》中所指出的它有"千房同膜，千子如一"的自然属性。为此中国古代民俗风情中都将石榴看作是祝吉生子的吉祥果。

蝙蝠：古人以蝙蝠为吉祥图案出自其谐音，孟超然《亦园亭全集·瓜棚避暑录》中有云："虫之属最可厌莫若蝙蝠，而今之织绣图画皆用之，以与福同音也。"[189]另则蝙蝠又是长寿的象征，这在葛洪《抱朴子》有载："千岁蝙蝠，……服之，令人寿万岁。"这虽然是道家的一种迷信说法，但古人信之用之，以至蝙蝠之形象在清代家具装饰上利用率极高。

吉祥物是人们追求吉祥的物化表现。上述诸物的本意显然围绕的是祝福贺寿，故由此想见本椅或可能出自后宫，属皇室眷属之用器。

关于这张宝座的制作年代应在清代中晚期或更晚。其因素有三：一是通体用红木制作，而红木（酸枝木）的使用一般来说自清代中期开始逐步流行起来；二是清代装饰工艺中的染牙比百宝嵌使用时间相对要晚，从传世实物看，这一工艺多见于清代中晚期；三是该椅三弯腿用材粗壮，特别是其足部十分臃肿，与清式家具早、中期三弯腿相比显得笨拙而无韵律，这是中国传统家具进入衰微时期出现的一种异化现象。

>>> 图3-78A

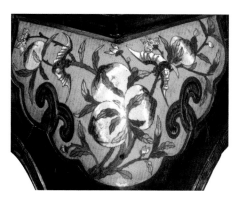

>>> 图3-78D

>>> 图 3-79 清紫檀雕云龙纹宝座

4.清紫檀雕云龙纹宝座(图3-79)

座面长110厘米、宽72厘米、通高118厘米。

宝座为三屏风围子。围屏由后向前形成阶梯状。屏沿雕云龙纹,龙首圆雕并出角。后背绦环板浮雕龙戏宝珠图样,龙首为正面像,躯体若隐若现出没于云海中。该宝座板式座屉,屉下有束腰,束腰下有托腮为覆莲状。牙条作方洼堂肚,上高浮雕双龙戏珠纹。腿为三弯式,肩部雕兽面纹,面样如狮首,顶有螺结,鹰鼻;足为狮爪,攫一球。宝座设罗锅枨式托泥。

作为皇家用器,清代宝座有其传统的特定形式,这种形式是从明代宝座发展而来。例如本椅围子如同五屏风形式,屏沿龙首出角圆雕,这种造型和做工几乎与明万历孝端皇后随葬的汉白玉宝座一模一样。宝座本是帝王及后妃的专用坐具,它象征王权故常以代表天子的龙纹为饰,民间是不能逾越的。这种器具唯皇城内有见,故明代民间出版物中很少见到明代宝座的样式。尽管如此,笔者在明末或清初版画有关佛道题材或帝王故事的绘画中,收集到若干民间理念中的宝座形像,如插图3-318、插图3-319为明万历《仙媛记事》中的宝座,其特征是围子作三屏,屏沿转角以委角装饰,屉下有壶门牙条,也有箱式作海棠式开光的;插图3-320为板屏式围子,下部构件为壶门牙条和花芽腿,设托泥;插图3-321后背搭脑部位起凸,两侧向扶手形成阶梯状递减。座屉下有束腰,为壶门牙条和鼓腿彭牙式足。其扶手前端作委角。上述明代宝座从样式到做工无疑对清代宝座产生着直接影响。传世的清代宝座除了承传上述诸特征外,又增加了不少清式意趣的东西,如装饰上往往添加富丽的百宝嵌、珐琅彩等;以各种洼堂肚牙条取代传统的壶门牙条;接受来自西方文化的各种造型和蕃莲纹样;以佛手、寿桃、石榴等自然物捏造物宜以象征吉祥,总之,清代家具中的宝座造型上继承明代传统,装饰上丰富多彩,并不惜动用各种材料和各种工艺加以美化,这些都是明代宝座无法比拟的。

这件宝座的制作年代还是较为明朗的。本椅从上至下、从里到外采用满雕形式,雕琢层次分明、纹样纤细繁缛,这种密不露地的作风正是清代中期至中晚期常见的。该宝座三弯腿的肩部还雕刻狮形兽面,足下为狮爪攫球,这一装饰既是中国古代传统题材[190],也是受到西方18世纪家具样式影响所致。用狮纹作家具纹样最早在17世纪时的路易十四时期的法国"豪华型家具"上出现[191],中国17世纪时的狮纹用以装饰只是在建筑上有见,如南京博物院近年陈列展出着不少明代狮纹琉璃砖,到18世纪时才由建筑纹样移植到家具装饰上。另外,从造型上看,清代的狮纹与前朝不同,因其面貌狰狞而被中国人长期视为神兽用以辟邪,壮威的气氛日益衰微,而其人格化的狮面形象以及鼻尖前凸、鼻翼后抿的鹰鼻造型的出现,显示了较晚的时代特征,为此,我们将该宝座视为清代中晚期作品当是情理中的事。

>>> 图3-79A 人格化的狮面形象

>>> 插图 3-318 明万历草玄居刻本《仙媛纪事》中的宝座

>>> 插图 3-319 明万历草玄居刻本《仙媛纪事》中的宝座

>>> 插图 3-320 明万历汪氏辑刻本《仇画列女传》中的宝座

>>> 插图 3-321 清顺治《笠翁十种曲》刻本《奈何天》中的宝座

>>> 图3-80 清紫檀雕莲叶龙纹宝座

5．清紫檀雕莲叶龙纹宝座（图3-80）

座面长171厘米、宽111厘米、通高131厘米。

宝座座屉作月牙形。后背正中部位以莲叶为饰，莲叶特大，叶脉清晰，上刻寿字。在莲叶上方雕一正面龙，下设宝珠，龙嘴张口作吞珠状。龙首以上部位布云纹，云纹制高点堆砌成一形似壶门曲线的特殊标记物。莲叶下端雕饰蛟龙出水图样。莲叶两侧围屏均作缠枝莲围栏。该椅座屉周边立面上刻仰莲，束腰部位饰联珠纹，下部裙边作成舒张的覆式莲叶。宝座四足作三弯腿，腿部均浮雕龙纹。足下有托泥，托泥以圆雕长茎莲组成。

这张宝座虽以龙纹为主题纹样，但其装饰突出了莲纹和联珠纹，这是传世宝座上从未见到的。该宝座造型特大，又做成月牙形，作为坐具太大，用作卧具又显太小，那么它究竟有何用途呢？经笔者仔细观察，发现宝座板屉中心部位隐约可见有一圈因长期盘腿坐磨擦留下的痕迹，这一痕迹或可说明该坐具的使用功能与宗教珈趺坐有关。若此，用莲和联珠纹为装饰，显然是事出有因了。

>>> 图 3-80B

莲是佛教的象征,它在佛典中被格外推崇,《摄大乘论释》卷十五有曰:"莲花虽在泥水中,不为泥水所污,譬法界真如虽在世间,不为世间法所污。"(192)故佛教始终把莲看作净土的化身,凡一切佛典用语均用莲代称,如莲座、莲台、莲龛、莲华衣、莲经以及以莲为各种瑞相,超凡脱俗,达到清静无碍的境界。

联珠纹也是一种与宗教相关联的外来文化,它是中古时期丝绸之路上的一种流行纹样,其文化特征可追溯到波斯和粟特文化,而其最初的宗教属性为祆教。北朝时期,粟特文化开始向东方传播,进入中亚佛教发达地区后,联珠纹逐渐成为佛像或菩萨像的边缘装饰。我国在隋代的敦煌莫高窟上首先发现了联珠纹与佛教相融的图案(193)。自此以后,联珠纹在我国被佛教艺术所吸收,成为佛教文化的组成部分。

由该宝座装饰纹样所体现的文化信息,由座屉隐约可见的珈跌坐痕迹分析,这张宝座曾用作禅坐,应是庙堂之器。特别是靠背龙首上方起凸的壶门状出尖,它是神祇的象征,也是决定该椅性质的另一要据。

这张宝座的制作年代已进入清代晚期了。它不但雕工粗涩,而且缠枝莲围子的用材不是大料镂挖而成,而是用小材一块一块胶接起来的。最遗憾的是连座屉下仅2厘米宽的覆莲卷边也是用另料拼接,可见其用料之窘迫。清代紫檀的匮乏出现在清代中期以后,这已是大家认同的史实。

>>> 图 3-80A

七、机凳

机凳是指没有靠背的凳子,在中国古代坐具中其结构最为简单,日用范围最广,因此其形成尽管是渐进式的,但要比其他家具为早,它大约在汉晋时期伴随着垂足坐的出现最先发展起来。由于年代久远木质家具不易保存,目前我们所能见到的早期机凳,也只能从石刻或壁画上见到其原始形象。机凳发展到五代、宋时,其种类和样式已相当齐全,而且人们在重视其使用价值的同时,其艺术形式也得到了初步开发,这在当时的绘画上已有所反映。至于墓葬出土壁画中的家具,则在辽金时期的墓中时有所见。

明清时代的机凳在结构和造型上要比宋代丰富多彩。就其时代特征而言,明代主要重视的是线脚的变化,显得朴实;清代的机凳则在装饰上下功夫,故其艺术价值要高于明代作品。

1．清黄花梨有束腰三弯腿罗锅枨加矮老方凳(图3-81)

座面长48厘米、宽47.7厘米、通高54厘米。

该凳有束腰,故腿足必为方材。牙条为壶门曲线,上浮雕卷叶纹。三弯腿之间用罗锅枨加固,枨上设矮老与牙条相连。足端刻内翻云纹作装饰。

>>> 图3-81 清黄花梨有束腰三弯腿罗锅枨加矮老方凳

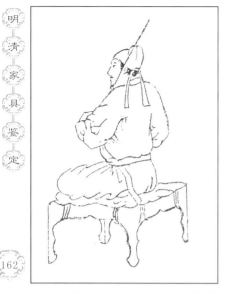

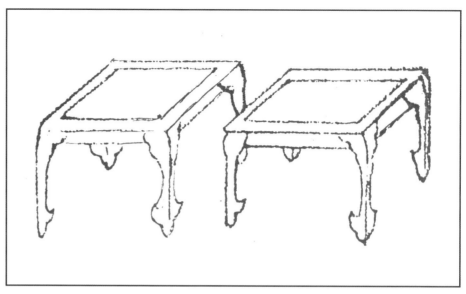

>>> 插图3-322 五代周昉《听琴图》中的方凳摹本

>>> 插图3-323 五代周文矩《水榭看凫图》中的方凳摹本

>>> 插图3-324 五代周文矩《按乐图》中的方凳

>>> 插图3-325 宋马远《西园雅集图》中带托泥方凳

　　方凳是凳具中最常见的一种形制。从周昉的《听琴图》、周文矩的《水榭看凫图》、《按乐图》（194）和马远的《西园雅集图》（195）以及宋人画册《春游晚归图》中的造型看，早在五代、宋时已流行起来（插图3-322、插图3-323、插图3-324、插图3-325、插图3-326）。当时考究的方凳其结构和装饰有三个方面的特点：一是使用的牙条已有直牙条与壸门牙条之分；二是除直足外，花瓣形足是主要装饰手段；三是腿间一般不用枨，有则单枨，或用托泥稳固。宋代以后历元入明，大约又经历了近百年的时间，方凳的造型主要体现在足部的变化上。我们从明代出版的众多图书资料中能感悟到，原来边缘装饰用的叶状线脚已大多消失，变花瓣形足为蹄

>>> 插图3-326 宋人《春游晚归图》中的方凳

>>> 插图3-327 明万历金陵继志斋刊本《重校义侠记》中方凳

>>> 插图3-328 明万历《金瓶梅》刊本中的方凳

>>> 插图3-329 明万历钱圹王慎修原刻本《平妖传》中的方凳

足,有的为增强牢度在腿间还使用了双直枨(插图3-327、插图3-328、插图3-329、插图3-330、插图3-331、插图3-332)。明代墓葬中出土的明器或石刻图样也有同样的表现,如插图3-333为明朱檀墓出土侍俑肩扛的方凳[196]、插图3-334为四川岳池县明墓石刻上的侍者肩扛方凳[197]。明代

>>> 插图 3-330 明弘治戊午北京金台岳家刊本《西厢记全图》中的长方凳

>>> 插图 3-331 明徽派刘君裕刻《李卓吾先生批评西游记》中的方凳

>>> 插图 3-332 明万历金陵继志斋陈氏刻本《红拂记》中的方凳

>>> 插图 3-333 山东邹县九龙山明墓出土扛方凳木俑

方凳最具代表性的结构是当时出版的木作专著《鲁班经·匠家镜》和专门记录器用实例的《三才图会》上的形象,即插图3-335、插图3-336所示,这时匠师除注重框架的牢度外,绝无其他增设,依然是那么的简洁。这一风格在清代前期仍有延续,如清顺治刊《笠翁十种曲》本《凤求凰》中的方凳和清初钱杜《旧雨轩图》中的方凳样式依然如故(插图3-337、插图3-338)[198]。

清代的方凳传世实物很多,有明式的也有清式的,但记录在册有图样可考的出版物中,要算晚清画家吴有如(道光五年至光绪

>>>　插图 3-334　四川岳池明墓出土肩扛方凳的石刻侍俑

>>>　插图 3-335　明万历刊本《鲁班经·匠家镜》中的方凳

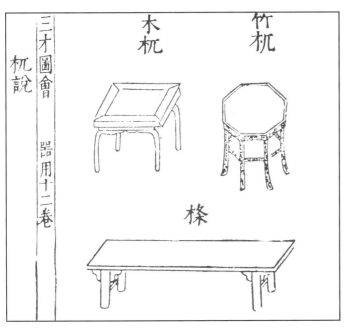

>>>　插图 3-336　明万历王圻《三才图会》中的方凳

>>>　插图 3-337　清顺治刊《笠翁十种曲》本《凤求凰》中的方凳

十八年)所绘《海上百艳图》最详细⁽¹⁹⁹⁾。虽然吴氏所绘方凳已是清代晚期作品了，但方凳的结构已大多使用了直枨加矮老(插图 3-339)和罗锅枨加卡子花结构(插图 3-340)。对此笔者认为，清代的方凳使用枨子与矮老的组合形式，是与当时椅子座屉下使用枨子和矮老的装饰同步的，它不应是清代晚期出现的结构，而是清中期或更早就有使用，只是目前我们尚无实例确认其起始年代而已。但此决非是明代的延续，这是鉴定上必须掌握的尺度。

关于这件作品的年代，我们除上述由其结构作出的定位外，还应抓住牙条上所雕卷叶纹特征来判断。该卷叶纹叶瓣狭窄，花蕊已近乎消失，整体形象已接近飘带，故其制作年代当在清代中晚期（参见本书第四章第三节"卷叶纹"部分）。

>>> 插图3-338 清钱杜《旧雨轩图》中的方凳

>>> 插图3-339 清晚期吴有如《海上百艳图》中的凳子

>>> 插图3-340 清晚期吴有如《海上百艳图》中的凳子

2．清紫檀雕云纹长方凳（图3－82）

座面长41.5厘米、宽32厘米、高51厘米。

凳硬屉落堂做。牙条为云纹洼堂肚。四腿彭出，内翻马蹄足。足下置托泥，托泥四角附小方足。该凳用料精致，体表光洁呈荔枝色，结构匀称得体，实是一件有相当品位的坐具。

清代用名贵的紫檀做家具非大户或贵戚莫属。然其优劣和成败，则与设计者的文化修养和匠师工艺水准密切相关。这件器物雕刻简约，线条柔婉流畅、造型端正雅致，是中国古代传统家具中实用功能与艺术形式互为统一的典型作品。

该凳属明式家具结构形式，而其纹样却在清式家具中常见。这种形体肥大的云纹多见于清代中晚期，是该凳制作年代的重要依据。

>>> 图3-82 清紫檀雕云纹长方凳

3．清紫檀雕蕃莲纹方凳（图3－83）

座面长32厘米、宽32厘米、高51厘米。

凳面五拼，为海棠式造型。凳面下有高束腰、宽牙条，在牙条壶门曲线的上方浮雕蕃莲纹。该凳四腿彭出，肩部设飞牙，中段镂花芽状曲线，足端作云纹雕刻。下设带委角的托泥，与凳面造型相呼应。

中国古代家具造型可分为有束腰与无束腰两大系列。无束腰家具其腿足形态不受限制，可圆可方；有束腰家具则其腿足形状能方不能圆，若以圆材制作则与束腰无法衔接。故明式家具中的"展腿式"家具就是为了克服这一矛盾，由匠师精心设计而成[200]。该凳虽为方形，但做成大委角，其束腰也就依凳面走势趋圆，故四面牙条可合成圆周状，由此腿足便可顺牙条坡势延伸。这是中国古代有束腰的圆形台面家具通常的制作方法。

该凳是清式家具中杌凳类家具的典型作品。它与明式家具之区别在于其追求体量和雕刻，其牙条上满雕我国18世纪流行的蕃莲纹，纹样饱满、刀工精湛、减地平整、光洁度极高，故其制作年代当在清代中期。

>>> 图3-83 清紫檀雕蕃莲纹方凳

4．清黄花梨有脚踏交杌（图3-84）

座面长55.7厘米、宽41.4厘米、高49.5厘米。

交杌通体用四根方材和四根圆材组合而成。圆材交脚，穿轴钉做固定。方材两上两下以横向顶头铆合。前脚下端两足间设踏床（脚踏），踏床面板钉吉祥图"方胜"铜饰。该凳前档横材立面还浮雕卷叶纹。

>>> 图3-84　清黄花梨有脚踏交杌

>>> 图3-84A　前梃立面的卷叶纹

>>> 插图 3-341　河南东魏画像石上的交机

>>> 插图 3-342　北齐《校书图》中樊逊所坐交机

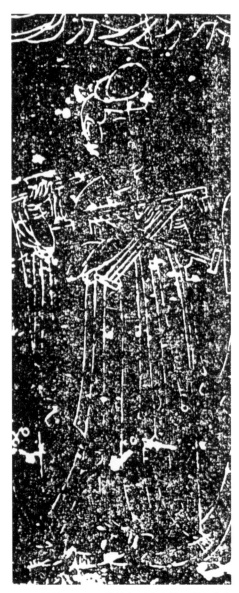

>>> 插图 3-343　唐淮安王李寿墓石刻女侍手捧胡床

>>> 插图 3-344　山西元永乐宫壁画中的交机

　　交机古称"胡床"，俗称"马扎"，现代则称之为"折叠凳"。它是东汉后期从西域传入我国中原地区的。最早见于《后汉书·五行志》：汉灵帝"好胡服、胡帐、胡床、胡坐"。按史料记载，西晋以前，胡床主要在北方宫廷和上层社会使用，史称西晋时，北方"相尚用胡床，貊盘，及为羌煮貊炙，贵人富室，必畜其器，吉享嘉会，皆以为先"[201]。从东晋以后，北方战乱，民众大量南徙，坐胡床习俗便逐渐传入南方，故东晋南朝时，南方人民使用胡床的记载增多。有人曾收集到从东汉末至隋代有关胡床资料约三十余条[202]，从使用胡床的对象来看，有皇室人员、贵族和一般家庭；从使用胡床的范围来讲可包罗万象，有指挥战争、观望敌情、舟车旅行、烧香拜佛、庭院小憩、宴会、接客、讲学、读书、吹笛、弹琴、赌博、祈神等，可见胡床在我国历史上使用之广泛[203]。

历史上的胡床形制在宋代史料上有着明确记载，《资治通鉴》胡三省注曾曰：胡床"以木交午为足，足前后皆施横木，平其底，使错之地而安；足之上端，其前后亦施横木而平其上，横木列窍以穿绳条，使之可坐。足交午处复为圆穿，贯之以铁，敛之可挟，放之可坐"[204]。这段文字最详细地记述了当时使用的胡床结构和特征，但其中没有提到胡床还附有踏床的记载。那么历史上的胡床是什么时候才像本交机一样设置踏床呢？这在古代绘画中是有迹可循的，如插图3-341为东魏画像石上的胡床形象[205]、插图3-342为北齐时期的胡床、插图3-343为唐代李寿墓出土的石刻胡床[206]、插图3-344、插图3-345为元代壁画上的胡床形象。从上述诸实物形制看，我国自魏晋至元代，胡床结体是一脉相承的。但自进入明代以后，胡床除了传统样式外（插图3-346），又有了新的添置，如在弘治北京金台岳家刊本《西厢记》插图中（插图3-347）[207]，杜将军在营帐中所坐交机上就设置了一块踏板，故我们可以确信踏床至迟在明代中期已有使用了。

交机本是一种随行携带的坐具，其简单的结体千年不变。就其踏床设置来说，也至少距今有四百年以上的历史，故历来对交机制作年代的判断存在难度。可喜的是这件交机的座屉横木上刻有一组卷叶纹，这就从另一角度为我们提供了鉴定依据。该卷叶纹形似飘带，已失去了传统"卷叶"的写实形象，从这一严重退化的情况来分析，它必是清代晚期的作品了（参见本书第四章第三节"卷叶纹"部分）。

>>> 插图3-345 福建将乐元墓壁画中的提交机者摹本

>>> 插图3-347 明弘治北京金台岳家刊本《西厢记》绘营帐中的交机

>>> 插图3-346 明万历新安汪氏刻本《列女传》版画中的交机

第三节、桌案类家具

我们现在概念中的桌案类家具，至迟在唐代已经出现，它是专指适用于垂足坐的高型家具。而这类高型家具，却是由席地跪坐时期的矮型家具几和案发展而来。

几、案的称谓始于战国时期，这在《周礼》、《左传》、《战国策》等著述中都有记载。出土实物自战国至汉魏的大、中型墓几乎常有发现。那末早期的几和案是何种样式呢？

按史料记载，我国古代几的最初形式有两种：一种是《尚书·顾命》中所说"凭玉几"之凭几。早期人们通行跪坐，故以膝着地，以臀着蹠，直腰耸躯，坐久了会腰酸背痛，这正如《韩非子·外储说左上》所提到的"腓痛、足痹、转筋"等症状。故而取凭几而坐，即膝纳于几下，肘伏于几上，这就是凭几名称的实义，使人体下肢的承力转借于几座，达到安神舒适的目的。考古发现用以安身之几出土很多，如1984年在安徽马鞍山东吴时期的大司马朱然墓中，就出土了一件很完整的漆凭几[208]；南京象山东晋七号墓中曾出土过陶凭几（插图3-348）[209]；江苏江宁六朝赵史冈墓随葬的陶牛车上还配有凭几，以备旅途小憩之用（插图3-349）[210]。从出土实物看，这种凭依器具，下有三足，上呈弧曲状，可达到"曲木抱腰"的目的，这在朝鲜安岳东晋冬寿壁画墓中有其使用写照（插图3-350）[211]。几的另一种形式即汉代用以庋物之几，汉《释名·释床帐》有曰："几，庋也，所以庋物者也。音轨，其意则格。"格，即放物的台架，可见几也可用以存放杂物。《汉武帝内传》："帝受西王母五岳真形经，庋以黄金之几。"就是安放在用黄金制作的几上。庋物之几在考古中常有发现，其面板为长方形，足下是施横枨的曲栅，故人们习惯地称之为"曲足几"。山东沂南汉画像石上就留下了其真实形象，几面上放置着两双麻履（插图3-351）[212]。有的画像石上还置有文书和杂物。

>>> 插图3-348　南京象山东晋七号墓出土陶凭几

>>> 插图3-349　江苏江宁六朝墓出土陶车和凭几

>>> 插图3-350 朝鲜安岳东晋壁画墓中的凭几

>>> 插图3-351 山东沂南汉画像石上的曲足几

>>> 插图3-352 重庆相国寺汉墓出土陶案

>>> 插图3-353 河南密县汉墓画像石上的栅足案

　　案在我国古代席地坐时期是一种最常见的家具。按其用途不同,又有食案、书案、奏案、毡案等名称。辽阳三道壕二十七号石椁墓曾出土陶食案一件,案面上刻有"永元十七年三月廿六日造作瓦案,大吉,常宜酒肉"铭文[213]。重庆相国寺东汉墓出土的陶食案上还置有八杯一盘(插图3-352)[214]。我国早期的案虽不高,但有的形体很大,如北京大葆台西汉墓出土的彩绘漆案,长约2米,宽约1米,装有鎏金铜蹄足[215];其他还有河南密县汉墓画像石中的栅足案和南京幕府山东晋墓出土的栅足案其形体也都很大(插图3-353、插图3-354)[216]。这些案除用作食案外,也可有其他用途,因为当时文献记载上已提到书案、奏案等名称。如《三国志·吴志·周瑜传》裴注引《江表传》:"(孙)权拔刀斫前奏案曰:'诸吏敢复有言,当迎操者,与此案同'。"又《东观汉纪》:"更始韩夫人,尤侍酒,每侍饮,见常侍奏事,辄怒曰:'帝方对我,正用此时持事来乎?'起,抵破书案"[217]。

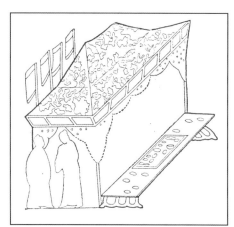

>>> 插图3-354 南京幕府山东晋墓出土栅足案

　　历史上的几和案本是两类不同的家具,但由于其形制差别不大,只是几的长宽之比略大些,故在用途上多有混淆,如《说文·木部》有载:"桯,床前几。"然而河南密县打虎亭一号墓画像石中安置在床前的长几(即桯)上都置有酒食,这就把几和案的界限变得不确定了(插图3-355)。又"敧案",本是炕上凭依之器,何以称为案?《通雅·杂用》谓:"敧案,斜揩之具也。"《事物纪原补》卷八懒架条:"陆法言切韵曰:曹工作敧架,卧视书。"古时几案形制上的类同往往造成名称上的相混,《说文·木部》遂径谓"案,几属"的说法。进而置文书之几亦被称之为几案。至南北朝时,几案竟成为律令文牍的代词。如《魏书·邢昕传》:"既有才藻,兼长几案。"《北史·薛庆之传》"颇有学业,闲解书案"均是其例。总之早期的几案随着用语演嬗,二者的关系变得十分模糊[218]。

　　席地坐时期的几和案是矮型家具。随着垂足坐的形成,为适应生活的需要,作为庋物器用的几案开始向高型发展。而高型家具椅凳的使用,促使跪坐时用作凭倚的凭几被淘汰[219]。由此传统称谓的几案被桌案所取代。我国古代的桌子至迟在唐代已经形成。这在当时的绘画上已能看到我国较早的桌子形象。如现藏台北"故宫博物院"的唐代《宫乐图》上,就出现了十二人围座的壸门大桌(插图3-356);敦煌473窟中绘有一幅唐代宴饮图,在帷帐内置长方桌,男女分列左右(插图3-357);敦煌莫高窟榆林25窟《弥勒经变》图中也设有大型酒桌(插图3-358);敦煌莫高窟第85窟唐代《屠房图》上,中列方桌,方桌四腿,腿间无枨,桌面方正,从桌面高度与屠师身高相比,其尺度已与明清的方桌相似了(插图3-359)[220]。高型家具桌案在五代至北宋时期已定型和规范。桌子是指四足立于四角的结构,有方桌、长方桌之分;案的结构必为长方形桌面,但其两足均向内略移,它与桌的区别即在此。有关案的实物形象在顾闳中《韩熙载夜宴图》上有较清晰的表示(插图3-360)。桌案在宋代随着高型家具的普及,其品类和制作工艺有了长足的发展,如图3-85为赵佶《听琴图》上的琴桌,宋代已能制作共鸣箱;插图3-361为宋代《羲之写照图》上的酒桌,桌面设有拦水线;插图3-362为宋人《戏猫图》中的方桌,其装饰使用了彩绘;插图3-363为宋《十八学士图》

>>> 插图3-355 河南密县打虎亭1号汉墓画像石上的长几(桯)

>>> 插图 3-357 敦煌473窟唐代宴饮图中的长桌

>>> 插图 3-356 唐代《宫乐图》上的壸门大桌

>>> 插图 3-358 敦煌25窟《弥勒经变》图中的大型酒桌

>>> 插图 3-359 敦煌85窟唐代《屠房图》上的方桌

>>> 插图 3-360 五代《韩熙载夜宴图》上的桌子

>>> 图 3-85 宋赵佶《听琴图》上的琴桌

中的画桌,其桌面用云石做镶嵌;插图3-364为宋《梧阴清暇图》中的大方桌,除直枨之外,还使用了罗锅枨加花瓣腿[221]。总之,宋代家具中的桌案已相当成熟,明清时期的桌案类家具,就是在继承这一传统的基础上得以更大进益。这在传世家具中能举出不少实例。

>>> 插图3-361 宋人《羲之写照图》上的酒桌

>>> 插图3-362 宋人《戏猫图》上的方桌

>>> 插图3-363 宋代《十八学士图》上的画案

>>> 插图3-364 宋代《梧阴清暇图》中的大方桌

一、桌

在江浙一带的吴语方言中,桌又可称桌子、台子。但从古代家具发展过程看,桌和台都是后起字,桌最初写作"卓",台本写作"枱"。那么桌和台何时始有此读写呢?关于"桌"字,宋人黄朝英在其《靖康缃素杂记》中有过评说:"今人用卓字,多从木旁,殊无义理。字书从木从卓,乃棹字,直较切,所谓棹船为郎是也。卓之字虽不经见,以鄙意测之,盖卓之在前者为卓,……故杨文公《谈苑》云:'咸平、景德中,主家造檀香卓倚一副。'未尝用棹字。始知前辈何尝谬用一字也。"[222]以此可知桌在北宋时已有通称,且初作卓,后才有棹。现按明《正字通》有谓"俗呼几案为桌"的记载,故棹简写为桌,当在明代时期。枱字本为木名,《说文》称之"耒端木",《博雅》释作"柄也",今以几案为枱,可知是后来改称的。"枱"字大概由台引申而来,因台本是建筑术语,《说文》有谓:"观四方而言者"为台,台有居高的含义,故后人借用建筑中的含义来指称高桌。

明代的桌子当然比宋代更有发展,在设计上不但能做到力学与美学的高度统一,而且其样式纷呈,在生活领域中已是各取所需了。桌子在明代的品种很多,各地的称谓也有差异,如明代文震亨所著《长物志》中,列出了书桌、壁桌和方桌三类[223],一般来说书桌是文人用具,壁桌与环境装饰有关,方桌以餐饮多见,为此每类又可分出若干细目。而明万历《鲁班经•匠家镜》"家具"条款中,又列出桌、八仙桌、小琴桌式、棋盘方桌式、圆桌式、一字桌式、折桌式、案桌式八种[224],而其中的八仙桌就是方桌;案桌式就是通常所见的书案或画案,通称平头桌;一字桌当是指狭长的条桌、条案类家具。为此,研究明清桌子还需就事论事,按其实际功能定性。

上海博物馆收藏的明清桌子品种多样,有方桌、条桌、画桌、半桌、炕桌、琴桌和条几等,其中有的结构素雅,有的装饰繁缛,是不同时代风格的代表作,在明清家具研究上具有代表性。

1．清黄花梨一腿三牙罗锅枨方桌(图3-86)

长82厘米、宽82厘米、高81厘米。

>>> 图3-86A 清黄花梨一腿三牙罗锅枨方桌局部

>>> 图 3-86　清黄花梨一腿三牙罗锅枨方桌

　　这是一件无束腰方桌。其腿不安在方桌的四角而稍稍向里缩进一些，故其腿子下端有挓，侧脚明显。在桌底面边缘增加木条，用仗栽榫连接及顶头角牙承托，用以加大边抹冰盘沿的宽度，并可遮挡牙条上半部，使其全部外露，在视觉上可增加层次感。该桌在制作上还使用了高罗锅枨、方足倒棱，而且在看面起阳文线，这些工艺特色都是明式家具的精华所在。

　　评定这张方桌的结构特征和制作年代，我们应重视以下三个方面：一是高罗锅枨。高罗锅枨是明式家具中十分典型的结构形式，其表现手段有与牙条或桌底面相交的（插图3－365、插图3－366、插图3－367），也有独立做枨的。它流行于明代晚期至清代中期。但在明清时代的鉴定上尚无法区分;二是明式家具极重视线脚装饰,如本桌四腿看面施以阳文线,也有的做成瓜棱线,这是明式家具中常见的装饰手段,在年代鉴别上亦无规律可循;三是该桌结构的突出之处是使用了一腿三角牙。其顶头角牙的使用在视觉效果上并不美观,它只是为着承托桌面底边增加的木条而已。这种一腿三角牙的结构形式,在明代的著录和遗存实物中没有先例。而笔者在苏州西山镇调查明清家具时发现的一腿三角牙方桌都是清代中期的遗物。如西山镇明湾村乾隆年间建造的"凝德堂"就保存着两件当年的遗存实物(插图3-368、插图3-369),尽管桌子冰盘沿下的木条已缺损,但其顶头角牙为镶嵌木条留下的凹口尚在。所以我们认为,这种一腿三角牙的制作工艺,不仅是苏式做工,而且是清代中期流行的。

>>> 插图3-365 明崇祯刻本《画中人传奇》中的罗锅枨

>>> 插图3-366 明崇祯金陵两衡堂刻本《画中人》中的罗锅枨

>>> 插图3-367 明万历金陵书肆继志斋陈氏刻本《双鱼记》中的罗锅枨

>>> 插图3-368 苏州西山乾隆年建"凝德堂"遗存方桌   >>> 插图3-369 苏州西山乾隆年建"凝德堂"遗存方桌

>>> 图3-87　清黄花梨无束腰罗锅枨加卡子花方桌

2. 清黄花梨无束腰罗锅枨加卡子花方桌（图3-87）

长93.2厘米、宽93.2厘米、高80厘米。

该桌四腿用圆材，罗锅枨上不用矮老与桌面连接，而用的是灵芝纹卡子花。由于卡子花很扁小，造成枨子与桌面间距十分贴近，从而使四腿之间的力距抗力减弱，这是本桌设计不当而造成机架强度不足的根本原因。

这是一张结构十分简练的明式方桌。其制作简朴素雅的特征，很容易让人们按传统认识将它看作明代遗物。但究竟应属明或清，笔者认为关键之处就看我们如何看待其结构附件卡子花的应用状况。

中国明清家具除了其基本框架结构外，能起到力学和装饰作用的附件主要有牙子、枨子、矮老和卡子花。其中除了牙子、枨子不分时代都有使用外，矮老和卡子花的应用是有时代性的。例如明代的桌案无论直枨或罗锅枨，从不使用矮老或卡子花与桌面

>>> 插图3-370　明张梦征汇选万历刊本《情楼韵语》中的桌子

>>> 插图3-371　明张梦征汇选万历刊本《情楼韵语》中的桌子

>>> 插图3-372　明崇祯刻本《占花魁》中的桌子

>>> 插图3-373　明万历新安刻本《红梨花记》床上的矮老结构

或牙条相连,这在数以千计的明代戏曲、小说、词话插图中始终找不到实例。今笔者选取若干代表,如以明万历刊本《青楼韵语》上的桌案(插图3-370、插图3-371)和明崇祯刊本《占花魁》上的条案为例(插图3-372),所使用的罗锅枨都是孤枨一根。而明代的床榻类家具则完全不同,在床围上既有矮老也有卡子花使用。对此我们亦举实例为证:插图3-373为明万历新安刻本《红梨花记》,其上架子床围栏与栏杆之间就使用了矮老;插图3-374为明万历草玄居刻本《仙媛记事》,其架子床围栏与栏杆之间使用的是卡子花;插图3-375为明汤显祖撰《玉茗堂还魂记》,其架子床围栏与栏杆之间的卡子花与前者相同。这里有一个必须掌握的信息:明代架子床上的围栏和栏杆装置是从建筑结构移植而来,因为明代床上的矮老和卡子花与明代建筑围栏如插图3-376《玉簪记》、插图3-377《燕子笺》上所绘矮老和卡子花造型一致。矮老是短柱,这里无须解释。而明代所绘卡子花其

>>> 插图 3-374 明万历草玄居刻本《仙媛纪事》床上的卡子花结构

>>> 插图 3-375 明刊汤显祖撰《玉茗堂还魂记》床上的卡子花结构

>>> 插图 3-376 明万历金陵陈氏继志斋刊本《玉簪记》中的围栏

>>> 插图 3-377 明刊善本《批点燕子笺》中的围栏（清光绪暖红室传摹）

形是一种舒张而卷转的叶状物,是安徽、江西的明代建筑上一种最有代表性的卷叶莲卡子花,它不但在房屋走廊围栏上用,在窗棂上也有用(插图3－378),连石雕鱼池的围栏也刻有这种卷叶莲卡子花(插图3－379、插图3－380),由此可见,明代插图上的家具装饰纹样,并不是画家空穴来风任意捏造的,而是从现实生活中采撷而来。

通过以上表述,笔者想说明两个问题:一是明代的桌案还没有发现使用矮老和卡子花的;二是明代的床榻围栏是仿自建筑围栏样式制作的,所以建筑围栏上使用的卷叶莲卡子花(或称莲花形短撑),也就被移植到床上使用。如果我们把明代版画中床上围栏所用卡子花与建筑绘画上的卡子花以及建筑实物石雕围栏卡子花相比,这种卷叶莲卡子花实同为一物。

从现有大量的明版绘画家具看,明代的桌案尚未发现使用卡子花的,所以桌案上使用卡子花装饰的当是入清以后的事,这就为本方桌制作年代的判断提供了依据。清代传世实物中的卡子花题材众多,有的为双套环、有的为方胜形、也有的为环体螭,而本桌使用的是灵芝纹。其实,用灵芝纹为卡子花装饰在明代的建筑构件围栏上也有所见,只是两者风格不同罢了。如插图3－381为安徽休宁县古城岩保存的明代晚期朱玉宅围栏,其上灵芝是完整的枝干与菌盖的合体,这既为了适应明代栏板与栏杆间距较宽的时代风格,也为了体现灵芝整体勃发向上的一种瑞气。相比之下清代的灵芝只用菌盖为饰,这是因为清代被用在家具上的卡子花其空间狭小,从而促成其形体必须相应缩小。

在我们掌握了卡子花在明清两代使用情况的同时,也应当看到在早于明代的辽墓中已有了类似卡子花那样的结构形式。1990年7月,北京市房山区天开塔地宫出土了一张供桌,其上就设有矮老和形同卡子花的装饰(插图3－382)[225],该桌长仅55厘米,高35.5厘米,而所设卡子花比例极大,显然这是一种以纯装饰为目的的特殊设计,与后世卡子花性质仍有些不同,所以这一结构形式并没传播下来。

>>> 插图3－378　安徽屯溪明天启程氏三宅窗棂上的卷叶莲卡子花

>>> 插图3－379　安徽休宁县古城岩汪家大宅中保存的明代鱼池围栏

>>> 插图 3-380 安徽屯溪老街"万粹楼"藏明代栏板上的卷叶莲卡子花

>>> 插图 3-381 安徽休宁县古城岩明代晚期朱玉宅围栏上的灵芝纹卡子花

>>> 插图 3-382 北京房山区天开塔地宫出土木桌

>>> 图 3-88　清黄花梨两卷相抵角牙琴桌

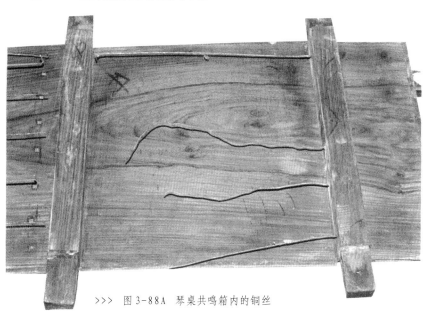

>>> 图 3-88A　琴桌共鸣箱内的铜丝

3. 清黄花梨两卷相抵角牙琴桌（图 3-88 ）

　　长120厘米、宽51.8厘米、高82厘米。

　　桌为四面平式，角牙部位以两卷相抵形式形成撑力。琴桌桌面用上下两层木板隔出共鸣箱，内用铜丝做弦感应琴声，以达共振。四方直腿粗硕，下作马蹄内翻。

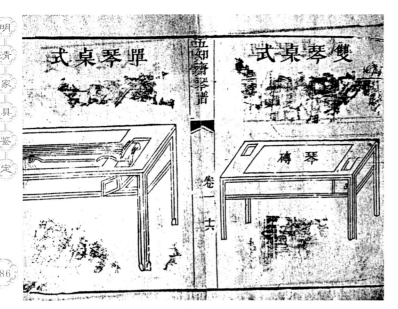

>>> 插图3-383 清《五知斋琴谱》中的琴桌

>>> 插图3-385 明万历安徽新安汪氏玩虎轩刻本《琵琶记》中的琴桌

>>> 插图3-384 苏州西山镇乾隆年建"敬修堂"格子门上的空心砖琴台

　　琴在古代被文人视为雅器，故凡书斋中必备琴于桌或悬琴于墙，以示身份。明末学者文震亨有曰："琴为古乐，虽不能操，亦须壁悬一床。"(226)明代高濂在其《遵生八笺》也曾感言："琴为书室中雅乐，不可一日不对。清音居士谈古，若无古琴，新琴亦须壁悬一床。无论能操或不善操，亦当有琴。渊明云：'但得琴中趣，何劳弦上音'吾辈业琴，不在记博，惟知琴趣，更得其真。"(227)高濂的这一席话，把古代文人与琴之关系说得十分透彻。自古以来，琴从单纯的乐器上升为陶冶儒家情操的必备器具，这在古人看来是"尊圣道而尽琴之理也"。因而古人操琴时必焚其香，且列出种种戒规，如"疾风甚雨不弹；廛市不弹；对俗子不弹；不坐不弹；不衣冠不弹。"(228)

　　古代文人重视备琴、操琴的同时，对琴桌的制作也有不少总结，这在史料上均有文字记载。如宋人赵希鹄在其《洞天清录集·古琴辩》中说："琴桌须作维摩样，庶案脚不得入膝。连面高二尺八寸，可入膝于案下，而身向前。宜石面为第一，次用坚木厚为面，再三加灰漆，亦令厚，四脚令壮。更平不假拈板，则与石面无异。永洲石案面固佳，然太薄，必须厚一寸半许乃佳。

若用木面，须二寸以上，若得大柏、大枣木，不用鳔合，以漆合之，尤妙。"（229）明代的曹明仲在其《格古要论·古琴论》中也有详细记述："琴桌须用维摩样，高二尺八寸，可容三琴，长过琴一尺许。桌面用郭公砖最佳，玛瑙石、南阳石、永石尤佳。如用木桌，须用坚木，厚一寸许则好，再三加灰漆，以黑光为妙。佐尝见郭公砖灰、白色，中空，面上有象眼花纹，相传云，出河南郑州泥水中绝佳。……砖长仅五尺，阔一尺有余，次砖架琴抚之，有清声，泠泠可爱。"（230）古代文人对琴桌的制作深得体会，从大小到材质历代都有心得和总结，主要体现在三个方面：一是琴桌须用维摩样；二是桌面以石、硬木和灰漆为上；三是桌面若用郭公砖最佳。上述三点要领中，第一条是指桌面与腿足要留出足够的空间以便入坐时不碍人膝；后两条纯粹是围绕音质而为，使之"架琴抚之，有清色"。这里所指的郭公砖就是古人想像中的共鸣箱。《书影》有载："余乡多郭公砖，体制不一，以长而大者为贵，江南人爱之以为琴儿。荥阳、荥泽尤多。郭公不知何时人？闻嘉靖元年会城抚军，命几百户修月堤，偶发一古冢，砖上有朱书曰：'郭公砖，郭公墓'……家大人语小子曰：'此砖昔但以空心者，后以宜于琴也，遂以琴名。'既修堤后，遂竟呼为郭公砖矣"（231）。可见所谓用作琴台的郭公砖实质上指的就是空心砖。用空心砖作琴台当有两种形式：一种即如清人周子安《五知斋琴谱》上的琴桌台面落嵌琴砖（插图3-383）（232）；另一种将古琴直接置于空心砖上，以琴弦的震荡带来空心砖腔体空气的共震，也就是文震亨在《长物志》中所言琴台"取其中空发响"，以此为音律增色（插图3-384）（233）。这里且不说古人的作为是否科学，但至少在清代之前的文献里，未见在共鸣箱中有置铜丝的举措。

>>> 插图3-386 明书林余少江刊本《新刻魏仲雪先生批评琵琶记》中的琴桌

>>> 插图3-387 明万历武林起凤馆刊本《北西厢记》中的琴桌

>>> 插图3-388 明万历武林香雪居刻本《古本西厢记》中的琴桌

明代的《鲁班经·匠家镜》列桌式八种中有琴桌之称谓，故明代确有操琴专用之桌。但遗憾的是这种带有共鸣箱的琴桌至今未见有可信的实物遗存。而明代瓷器绘画或明版小说、戏曲、词话插图所绘书斋和庭园中的大量琴桌，都是一些通常日用的长方桌或小条桌（插图3-385、插图3-386、插图3-387、插图3-388、插图3-389、插图3-390、插图3-391、图3-89），有的用折叠架庋琴（插图3-392），也有利用庭园陈设的石桌庋琴的（插图3-393）。据此可知，明代抚琴之桌大多就地取材，并无严格规定，所以在造型和结构上互不一致。

本文所述琴桌，与明代文献记载和明版插图上的琴桌差异很大。若与清代琴谱上所列琴桌相比，清代标准琴桌案面装匣较宽厚，这在《五知斋琴谱》与《与古斋琴谱》中都有实样可证（插图3-394A、插图3-394B）[234]。而本琴桌其共鸣箱狭小得多，尽管设计者独具匠心在共鸣箱内安装铜丝，但其效果未必佳。为此，笔者认为这是一张结构较为特殊的琴桌。若从该琴桌不以传统的蚕丝编织为弦，而以铜丝为弦以达共震及高挑而又显敦实的蹄足看[235]，该桌的制作年代应是清代晚期的作品。

>>> 插图3-389 明天启苏州白玉堂刊本《新刻剑啸阁批评东汉演义》中的琴桌

>>> 插图3-390 明万历闽建书林刊巾箱本《赛征歌集》中的琴桌

>>> 插图3-391 明万历武林刻本《唐诗艳逸编》中的琴桌

>>> 图3-89 上海博物馆藏明景德镇窑青花罐上的琴桌

>>> 插图3-392 明万历金陵刊本《琵琶记》中的折叠架

>>> 插图3-393 明天启吴兴闵氏朱墨套印本《董解元西厢》中的石琴桌

>>> 插图3-394A 清代《与古斋琴谱》中的琴桌

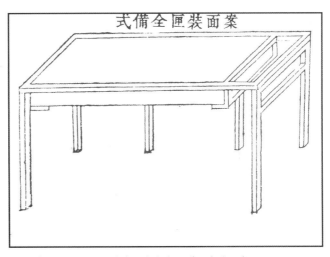

>>> 插图3-394B 清代《与古斋琴谱》中的琴桌

>>> 图 3-90 清黄花梨有束腰矮桌展腿式半桌

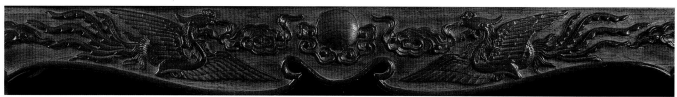

>>> 图 3-90A 桌子正面牙条上的纹样

>>> 图 3-90B 桌子侧面牙条上的纹样

4．清黄花梨有束腰矮桌展腿式半桌（图3－90）

长104厘米、宽64.2厘米、高87厘米。

桌造型由上、下两部分组成，上部如同炕桌，其结构是有束腰、三弯腿外翻蹄足形式；下部即无束腰家具中常见的圆直腿。中国古典家具可分为有束腰与无束腰两大体系。但有束腰家具其腿足、牙条和束腰结合时是用抱肩榫连接，故只能用方材。此桌腿足由方材变圆材，其上半截使用了三弯腿做掩饰，从而在视觉效果上出现了这种"展腿式"结构。

该桌不但造型上有其特色，在装饰上也十分华丽，束腰似荷叶状波折，正面牙条刻双凤朝阳，侧面为折枝花鸟，牙条安装龙形角牙，腿上用灵芝纹霸王枨加固，圆腿足部如同房屋建筑中的鼓墩柱础。

这种展腿式结构的家具在明清史料上未有记载，在明清时期出版的众多家具绘画资料上也没有可借鉴的实例，为此对这件家具制作年代的判断只能按其纹样特征和部件造型分析。

（1）龙形角牙

家具角牙设计成龙纹形象实不多见。龙纹在中国古代封建社会里通常被人们看作是王权的象征。但到了封建社会的晚期，龙在民间艺术中已衍化为一种吉祥物而受到广泛应用。就明清两代而言，明代的龙还较多保存着传统作风（插图3－395），在形体上有所变化的主要是一种带翼的应龙（图3－91）[236]；清代的龙纹则进入了中国龙纹发展的衰变阶段，传统形象已是毛发丛生苍老无力，各种变态造型更是层出不穷，如上海博物馆收藏的不少清代玉龙佩，不但体态失真，其体表纹样好用圆圈纹、勾云纹装饰，有的背脊还刻有脊柱线和肋骨线（图3－92、图3－93、图3－94）[237]。本桌角牙的龙纹形象亦属同一类型，虾米眼前凸，上颌翘起如象鼻。体无足，背刻圆圈纹、脊柱线、肋骨线。躯体上还伴生出类似勾云纹样的附加装饰。这些特征均与上述变态的玉雕龙纹风格一致。

>>> 插图3－395　明宣德黄釉龙纹瓦当

>>> 图3－92　清代变体玉龙纹佩

>>> 图3－91　上海博物馆藏明代玉铊尾上的龙纹

>>> 图3－93　清代变体玉龙纹佩

>>> 插图3-396 明代凤纹花卉玉雕嵌饰　　　>>> 图3-94 清代变体玉龙纹佩

>>> 图3-95 元代石刻双凤戏珠纹拓片　　　>>> 插图3-397 明代矾红云凤纹碗

（2）牙条刻凤

该桌牙条上刻有双凤朝阳图样，凤相向而视，翅膀如扇面开张，五咎浪草纹尾后曳，显然表现的是一幅没有活力的图案化装饰。古时人们把凤鸟看作神鸟，作为吉祥物常用于建筑或家具装饰上。凤鸟本是人们臆造的动物，从艺术角度审视早在宋代已基本定型，其特征是鹦鹉的嘴、锦鸡的头、灵芝状冠、鸳鸯的身、仙鹤的足、大鹏鸟的翅膀和浪草样的尾组合而成。为此要判断其时代性就必须注重其神态表现。如图3-95为元代"双凤戏珠"图样，凤鸟上下翻滚张口作衔珠状，体态矫健有潜在的活力[238]；插图3-396、插图3-397为明代凤鸟，一凤穿梭于花丛中，另一凤凌空飞舞，旁有明代特有的四支云衬托[239]，上述凤鸟构思活泼，即使是翅膀造型，也给人以静中有动的感觉。插图3-398为清代"凤戏牡丹"图样，尽管其形体刻画面面俱到，但这种追求对称以及花蕊锦簇的画面，呈现的只是一种富贵相而缺少生气[240]。清代的鸟纹装饰通常采用的是图案化造型，如图3-96为清代玉雕如意吉子上的雕刻，鸟回眸张翅为水平爪[241]，作者虽用心良苦精心雕琢，但表现的往往是求形而不求神，这正是清代吉祥物常见的时代特征。所以本桌牙条上的"双凤朝阳"纹样，其表现形式完全是清代风格。

>>> 插图3-399 清代中期"老当铺"格子门上的花鸟纹图样

>>> 图3-96 清代玉雕如意吉子上的鸟纹　　　　>>> 图3-98 上海博物馆藏元代玉雕带饰上的灵芝纹

（3）牙条刻折枝花鸟

折枝花鸟题材在明清时期的艺术品上十分多见。这是一种象征世态祥和、富贵太平的祝吉画。要说明清两代的区别：明代以求神韵为目的，构图简练；清代则追求华丽。笔者在江西、安徽、浙江、江苏调查民居时，就见到不少建筑的门、窗或槅扇上有此刻画，如插图3-399浙江嵊县黄泽镇清代中期"老当铺"，格子门腰华板上就有这种类似的纹样。这幅折枝花鸟画是清代流行的"喜鹊闹梅"或"喜上眉梢"题材，其画意和风格与本桌牙条上的表现是完全一致的。

（4）灵芝形霸王枨

在霸王枨上雕琢灵芝装饰所见传世实物不多。灵芝古时被认为是仙草，早在汉朝张衡的《西京赋》中就被称之"神木"，民间视其有灵气而被当作吉祥物常刻于各种玉石饰件上。上海博物馆收藏的工艺品中尤以玉雕灵芝形象最多见，而且不同时代的灵芝其造型也有差异。如图3-97、图3-98是元代玉雕炉顶和带饰上的灵芝纹，灵芝

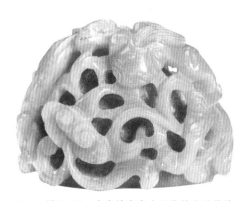

>>> 图3-97 上海地官出土元代螭啣灵芝纹炉顶

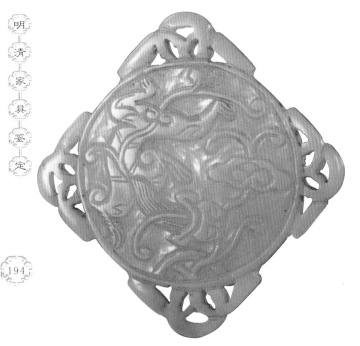

>>> 图3-99 上海博物馆藏明代玉雕嵌饰上的灵芝纹

>>> 图3-100 上海博物馆藏清代玉牌上的灵芝纹

>>> 图3-101 上海博物馆藏清代玉雕嵌饰上的灵芝纹

>>> 插图3-400 安徽黟县西递村明嘉靖胡文光石牌坊上的灵芝纹

形体肥大，菌盖呈椭圆状，环心高高起凸，盖面深深黑入。插图3-400、图3-99是明代的灵芝形象，这时的灵芝造型没有元代宽厚，菌盖边缘多波折且显得扁长。图3-100、图3-101为清代灵芝。清代灵芝菌盖裙边收得更小，环心分离，菌盖上端的一对花芽状物有形变的，也有消失的。总之，清代灵芝与元明时代的灵芝差异明显，其发展趋势是越晚越简化。我们以此比照本桌灵芝的造型，无疑已是清代的作风了。

灵芝是仙草。但古时灵芝的形态与如意、云纹的造型十分接近，故常有相混的现象出现。如玉雕作品中就出现了一种灵芝式云纹，图3-102为元代作品；图3-103为明代作品[242]；插图3-401为清代乾隆时期的作品。相比较而言，清代的灵芝式云纹与元、明时代的差异也是那么明显。

（5）鼓墩形足

这张半桌圆腿下为鼓墩形足，这是家具结构仿自古代建筑的又一实例。中国古代房屋建筑自宋代以来十分重视对柱础的设计和应用。明清时期柱础作为一种造型艺术更是受到匠师的赏识，樊炎冰先生收录的《中国徽派建筑》中，就有不少柱础实例。笔者在安徽、江西等地对明清建筑做过大量调查，这种鼓墩形柱础虽在明代也有使用，但明代江南民间建筑主要流行的是一种靴形础，安徽潜山民宅博物馆中的明代建筑"司谏第"、"德庆堂"、"乐善堂"和歙县呈坎村明代"宝仑阁"祠堂中都是这种柱础（插图3-402）。而鼓墩形础则在清代流行，如安徽歙县昌溪村清代的"周氏宗祠"、"太湖祠"；歙县棠樾村清代的"清懿堂"；江西婺源县龙山乡清代的"成义堂"和婺源县黄村"经义堂"等处均使用的是鼓墩形柱础[243]。而且清代的鼓墩形柱础比明代的要略高些，如插图3-403所示，故它更接近本桌腿足造型。

今按上述诸项分析，这件展腿式半桌是清代作品我们可深信不疑。再据龙纹角牙的造型、牙条上"双凤朝阳"和"折枝花鸟"的华丽布局和灵芝的形态特征看，该作品应是清代中期的产物。

>>> 图3-102 元代善财童子与灵芝式云纹玉饰

>>> 插图3-402 安徽歙县呈坎村明代"宝仑阁"中的靴形础

>>> 插图3-403 江西婺源县黄村清代"经义堂"中的鼓形础

>>> 插图3-401 清乾隆款双龙戏珠灵芝式云纹石磬

>>> 图3-103 明代仕女灵芝式云纹玉山子

>>> 图 3-104　清黄花梨有束腰齐牙条炕桌

>>> 图 3-104A

>>> 插图 3-404　清道光江宁柏简斋刻本《鸿雪姻缘图记》
榻上矮桌

>>> 插图 3-405　明万历刻本《五言唐诗画谱》中的矮桌

5．清黄花梨有束腰齐牙条炕桌（图3-104）

长108厘米、宽69厘米、高29.5厘米。

炕桌牙条为壸门曲线，边沿起皮条线与三弯腿相连。腿足肩部浮雕兽面纹，兽面张口露牙，狰狞可怖。兽面额部阴刻旋涡纹三团，以象征毛发。为了保持兽面完整，牙条与腿足的结合不采用常见的45度格肩相交做法，而是以齐牙条连接。该炕桌四周牙条均雕刻相向而行的螭纹，腿足底部刻兽爪，下摆圆球。

炕桌是桌类家具中的一种矮型桌，它最便于在榻上或炕上使用，故由此得名（插图3-404）。其实作为矮桌，它的适用范围极广，古时也有置于地面使用的，这早在明代出版的绘画中就有所见（插图3-405、插图3-406）。

传世的炕桌品类很多。由于它体积小且在床上使用，故物主多偏好装饰，不但牙条、腿足造型富于变化，凡醒目部位常以雕刻烘托。其题材多吉祥物，如螭虎、兽面、花鸟、杂宝等。本桌装饰纹样是中国古典家具中较为多见的一种。

这张炕桌牙条纹样繁缛，四腿足都有雕琢，其精湛的刻工和三弯腿的造型，使人们好将其视为明代遗物。其实该桌的纹样都是清代作风，应是清代作品。具体表现在以下三个方面：一是牙条上的螭纹。明代螭纹十分流行，作为吉祥物其表现形式不作侧面爬行状，螭发刻画长而后曳，躯体上的肋骨线以冰纹的形式出现，螭尾虽也有做成对称转卷的，但其末端不会如此花俏。二是清代的兽面纹与明代的兽面纹在定型期的风格是不同的。明代兽面的眼珠在后期已有起凸，进入清代则大有发展，犹如灯泡样出现。鼻部造型明代多为蒜头形（或如意形），清代则多鹰鼻式，即鼻尖前凸，鼻翼后抿，露三角形孔。这一特征在清代的龙纹身上也有表现，如上海博物馆收藏的清代中期玉带钩龙首鼻腔，有不少为同样的雕琢（图3-105）[244]。至于兽面眉毛作锯齿状、额头毛发用旋涡线表示的手法，则是清代中期兽类雕刻的常见形式。三是腿足上部膨出部分用兽面装饰多见于明代器皿（插图3-407），不见于明代家具。这一做工只在清代流行，而且仅见于宫廷及贵戚用器，如插图3-408乾隆朝服像中的宝座[245]、插图3-409清代中期丁观鹏《乞巧图》中七夕宫中仕女所坐罗汉床[246]。该桌足下兽爪摆球造型，则也是由宫廷家具中的宝座移植而来，它与中国传统文化中的狮摆球意识一脉相承。

>>> 插图3-406 明嘉靖刻本《虫经》中的矮桌

>>> 插图3-407 苏州紫金庵明万历款鼎式炉腿上的兽面纹

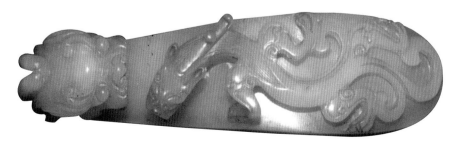

>>> 图3-105 清代玉雕带钩龙首鹰鼻造型

>>> 插图 3-408 清乾隆朝服像

>>> 插图 3-409 清乾隆丁观鹏《乞巧图》中
罗汉床

>>> 图3-106 清紫檀裹腿罗锅枨画桌

6. 清紫檀裹腿罗锅枨画桌(图3-106)

长190厘米、宽74厘米、高78厘米。

画桌罗锅枨用裹腿做并紧贴桌面,这种设计虽抬高了枨子的高度,使桌面下留出大面积空间,但腿与腿之间的应力相对减弱。为此匠师在制作时又在四腿间增设霸王枨加固。该桌面心板为黑漆面,如今年长日久已多冰裂纹。

画桌为文人读书绘画之用,故一般要比条桌略宽些。古代的桌好用罗锅式枨子,这是因为罗锅弓形,桌面下可留出更多的空间便于落座入膝。现时我们从明代绘画上的家具造型看,无论长桌、方桌,有束腰或无束腰,所设罗锅枨有的紧贴桌面(插图3-410、插图3-411),有的不贴桌面(插图3-412),但都不是裹腿做。古代裹腿做家具,最初起源于竹子家具,竹子空心,不便榫卯,故以裹腿交接,这在元、明时代是很流行的(图3-107、插图3-413)。至于木制家具仿竹的裹腿做法,现有的资料只能说是从清代开始的,因为清代家具中曾流行过"垛边"做的木作工艺[1],为了使家具的面与枨保持造型和结构上的统一,这种裹腿做的做工便大量出现,如插图3-414所示。

本画桌用材圆浑,结构简朴,造型素雅,体现了明式家具的典型风格。但由于是裹腿做的工艺,故对其制作年代的判断,应属清。若从该桌漆面龟裂情况和四足受蚀程度观察,其年代也属久远,故笔者拟定该画桌制作年代不晚于清代中期。

>>> 插图 3-410 明万历金陵陈氏继志斋刊本《双鱼记》中的罗锅枨条桌

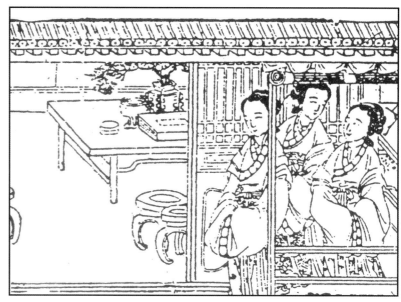

>>> 插图 3-412 明万历张梦征汇选《情楼韵语》中的罗锅枨桌子

>>> 插图 3-411 明万历钱圹王慎修原刻本《平妖传》中的罗锅枨长方桌

>>> 图 3-107 上海博物馆藏元代《庄列高风图》中的竹榻

>>> 插图 3-413 清康熙金陵翼圣堂重印本《笠翁十种曲》中的竹床

>>> 插图 3-414 原中央工艺美院藏清黄花梨裹腿直枨加卡子花方凳

>>> 图3-108 清铁力木板足椭圆形开光条几

7．清铁力木板足椭圆形开光条几（图3-108）

长191.5厘米、宽50厘米、高87厘米。

条几用三块铁力木厚板交接而成。板足开光近似椭圆形的透孔，足底为卷书式造型。该桌侧面均打洼，不施任何装饰。

几在我国是历史十分古老的家具。几的最初作用是为了适应席地坐时需要作凭倚，板式的几还可庋物（插图3-415）[248]，故属矮型家具。自宋代以后，随着垂足坐的普及，原先用作凭倚的几随生活方式的改变而淘汰，庋物之几逐渐向高型发展。但其形式大变，如我们现时还在使用的香几、花几、茶几等家具，虽然还保留着"几"的名称，然其形制已风马牛不相及。如果要说与早期庋物之几有承袭关系的话，则明清时期的炕几和属高型家具的条几当是最有亲缘的了。目前从传世实物看，明清时代的炕几尚有少量遗存，而这种高型的条几已十分罕见，这是因为用三块木板组合成的条几做工简练，板与板交角处用闷榫连接，由于其力臂较长，故板易解体。我们现时只能从清代绘画中获得这类三板几的最初形象（插图3-416、插图3-417）[249]。为此，这件铁力木条几，尽管已陈旧斑驳，但其重要的历史价值却是不可取代的。

三板合成的条几传世实物少，可做对比的资料也不多，加上其素身不施雕饰，故要推定其制作年代相当不易。现有的依据是这张条几其侧边均打洼，这种打洼的线脚在明末清初是十分流行的。而其板足下端雕琢出卷书式造型，这种轴卷状做工大多见于清代椅子的搭脑，而且是清代中期逐渐流行起来的。由此推断，该条几当是清代中晚期的作品。

>>> 插图 3-415　湖北江陵天观星一号墓出土汉代板足几

>>> 插图 3-416　《艺林旬刊》中清初人绘仕女图中的条几

>>> 插图 3-417　清光绪《聊斋志异图咏》中的条几

二、案

　　案本为盛食器具,其后随着形体扩大,在日用价值上向置物发展,于是便有了书案、奏案等文化用名。案的这一性质早在两千年前的汉代定型后,直至明清时期其功能始终被沿用。

　　明清时期的案品类很多,但归纳起来不外乎三种形式:一是条案,二是画案,三是食案。条案有大、中、小之分,大条案是一种特殊用途的家具,它往往被搁置在厅堂的屏门前,以衬托环境,显示气派和庄重。中、小型条案用以陈设或置物,在古代客厅里大多靠墙安置(插图3-418、插图3-419、插图3-420、插图3-421、插图3-422),或另作他用(插图3-423、插图3-424)。靠墙放置的家具,明文震亨在其《长物志》中称其为壁桌,并说"壁桌长短不拘,但不可过阔"[250]。明代的中型条案明人也有称其为"天禅几"的(插图3-425)[251]。明清时代的画案相对条案要宽些,古人放置于书房用以读书作画,故传世实物中不乏材美工良的精品。食案即餐用家具,这在明清时期所占数量最多,上海地区明代墓葬出土的家具明器中,有画案但最多见的是成套食案。当然作为餐用家具,其材质或作工要比条案和画案差得多,但研究明清家具,当是不可回避的。

　　上海博物馆收藏的案类家具,除个别为明代外,大多是清代家具。其中用黄花梨制作的大条案和用紫檀制作的画案,无论器型之大和作工之精均为国内存世家具中的佼佼者。明墓中出土的画案和食案,作为明代家具的缩影,也是不可多得的实物资料。

>>> 插图3-418 明崇祯刻本《金瓶梅》中的条案

>>> 插图3-419 清顺治金陵翼圣堂辑印本《笠翁十种曲》中的翘头案

>>> 插图3-420 明崇祯黄真如刻戏曲集《盛明杂剧》中的翘头案

>>> 插图3-421 明崇祯湖隐居士编次《金钿盒传奇》中的平头案

>>> 插图3-422 明崇祯西湖居士编次《郁轮袍传奇》中的平头案

>>> 插图3-423 明万历长乐郑氏藏明刻本《重校金印记》中的平头案

>>> 插图3-424 明崇祯刻本《金瓶梅》中的平头案

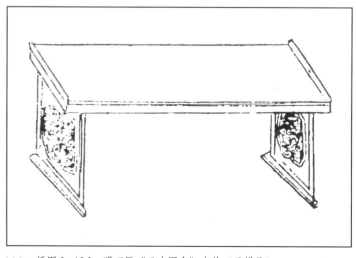

>>> 插图3-425 明万历《三才图会》中的"天禅几"

>>> 图3-109 明黑漆描金双龙戏珠纹平头案

1．明黑漆描金双龙戏珠纹平头案（图3－109）

长126厘米、宽47.5厘米、高79.5厘米。

案用铁力木做胎，外髹黑漆并描金，漆面龟裂严重，描金陈旧脱落。该桌牙条较宽阔，牙板内侧有"大明宣德年制"六字刀刻填金楷书款，边施皮条线为壸门曲线，上描金双龙戏珠及云纹。四足外撇，腿部中段为花瓣形曲线，下有叶形堆纹，着地方足，外裹铜套。腿间置双直枨，并以描金牡丹、云纹为装饰。

这张黑漆描金平头案原为清乾隆时期礼部尚书华亭张照后裔所藏，后捐赠松江县博物馆。其来源是由张照受清廷赏赐所得。该县博物馆保存的《云间张氏族谱·行略》中曾有纪事：谓"……赐内厩马以及笔墨、暖砚、笔架、八宝、荷包、鼻烟壶、朝珠、宫扇、金扇、袍套、纬帽、手巾、香珠、手炉、火镰、香炉、花瓶、洋漆炕桌、紫檀香儿……不可胜记"。其中也包括了这件黑漆描金平头案。以此可知该器为清宫旧物。

这件来自清宫的作品，并非清宫造办处制作，而是明代遗存，其依据来自三个方面：第一，明代宫廷用器以漆木家具为主流，同类型的这种明代小平头案在故宫至今保存多件，其中也有"大明万历年制"刀刻填金楷书款的[252]；第二，这件器物通体为描金龙纹，其神态特征是典型的明代风格，如龙首头发上冲前飘、上颌为如意形鼻且鼻须短、五爪如风车、细颈作大S形曲线、肩部出"丫"字形飘带状飞翼、背有锯齿状鳍、尾巴如同芭蕉叶等。这些特征与该时期瓷器上的绘龙风格完全一致（插图3－426、插图3－427、插图3－

>>> 图3-109A 牙条上描金云龙纹

>>> 图3-109B 牙条上描金云龙纹

>>> 图3-109C 刀刻填金楷书款

>>> 图3-109D 腿足上的四支云

>>> 图3-110 上海明墓出土丝织品上的四支云

４２８ ）(253)；第三，唐代诗人韩愈有云"龙勿得云，而何以神其灵矣"。故龙这一人类臆造物要体现其神韵就必须有云纹衬托。我国历史上自唐代以后，云龙纹图样便逐渐成为人们喜闻乐见的吉祥题材，而每一时代的龙纹在变，云纹也在变。明代的云纹以团云出支为时代典型造型，所谓团云出支即以多朵云彩合成一团，再分出枝丫，有二支、三支和四支之分。本案行龙周围都有这类图样，而这些图样与该时期瓷器上的云纹造型具备着相同的时代特征（插图3-429、插图3-430、插图3-431）(254)。所绘四支云与上海明墓出土的丝织品上的纹样几乎一模一样（图3-110）(255)。可见该器为明代遗物是无可否认的。但是否真正是"宣德年制"，就有待进一步探讨了。

这是一件小平头案，其作用可备陈设和置物。上海博物馆还收藏一件与其形制相似的明铁力木插肩榫黑漆面心平头案，因其案面周边有拦水线，故被称为酒桌(256)。可见这类小型案的用途是多方面的。

>>> 插图 3-429 明弘治时期瓷器上的云龙纹

>>> 插图 3-426 明宣德时期瓷器上的龙纹

>>> 插图 3-430 明宣德时期瓷器上的云龙纹

>>> 插图 3-427 明成化时期瓷器上的龙纹

>>> 插图 3-428 明正德时期瓷器上的龙纹

>>> 插图 3-431 明永乐时期瓷器上的云龙纹

>>> 图 3-111　清紫檀云纹牙头插肩榫大画案

（此处为牙条拓片图）

>>> 图 3-111B　牙条上的溥侗题识

>>> 图 3-111A　清代简化塔刹纹

2. 清紫檀云纹牙头插肩榫大画案（图3-111）

长192.8厘米、宽102.5厘米、高83厘米。

画案用材厚实，体积宽大。案面冰盘沿简练，牙条与牙头用减地法使边缘起皮条线装饰，线条兜转并沿方腿至足部为简化的"塔刹"纹图案，两腿间用方直枨连接。该案牙条上刻有光绪丁未年（1907）清宗室溥侗的题识，全文是："昔张叔未藏有项墨林棐几、周公瑕紫檀坐具[257]，制铭赋诗锲其上，备载《清仪阁集》中。此画案得之商丘宋氏，盖西陂旧物也。曩哲留遗，精雅完好，与墨林棐几，公瑕坐具，并堪珍重，摩挲拂拭，私幸于吾有夙缘。用题数语，以志景仰。丁未秋日，西园嫩侗识。"（按：西陂为宋荦号，明末清初人，康熙时以荫仕入官。官至吏部尚书。精鉴善藏画[258]。）

这张画案的形体是目前所见国内外最大的一件。其特点是用料粗壮，构件方折，见之敦实有余而秀丽不足，与传统的明式家具结构圆润的风格有别，是深受清式家具重体量作风影响的器物。

画案传世有年。清末溥侗在其题识上指出，该物得之河南商丘，是宋荦的旧物。但未作举证。若此说可信的话，那么对画案制作年代的探索可有两种解释：一是宋荦祖传之物。荦为明末清初人，祖传者当属明代遗物；二是宋荦自身置办物。史载荦生于明崇祯七年（1634），卒于康熙五十二年（1713），康熙年间以荫仕入官。可知当荦年十一岁时明亡入清，故凡十一岁以后置办者，均属清代遗物。若在入仕后置办者，则已是康熙朝了。上述两种解释在溥侗题识中无可偏废，更何况题识是溥侗的追记，并无实据可循，故这张画案究竟何时制作，还得从器物自身谈起。

画案是古代文人必备之物,凡明或清初出版的有关社会生活的图集中,画案的踪迹随处可见,如插图3－432明万历刻本《鲁班经》中有匠人制作明代案桌的实况;插图3－433、插图3－434、插图3－435是明代文人写景图上的画案[259];插图3－436、插图3－437是明代小说、戏曲版画上的画案;插图3－438、插图3－439是清初小说版画上的画案。上述图例中的画案在造型上有一个共同特点,即体量匀称、形态朴实、载体圆润秀丽,构件组合决无累赘之虑。明代的画案在上海明墓中也有出土(图3－112)[260],其

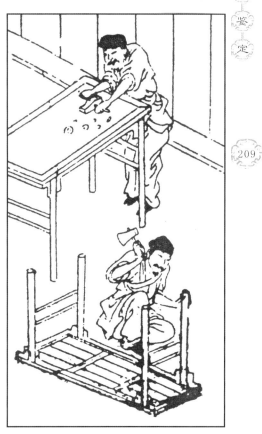

>>> 插图3-432 明万历《鲁班经》中的案桌

>>> 插图3-433 明钱杜《旧雨轩图》中的画案

>>> 插图3-434 明谢汝明《耕斋图》中的画案

>>> 插图3-437 明万历吴左千绘《屠赤水批评荆钗记》中的画案

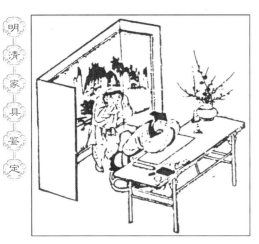

>>> 插图3-435 明朱冲秋《七贤咏梅图》中的画案

>>> 插图3-436 明万历黄奇刻本《养正图解》中的画案

>>> 插图3-439 清康熙承宣堂刻本《圣谕像解》中的画案

造型与上述图样一模一样。我们比照本画案的结构,显然两者在风格上有天壤之别,故我们深信该器决非是明或清初的遗物。

值得重视的是该画案的足部刻有一简化的塔刹图样,这一图样原由宗教建筑中的"塔刹"衍化而来,其演变序例和相应的年代已在前文"清黄花梨雕塔刹纹四出头官帽椅"中作过阐述,今以此塔刹纹佐证,本画案当属清代中期作品。

>>> 插图3-438 清康熙承宣堂刻本《圣谕像解》中的画案

>>> 图3-112 上海明万历潘允征墓出土的画案

>>> 图3-113 清紫檀象鼻牙头夹头榫画案

3．清紫檀象鼻牙头夹头榫画案（图3－113）

　　长226厘米、宽80厘米、高86厘米。

　　案为夹头榫结构，方直腿，腿足看面微鼓。牙条与腿足交界处为对称象鼻形牙头。腿间安方直枨。案的台面阔而长，大边和抹头用料较厚，其视觉效果十分敦实。该案装饰上质朴无华，牙头与牙条一木连做，线脚简练，意趣高雅，实为明式家具中的一件珍品。

　　明清时期的画案，其装饰主要体现在牙头和牙条上。牙条以直牙条或壶门牙条为主，牙头以云纹或素牙头为多见，而在牙头造型上发生多变的行为，则是清代才开始的。本案牙头采用象鼻式造型，这种设计理念是从清代建筑上移植而来。这是因为自古以来人们视大象为吉祥物，如汉代王充《论衡》上说"舜葬于苍梧，象为之耕"；传说黄帝在泰山祭天地时，有"驾象车而六蛟龙"，故《宋书·符瑞志》有云："象车者，山之精也。王者德泽流洽四境则出。"宋代的诗人陆游也有"太平有象无人识，南陌东阡捣麦香"之名句，寓意的就是太平和安乐。故清代的建筑上好用象鼻作装饰，笔者在江西考察民居时，在康熙至乾隆时期的冬瓜梁上时有所见（插图3－440A、插图3－440B、插图3－441）。清代建筑上"太平有象"的这一寓意，必然会移植到家具上来，本案牙头造型就是最鲜明的实例。

　　上海博物馆收藏的这件紫檀画案，与其形制和风格相同者在全国范围内仅有二件，另一件即北京故宫博物院收藏的紫檀画案，只是后者牙头是素面的。据记载故宫的画案是康熙十三子怡亲王允祥的遗物[261]，故本器制作年代当与其相近，应是清代前期的作品。

>>> 插图 3-440A 江西婺源黄村清康熙年建"经义堂"冬瓜梁上的象鼻雕刻

>>> 图 3-114B 挡板圈口上的刻纹

>>> 插图 3-440B 江西婺源黄村清康熙年建"经义堂"冬瓜梁上的象鼻雕刻

>>> 插图 3-441 江西婺源汪口村清乾隆年建"俞氏宗祠"冬瓜梁上的象鼻雕刻

>>> 图3-114 清黄花梨夹头榫大平头案

>>> 图3-114A 两卷相抵纹牙头

>>> 插图3-443 清顺治金陵翼圣堂辑印本《笠翁十种曲》中的条案

4. 清黄花梨夹头榫大平头案（图3-114）

长350厘米、宽62.7厘米、高93厘米。

条案特长，案面亦宽，尤其是面心板用独块黄花梨制成，宽达42厘米。牙条和牙头一木连做，边缘施皮条线，交接处为两卷相抵线脚。直腿，足略外撇，如同铜器中的香炉脚。腿间安圈口，圈口雕琢纹样繁缛。管脚枨下安一根两卷相抵的圆枨。

用黄花梨制作长达3.5米的条案，且面心板独块而非拼接者，世上罕见。这种条案都是固定安放在厅堂屏门前的摆设，非重大活动不轻易移动，故四足长期不移位受地气侵蚀很容易腐朽。本案四外撇足已严重损坏，现已加接新木恢复原状。

这种大型条案是明清时期大户人家厅堂里的必备之物，但由于其损坏率极高，故传世不多。特别是明代遗存，更是罕见。北京故宫博物院曾于上世纪50年代入藏一件长达343厘米用铁力木制作刻有"崇祯庚辰仲冬置于康署"的同类条案，这是唯一可借鉴的明代实物[262]。从这件作品的形制特征看，该条案除了牙条造型有扁而宽的特色外，腿间挡板用的是大朵云头装饰。对此，笔者查阅了明及清初出版的小说、戏曲插图上有关腿间挡板的设置情况，发现该时期就好用云头为题材，如插图3-442明崇祯刻本《金瓶梅》屏门前的条案、插图3-443清顺治金陵翼圣堂辑本《笠翁十种曲》中的

>>> 插图3-442 明崇祯刻本《金瓶梅》版画中的条案

>>> 插图3-444 清康熙刊本李渔《笠翁秘书》
中的翘头案

条案和插图3-444清康熙李渔《笠翁秘书》中的翘头案均如此。北京故宫博物院还入藏过一件带康熙款的黑漆嵌螺钿山水人物平头案[263]，这件清初作品的挡板也使用的是云头装饰。这充分说明至清初时期条案腿间的装饰比较单一，或者说尚属简朴。由此，我们借以比照本条案的形体和装饰特征，不但牙头显得宽厚，时代上相对要晚，而且腿间挡板上凸起的云头纹已退化到近乎消失的一小朵(图3-114B)，圈口周边也由先前的光素变得繁缛起来，由勾云纹、回字纹及两卷相抵纹连成一线。在腿间挡板的下端，还增饰了如同罗锅枨式的两卷相抵纹构件。为此，我们按照该案牙头的定式及腿间挡板的纹样和装饰风格判断，这件大平头案的制作年代已是清代中期了。

>>> 图3-115 清黄花梨云纹牙头夹头榫画案

5．清黄花梨云纹牙头夹头榫画案（图3-115）

长151厘米、宽69厘米、高82.5厘米。

该画案的形体是明清时代最常见的形式。装饰上牙头镂挖成卷云纹也是明清时代最流行的。唯案的边抹和腿枨用材厚实粗壮，故在视觉上显得凝重。

画案是古代文人十分喜爱的家具，在长期使用过程中，对其样式或尺度已约定俗成为一种基本格调，所以当我们看到明清绘画资料中的画案样式时，几乎无法区分它们的时代差异。其实明清时代的画案虽然其机架结构基本不变，但在装饰上的差异还是有着微妙变化的。笔者为此查阅了数以百计明、清时期出版的各种图画资料中的画案形象，明代的夹头榫云纹牙头画案除了其冰盘沿线脚和设枨多少不等外，其云头一般均作如意式，故云头两翼与牙条之间的凹口镂挖甚小，如插图3-445所示。这一造型在清代继续流行，如郎世宁画《乾隆帝观画赏古图》中的画案即与明代画案一脉相承（插图3-446）[264]。但从传世实物看，清代设云头纹牙头的案桌在云头制作上出现了新变化的。如插图3-447康熙黑漆嵌螺钿平头案牙头两翼与牙条的间隙中添加小珠连接；插图3-448康熙黑漆嵌螺钿翘头案牙头两翼也镂挖出小珠。上述两案均为故宫藏品，前者为"康熙辛未年制"，后者为"康熙丙辰年制"[265]。至于为什么要在云纹牙头与牙条之间添加小珠，其根本的原因是清代云纹牙头的两翼与牙条之间的凹口镂挖得比明代深，从而为了增强牙头的牢度而添加了连珠。据此比照本画案的云纹牙头，显然存在着相同的状况，就其牙头两翼卷转镂挖的程度而言，则更比康熙时的案桌幅度大。这种变异是随着时间的推延发展起来的，故这张画案的制作年代要比康熙朝晚。由于其卷转深度过分夸大，与传统明式桌案云头造型的韵味过于偏离的花俏作风，我们有理由判断其为清代中期的作品。

>>> 插图3-445 明万历二十二年黄奇刻本《养正图解》中的画案

>>> 插图3-446 郎世宁画《乾隆帝观画赏古图》中的画案

>>> 插图 3-447　清康熙黑漆嵌螺钿平头案

>>> 插图 3-448　清康熙黑漆嵌螺钿翘头案

>>> 图3-116 清黄花梨云纹牙头翘头案

6. 清黄花梨云纹牙头翘头案（图3-116）

长126.2厘米、宽39.7厘米、通高86.2厘米。

该案面心用铁力木，通体光素圆润。牙条与牙头用材厚实，因边缘减地斜剔出灯草线，故中部隆起，使夹头榫安装时几乎接近边皮。腿间用横枨一根，横枨作驼峰状曲线。

这是一件小型翘头案，其使用功能可陈设文玩，或如明人高濂在其《遵生八笺·燕闲清赏笺》中所说："两旁翘起，用以搁卷。"该器轻巧典雅，置之书房、客厅也可起烘托环境作用。

这件翘头案的形制属明式家具的范畴。但明式家具历时数百年之久，那么它应属哪一时段制作的呢？鉴定一件家具的年代，我们既要从宏观上洞察其形貌，更要从微观上抓住其细部的变化，然后按照事物发展的规律作纵向和横向的排列、对比，这样才能得到科学的结论。就该条案来说，翘头、云纹牙头、圆直腿和单枨是其组合的基本要素。这些要素决定了它的个性和相应的时代性。在上述四要素中，翘头部位和圆直腿依然是传统样式，但云纹牙头和驼峰状单枨却出现了变异的成分。这就给我们在器物断代上提供了重要依据。

>>> 插图3-449 明万历黄奇刻本《养正图解》画案上的云纹牙头

>>> 插图 3-450 郎世宁画《乾隆帝观画赏古图》中的画案

　　云纹牙头是明式家具中无束腰家具常见的装饰，在明清绘画、版画和存世实物中时有所见，其形近似"如意"，前缘有波折，两侧有翼，传统样式可参见插图3-449明万历黄奇刻本《养正图解》和插图3-450清乾隆赏古图上的形象。而本器牙头如同倒置的蘑菇头，饱满无棱角，与上述图样比已是走形失约。家具中腿间所用枨子是一种具有力学和装饰作用的附件，清代中期以前的传统样式仅有直枨或罗锅枨之分，从未出现过如本器驼峰式波折的曲枨。这种驼峰式曲枨是清代后期出现的，它不但在案桌上使用，更多见的是在民间自清代晚期至民国时期的椅子搭脑上使用（插图3-451、插图3-452）[266]。为此，本案云纹牙头和驼峰状枨子是家具承传性中出现的变体，其制作年代不会早于清代中期。

　　这里还值得一提的是，这张小条案本被染成黑色，这是清代中期以后曾经出现的崇尚紫檀风气的产物[267]。物主的这一举措对判断该器制作年代也有一定的参考价值。

>>> 插图 3-451 民国时期驼峰搭脑靠背椅

>>> 插图 3-452 清代晚期驼峰搭脑南官帽椅

>>> 图3-117 明银杏黑漆平头案

7. 明银杏黑漆平头案（图3-117）

长24.5厘米、宽10.5厘米、高13.5厘米。

案用银杏木制作。面板独块，面心留白，周边髹黑漆，以象征大边和抹头结合的传统做工。牙条和牙头一木连做。牙条为壸门曲线，线条饱满流畅。四足外撇，腿间施双枨。

该案出土于上海宝山冶炼厂明成化年间的李姓墓。同出的家具明器还有罗汉床、衣架、六足盆架以及食案和条凳。其中案和条凳是组合使用的（图3-118）。这与上海地区其他明墓如中山北路万历年间的严姓墓（图3-119）和肇家浜路万历年间的潘惠墓（图3-120）随葬情况相同[268]。

明代的案用途十分广泛，但最多见的当是食案。食案用于餐饮，故无论家大家小，也不论贫富贵贱，它是居家必备用器，而且历久不衰，在传世绘画中尤为多见，如插图3-453为宋代《清明上河图》酒肆中食案与条凳使用情况；插图3-454为明周臣绘《春山游骑图》中店家使用食案情况；插图3-455、插图3-456是明刊本所绘明代家庭使用食案的例子。

明代食案从造型和结构看，与其他案形结体的家具区别不大。但由于其使用面广量大，另则食案的功能仅为饮食而做，故在审美或材质上的需求没有条案和画案的要求高。现从上海地区明墓出土的多件食案明器及明代绘画所及食案形象看，明代的食案至少有四个方面的特征：一是出土明器通体髹黑漆，这正印证了明人范濂在其《云间据目钞》中指出的"民间止用银杏金漆"做家具装饰的记载[269]；二是明代食案都用素牙头，不见云纹牙头。素牙头的造型扁阔，也就是横向阔度总是大于上下宽度；三是明代食案的牙板唯见直牙条或壶门牙条两种，它与明代所有案形结体的家具风格保持一致；四是明代食案绝大多数用圆腿。上述诸特征可加深我们对明代案形结体家具的认识，出土明器与传世绘画资料的互为印证，也正是我们研究古典家具的必要手段。

>>> 插图3-455　明万历钱圹王慎修重刊本《三遂平妖传》中的食案

>>> 图3-118　上海明成化李姓墓出土食案与条凳

>>> 插图3-456　明万历金陵陈氏继志斋刊本《双鱼记》中的食案与条凳

>>> 图3-119　上海肇家浜路明万历潘惠墓出土食案与条凳

>>> 图3-120 上海中山北路明万历严姓墓出土食案与条凳

>>> 插图3-453 宋代《清明上河图》上的食案与条凳（摹本）

>>> 插图3-454 明周臣绘《春山游骑图》酒肆中的食案与条凳

第四节、橱架类家具

　　橱架类家具是家具分类中的大器,其功能为储存物品。若按储存物品的性质来归类,则可分为橱柜和架格两类。橱在我国南方江浙一带传统习惯上有衣橱、碗橱和书橱之称。但其中贮存食物的碗橱,在北方历史上被称之为"立馈",事见宋沈括《梦溪笔谈·补笔谈》:"大夫七十而有阁,天子之阁左达五,右达五。阁者板格以庋膳羞者,正是今之立馈。今吴人谓之立馈为厨者,原起于此,以其贮食物也,故谓之厨。"橱本是储存食物的用具,出土资料告诉我们它源于庖室,如辽阳汉墓壁画中的庖厨图记录了一种庑殿式四落檐的厨房,在厨房旁边有相叠的板格,用以庋膳食,这就是我国历史上最早出现的橱的样式(插图3－457)[270]。四川汉画像砖上庖厨图也有相同内容(插图3－458)[271]。汉代的橱本为储食物所用,到了晋又衍生出书橱,如晋《东宫旧事》有云:"皇太子初祥,有柏书厨一,梓书厨一"。书橱发展到宋代时还出现了抽屉,宋周密《癸辛杂识》曾载:"昔李仁甫为《长编》作木厨十枚,每厨作抽替二十枚,每替以甲子志之"。抽替即今之抽屉。从上述史料看,橱从汉代用以贮食物,到宋代贮书而且增设了抽屉,这是一大发展。但是明代之前的史料上却没有用以贮衣物的。虽然宋代《耕织图》上已经出现了明代立橱的雏形(插图3－459),但汉代以来用以存衣物的仍是箱、箧、笥、筴等,即使到了明初朱檀墓出的大量明器家具中,也不见存放衣物的橱出现。由此可见,用以存放衣物的立橱是到了明代后期才出现的,而且从橱的发展情况分析,它必然是吸收了书橱的功能转化而来。

　　南方的橱北方称为柜,柜应是"馈"的后起字。但在江浙一带,人们对柜的概念则是一种低矮的用具,民间俗称为矮柜,卧室中好将箱子堆叠其上形成组合使用。其实从这种柜子的作用看,民间多放较贵重的物品,意义上有点像古代的"匮",故清人朱骏声《说文通训定声》中说"匮"字俗作"柜",即今柜字[272],此说似乎也有一点道理。橱柜并称已是今人的概念,但在明代编撰的《天水冰山录》

>>> 插图3－457　辽阳汉墓壁画中的庖厨图（摹本）

>>> 插图3－458　四川汉代画像砖上的庖厨图（拓片）

记述严世蕃籍设家产中，却用的是"厨"和"匮"⁽²⁷³⁾，可见柜与匮的内在联系是不可忽视的。

自古以来凡橱都设有门，无门者人们称之架格。架格是敞体，它可以陈设文玩古董，也可庋物。物之要者多见于书籍，所以架格多称为书架。古代架格也有安置抽屉的；有的下部装有橱门，北方匠帅则称其为亮格柜。若架格平面布列错落有致专为陈设用者，我们可称其为多宝格。不过这种陈设都是清代格调了。

橱是古代居家常备之物，它的使用率高，且置位后很少移动，故受地气侵蚀损坏率极高。目前我们已经很难从民间寻找到一件真正的明代遗物。上海博物馆虽未收藏明代衣橱，但从明墓中出土的衣橱明器却是用当地生产的榉木经缩比制作的，故在造型和工艺上为我们提供了明代衣橱的标准器。上海博物馆收藏的清代衣橱主要是来自清廷的朝服柜。柜门满雕云龙纹，其器形之大、雕刻之精在清代遗物中难得一见。上海博物馆收藏的架格都用黄花梨制作，而且还设有抽屉，其装饰也富有特色，它们都是现存传世明式家具中的精品。

>>> 插图 3-459　南宋翰林图画院《蚕织图》上的小橱

一、立橱

明清时期，橱是人们家居的重要器具，因为它体积大，藏物多，方便生活，故清人李渔在其《闲情偶寄》中说："造橱立柜，无他智巧，总以多容善纳为贵。"⁽²⁷⁴⁾明清时期的橱在造型和结构上可分为两类，一类被称之圆角橱，圆角橱使用的是立轴门；另一类为方角橱，它使用的是合页门。这两种橱式，前者属明式家具范畴，后者以明代宫廷中的漆木家具最典型，清式家具用硬木制作的立橱，即由此继承而来。

>>> 图3-121 明榉木立轴门圆角橱

1. 明榉木立轴门圆角橱（图3-121）

橱高23厘米。

该橱出土于上海肇家浜路明万历潘允征墓。橱的帽顶平板削成圆角，周边设上下对称的冰盘沿。橱足外圆内方且外撇。橱门设闩杆，面条上有扭头及吊环。橱门边框作剑脊棱并施压边线，用独幅板材在门框内侧打槽镶嵌做成。立橱下枨挑出，形成凸沿，与橱帽膨出部分对称。橱内设屉板一块，将空间分隔成上下层。该橱底枨下安素牙条和牙头。从整体形象看，立橱造型朴实，线条简练，收分与撇足明显，是一件典型的明代家具。

橱虽然在明清两代很时兴，但年代稍久远的橱是很难保存的，因为橱是大器，平时很少移位，四足着地受蚀程度一般要比其他家具严重。另一方面这种木轴门的橱，轴杆两头在臼内转动

>>> 插图3-460　湖北省博物馆藏明代绿釉陶橱

磨擦，天长日久磨损率极高，若以明万历至今计已达四百三十年，橱门开启若以早晚两次计，轴头与臼窝的磨擦就达三十余万次。故轴头的损坏和橱足的腐朽是立橱难以保存的根本原因。目前在没有过硬依据说明某一立橱是明代遗物的情况下，我们只得借助出土的明器和明版立橱形象加以分析和说明。

　　明代圆角橱主要有两种类型：一是双体式立橱，如插图3－460湖北省博物馆收藏的明代绿釉陶橱和插图3－461、插图3－462明王圻《三才图会》上绘制的橱样[275]；另一种是单体立橱，如上海潘允征墓出土的立橱和插图3－463明代图版上绘制的橱样。上述立橱在造型和结构上的要素有以下四点：一是有的设柜堂，有的不设柜堂；二是有的撇足，有的直足垂直地面；三是有的橱足用方材，有的橱足外圆内方；四是橱门有采用格子门形式的，也有独板制作的。明代立橱的四点要素在清代依然存在，特别在清代前期的制作几乎照搬其样式，这是笔者经长期观察得到的认识。例如苏州西山镇清乾隆年间建造的"敬修堂"格子门腰华板上绘制的清代立橱，就与上海潘允征墓出土的立橱风格一脉相承（插图3－464），这是明式家具立橱中最通俗常见的一种橱式。

　　那么究竟如何来鉴识明清立橱呢？这确实是一个十分棘手的问题，因为立橱上一般不刻纹样，造型又是那么雷同。现在我们所能掌握的依据只能是观察其附件牙条和牙头的风格。综观明代家具，牙头造型有一个基本规律，即以短而阔为特色，直牙条家具，其牙头横向宽度均大于或等于牙条宽度，而且底枨下的阔牙头又往往出现的是矮足[276]。这一时代特征在本立橱上表现十分明显。相比之下，清代，特别是中期以后的牙头、牙条就不同了，插图3－465是苏州洞庭西山镇清咸丰五年建造的雕花楼内嵌壁立橱，其牙头、牙条等宽，而且牙条细长向下延伸；插图3－466柜格是清宫

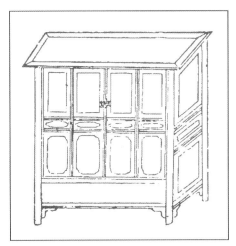

>>> 插图3-461　明万历王圻《三才图会》上的双体橱

>>> 插图3-462　明万历王圻《三才图会》上的单体橱

旧藏物$^{(277)}$，从其亮格圈口纹样作洼堂式云纹看，这是一件清代中期至中晚期的作品，然其底枨下的牙头显狭长，几乎接近地面了；插图3-467是北京市文物局收藏的一件铁力木五抹门圆角橱$^{(278)}$，从其变形格子门式橱门看，该橱应为清代作品，故其牙头和牙条的做工与前者一模一样。由此可见，不同时期的牙头和牙条造型是存在差异的（指定型期造型），这种差异应成为我们鉴识上的标尺。

>>> 插图3-463 明万历虎林容与堂刻本《水浒传》中的单体橱

>>> 插图3-464 苏州西山镇乾隆年建"敬修堂"格子门腰华板上的立橱

>>> 插图 3-465　苏州西山镇清咸丰五年雕花楼中的嵌壁橱

>>> 插图 3-466　清宫旧藏黄花梨柜格

>>> 插图 3-467　北京市文物局藏铁力木圆角橱

>>> 图 3-122　清紫檀雕云龙纹大方角橱

2．清紫檀雕云龙纹大方角橱（图3－122）

长159厘米、宽78厘米、高222厘米。

橱作四面平式，对开门，有闩杆。闩杆上备锁鼻和拉环。橱门与立柱之间用鎏金錾花铜合页开启。橱内有抽屉架，安抽屉两具。该橱用料厚实，体量特大，看面满雕五爪龙纹，当是宫内收藏御用冠袍、带履或寝宫帐帏的用器。

方角橱使用的是合页门。这种合页门家具最先在明代宫廷中使用，并大多以漆木装饰，如插图3－468所示[279]。历史进入清代以后，随着硬木家具的流行，宫廷家具材料选用贵重而又气派的紫檀木取代，在工艺上极重雕刻和镶嵌，以至于形成了具有皇家风范的清式家具。本橱的造型和装饰，就是清式家具中的典型器。

清代鼎盛期的龙纹，尽管毛发丛生有显苍老之嫌，但作为宫廷造作仍然能表现出张牙舞爪、力挽狂澜之势（见图3－122A、图3－122B）。本橱龙纹即如蛟龙出水翻腾于云海中，雕刻得出神入化，不失为清代中期的代表作。

>>> 插图3-468　明万历填漆戗金双龙纹橱

>>> 图 3-122A 橱门上的龙纹

>>> 图 3-122B 柜堂面板上雕饰的龙纹

二、架格

架格是简化了的立橱,它不用门和侧板,仅在四立柱间取横板将空间分隔成若干层,用以存放物品。古时人们常用来置书,故也可称之"书架"或"书格"。

明式架格是书房中的重要配备,一般高五六尺,宽窄不等,靠壁安置。明代架格隔板周围大多空敞;清代的架格除安抽屉外,每层间好设券口,或安栏杆,或安透棂,较重于装饰。上海博物馆收藏的架格除注重日用外,还在匠作上精心设计,其艺术形式已成为明式家具的典范。

>>> 图 3-123 清黄花梨品字栏杆架格

>>> 插图 3-469 明万历黄奇刻本《养正图解》中的架格

>>> 插图 3-470 明万历吴左千绘《屠赤水批评荆钗记》中的架格

>>> 插图3-471 明崇祯刻本《清凉引子》版画中的架格

>>> 插图3-472 明仇英、仇文合制《西厢记》上的架格

>>> 插图3-474 明崇祯金陵两衡堂刻本《画中人传奇》中的架格

1.清黄花梨品字栏杆架格(图3-123)

长98厘米、宽46厘米、高177.5厘米。

架格用方材,四面打洼,施委角线。隔板三层,上层之下安一对抽屉。抽屉面浮雕螭纹,不设拉手。三面设围栏,围栏用横竖木材攒成品字形棂格。栏杆与围栏之间加双套环卡子花。底枨下用宽牙条,牙条为壸门曲线,两端刻云纹,出尖处雕分心花。该架格稳重大方,装饰秀丽,是传世实物中难得一见的佳作。

过去人们对明式家具的认识,往往把用黄花梨制作且做工精美者看作是明代遗物,其实这在一定程度上是属于误解。明代的文人家具开创的是一种风格,这种风格揭示的文化底蕴着重体现了当时的文人意趣,那就是返朴归真,崇尚自然。所以,明式家具形成初期以简朴为时代特色,不少器物在造型、结构和装饰上尚不完善,还有待继续发展。就本文所述架格来说就是一则实例。明代的架格在明版图书上屡见不鲜(插图3-469、插图3-470、插图3-471、插图3-472),其造型除框架结构外,仅在其底枨下稍作花俏(插图3-

>>> 插图3-475 明万历黑漆洒螺钿描金双龙戏珠纹架格

473、插图3－474）。在清宫遗存的明代架格，也只在每格两端立柱间增设壶门券口（插图3－475）[280]。所以给人的直观感觉还是偏重实用。而本架格不但注重日用，在装饰上也下了功夫，隔板周围设品字围栏，抽屉看面精加雕刻，连每根线脚都施注面，繁简得宜，轻盈秀丽，真正做到了实用与艺术的统一。而这个完善过程却都是在清代完成的，因为围栏上使用的双套环卡子花是清代的产物；抽屉面上雕刻的以勾云纹为装饰的环体螭，也是清代才出现的纹样（图3-123A、图3-123B）。这一纹样的时代性很强，它不但是清代明式家具上的主体装饰，在清式家具上也时有应用，如北京市文物商店收藏的一件清中期紫檀高束腰带托泥的香几，其束腰和牙条上，就刻有同一风格的勾云纹环体螭（插图3－476）[281]。

>>> 插图3-473 明万历黄奇刻本《养正图解》中的架格

>>> 图3-123A 抽屉面螭纹

>>> 图3-123B 抽屉面螭纹

>>> 插图3-476 清紫檀高束腰香几上的勾云纹环体螭

>>> 图 3-124　清黄花梨网格纹后背架格

2．清黄花梨网格纹后背架格（图3-124）

长107厘米、宽45厘米、高168厘米。

架格设两层，三面为壶门式券口。上层原有三面小栏杆，现已脱落。后背用活销安装扇活。扇活为网状曲线，交接处饰以花瓣。架格的中部还安装抽屉两具。

这件架格稳重端庄，特别是后背网状纹棂格的配置，使该器端庄中更显秀气。此架格传世有年，凡研究者无不推崇备至，所以常将其作为明代遗物来看待。其实该架格是清代作品，其理由有以下三个方面：第一，扇活的做法如古代的窗棂，明代的窗棂多几何纹，明计成所作《园冶》上虽有将栏杆做成波纹式、梅花式、锦葵式的，但未举有网状式[282]。我们从制作难度看，梅花式、锦葵式较网状式为复杂，故明代做成网状式栏杆也是可能的。然必须指出的是，该扇活网纹交接点都用花瓣为装饰，就这一风格而言，唯在清代有见。笔者在安徽、江西考察古建筑时，明代窗棂线条简洁畅直，从不附加花俏；清代就不同了，窗纹样时兴曲折多变，在纹样交接部位，流行用各种花瓣装饰，花形有梅花、菊花、枣花等，花瓣有四瓣的、五瓣的，也有多层相叠的。为此该扇活的装饰风格无疑是清代作风，请参见插图3-477、插图3-478、插图3-479、插图3-480、插图3-481清代窗棂上的各种花瓣装饰；第二，该架格正面所作券口上下都使用了壶门曲线，明代牙条上的壶门线脚大多一波到头，偶有变化的线脚波折不多。而清代的壶门线脚常出现变体，如本架格一样，两端增加了无谓的波折，使原本畅达而富有弹性的线条变得繁琐曲折。如插图3-482安徽歙县大阜村潘氏宗祠清代栏板上所刻作的壶门曲线，也有同样的表现；第三，据架格原物主所言，该器上层似有三面栏杆，后脱落尚未补配[283]。若此说为实，那么架格更应是清代作品了。我国古代的栏杆最初出现在建筑结构的台座上，自辽至明代始见供桌上有移植，这在辽墓壁画和明版词话插图上都有反映[284]。但明代的架格上尚未使用围栏，至少现时还没有可靠的明代实物给予佐证。

>>> 图3-124A 后背网格纹

>>> 插图3-477 江西婺源思口乡思溪村清乾隆"孝友兼隆厅"窗棂上的花瓣

>>> 插图3-478 江西婺源思口乡思溪村清乾隆"承德堂"窗棂上的花瓣

>>> 插图3-479 安徽黟县西递村清康熙"大夫第"窗棂上的花瓣

>>> 插图3-480 安徽黟县西递村清咸丰三年"瑞玉庭"窗棂上的花瓣

>>> 插图3-481 江西婺源思口乡思溪村清雍正"敬序堂"窗棂上的花瓣

>>> 插图3-482 安徽歙县大阜村潘氏宗祠清代栏板上的壶门曲线

第五节　其他类家具

其他类家具是指其功能有别于上述四类家具,或在形制上有较大区别者。比如屏风是屏蔽器;镜架、盆架是梳妆用器;衣架用于悬挂衣物,它们都是生活起居中的另一类附属品,故当另归一类。其他类中的闷户橱,虽然也有台面和抽屉,但抽屉下有闷仓,它与桌、案不同兼有承置和储藏两种功能,故也属另类器。中国古典家具中的杂件很多,诸如香几、官皮箱、提盒、印盒、多承盘等亦在归属之中。本节则着重挑选出传世实物中时代性较强或艺术品位较高者,逐次介绍并阐明其特征和制作年代。

>>>　插图3-483　长沙马王堆一号汉墓出土彩绘屏风

>>>　插图3-486　五代王齐翰《勘书图》中的屏风

>>>　插图3-484　北魏司马金龙墓出土红漆屏风残片

>>> 插图3-485　唐吐鲁番阿斯塔那217号墓
出土六曲花鸟屏风

一、屏风

　　屏风在我国古代至少有三千年以上的历史。虽然人们难以获得早期实物，但在史料上记载甚明。考诸古籍有关屏风的资料，最早见之《尚书·顾命》，其云：" 设黼扆缀衣。" 孔安国传："扆，屏风，画为斧文，置户牖间。"《礼记·曲礼下》也载："天子当依而立。" 郑玄注："依本又作扆……状如屏风，以绛为质，高八尺，东西当户牖之间，绣为斧文也，亦曰斧依……天子见诸侯，则依而立，负之而南面以对诸侯。" 上述记载明确告诉我们，我国历史上的周代已有屏风，是用绢制作的，上绣十二章纹中的"黼"（斧）纹，天子南向以见诸侯，用以立于后背，以示等威。其实古代的屏风除了凭依示等威之外，其最大的功能莫过于挡风和障蔽视线，故它除了其实用价值外，还必然成为一种艺术品，因为"屏蔽"之具为人们提供的是一个最好利用的装饰空间。

　　目前我们能见到的最早屏风形象和实物主要有三处：一是1983年广州发掘的西汉南越王赵眜墓中出土的彩漆折叠式大屏风，该屏风为三面围屏，正背两面施黑漆，黑漆之上施彩画，总宽可达5米；二是1971年长沙马王堆汉墓一号轪侯墓出土的彩漆屏风（插图3-483），该屏风木胎，长72厘米，高58厘米。这件器物呈横矩形，底有两座足，屏面以彩漆描绘，正面为云龙纹，反面为几何纹；三是出土于山西大同北魏司马金龙墓中的红漆屏风[285]。这件屏风出土时，下有四个石雕墩子，屏面由几块漆板做成，已残（插图3-484）。每扇屏风高81厘米，宽40厘米，屏板上绘的是孝子烈女故事。从上述出土实物看，我国唐代之前的屏风尚处于初级阶段，为适应席地坐生活的环境，不但屏风形体较小，而且以漆木为主。至于汉魏文献上出现的所谓"云母屏风"、"琉璃屏风"、"玉屏风"等，无非是增加了一点镶嵌装饰罢了[286]。

屏风的发展自进入唐宋以后才起到了质的变化，这是由于人们的生活习俗已由席地坐转化为垂足坐，同时与其相适应的人文文化随着经济的增长也得到相应提高，故唐宋时期的屏风已成为家居生活中不可缺少的器具。其时代性表现在以下四个方面：第一，前朝惯用的漆木屏风逐渐被淘汰，自唐代始纸做屏风日益增多，唐代诗人白居易的《素屏谣》就有"木为骨兮纸为面"之句。木骨纸糊屏风尤受时人欢迎，因为它比较轻便实用，用则设之，去则收之；第二，唐宋时期的屏风在结构上的变化更大，首先是屏体增高、屏扇增多（插图3－485、插图3－486、插图3－487），其次是屏风底座由墩子形式改为桥形底座，并设立抱鼓形站牙（插图3－488、插图3－489）；第三，这时屏风画的题材已不拘泥于历史故事、贤臣、烈女等内容，转而为世俗欢迎的山水、花鸟画，唐诗中常有吟咏这种画屏的诗句，如"金鹅屏风蜀山梦"、"故山多在画屏中"、"画屏金鹧鸪"等[287]。那些为说教而设计的历代臣事史迹，仅保留在宫廷屏风上，供皇帝或臣子们引为楷模；第四，唐宋时期的屏风应用广泛，故种类也随之增多，如河南白沙宋墓壁画中夫妻对坐形式的一桌两椅，其各自后背均设置立屏，这是宋代贵族出现的一种时尚（插图3－490）[288]；现藏台北"故宫博物院"的宋王铣《绣栊晓镜图》上，床榻的一端立有小屏，这就是宋人卧榻用以挡风的枕屏（插图3－491）；据宋人赵希鹄《研屏辨》记载，北宋时期的苏东坡、黄山谷等人为刻砚铭以"表而出之"，还创制了更小的砚屏。

唐宋时期社会经济的繁荣使之与其相适应的家具配备也越来越齐全。对于屏风来说，至迟到南宋其样式和结构已基本定型。明清时期的屏风只是在此基础上的进一步完善。要说变化，明代的屏风在较多接受传统风格的基础上，装饰工艺更加多样化；清代家具中的屏风则向豪华、富丽发展，就其质地来讲，瓷、玻璃、珐琅、染牙、百宝嵌、剔红等应有尽有。特别是置于厅堂上的大型座屏风，常常是不惜工本和手段来突出其皇家气派。为此

>>> 插图3－487 宋《十八学士图》中的屏风

>>> 插图3－488 五代《韩熙载夜宴图》中的屏风

我们可以给予这样的评价:清代的屏风其装饰功能大于实用功能,已成为中国古典家具中最具表现手段的艺术品。

>>> 插图3-491 宋王诜《绣枕晓镜图》上的枕屏

>>> 插图3-489 宋《十八学士图》中的屏风

>>> 插图3-490 河南白沙宋墓壁画中的屏风

>>> 图3-125 明紫檀镶云石笔屏

1．明紫檀镶云石笔屏（图3－125）

底座长１７厘米、宽８厘米、高２０厘米。

笔屏出土于上海宝山月浦明万历朱守城墓[289]。朱守城生前
酷爱艺术，死后随葬大量艺术品，如洒金扇二十三把，紫檀笔筒、端
砚、镇纸、印盒以及朱小松竹刻香熏等。这些随葬品都是墓主生前书
斋中的日用器。

该笔屏由两部分组成，一为屏蔽所用屏风；另为用作插笔的微
形长方桌。屏风用紫檀作框架，屏心镶云纹大理石，枨子下作壶门卷
口。经缩比的长方桌有束腰，牙条和腿足施压边线，足端为矮马蹄。
该长方桌桌面开五个小孔，与屏风底座上的孔窝对称，内可插笔。笔
屏底座下底挖缺做，留四角作支点。

屏风的制作在宋代已相当成熟，其大者可分隔室内空间，小
者则为文房案头用品，而且经雕琢或镶嵌制作而成的桌屏、砚
屏、笔屏，已成为书斋中的雅器，深得文人赏识。该笔屏为插笔
之具。据明文震亨《长物志》记载，早在宋代宫廷内务府已用玉
花版和旧大理石制作笔屏[290]。明代的高濂在其《遵生八笺》中
也提到，宋人制作笔屏"有大理旧石，俨如山高月小者，东山月

上者，万山春霭者，皆余目见，初非扭捏，俱方不尽尺，天生奇物"[291]。以此可知，早在宋代人们就好用大理石制作笔屏。这是因为该石富含有色矿物质，能呈现纹层、晕带、条团状聚集罗列，幻化成波诡云谲般奇丽图画，故深得文人雅士之青睐。另一方面，这种天然景趣，在"似与不似"的虚幻之中，更能赋予人们无限的憧憬和遐想。

朱守城墓出土的这件笔屏，所取云石洁白，山峦突兀强烈，线条墨化清晰，当属意境中的上品。在屏心旁侧以桌形为插座，更是一种别出心裁。该屏通体以黝黑的紫檀制作，使材质与屏心形成强烈反差，故其艺术效果也是值得称颂的。

明代笔屏全国出土唯此一件。我们也由此真正见到了明代笔屏的风格。至于用作笔插的长方桌，其束腰、灯草线以及矮马蹄的样式，也是我们能得以借鉴的重要资料。

>>> 图 3-125B 侧面　　　　　　　　>>> 图 3-125A 背面

>>> 图3-126　明楠木彩绘嵌螺钿瑞兽纹围屏

2. 明楠木彩绘嵌螺钿瑞兽纹围屏（图3-126）

　　单扇宽77厘米、高184厘米。

　　围屏四曲，间用铁销相连。除龙凤、瑞兽及线脚为泥金外，通体用红、绿两色彩绘。屏扇六抹，除第二、三抹间透空外，其余抹头间均镶绦环板。绦环板由上至下分别雕琢龙纹、凤纹、瑞兽纹及莲纹。底抹下作壶门牙条。屏风的立柱和抹头上，饰龙凤纹，纹样对称排列，并用两端出尖的团云纹作间隔。绦环板上刻作的卷叶纹，其波折状的边沿起灯草线并涂金，叶瓣着绿彩。屏腰卜裙绦环板制作十分考究，外框镶嵌螺钿，框内为柿蒂纹开光，开光外围刻填绿彩的卷叶纹，开光内透雕龟背纹地，上浮雕狮、鹿、麒麟等瑞兽。该屏风八足，足端有铜护套，故保存尚好。

　　这件围屏传世有年，故绿彩经多次涂抹已呈墨绿色，用作填色的红彩也已深淡不匀。古代传世家具用红绿两色彩绘的作品罕见，所作卷叶纹其边沿起灯草线并线脚涂金者更未有见。这种工艺既不见于宫廷家具，也不见于硬木家具，而在明代的民间建筑装饰上却能找到同一手法。笔者在安徽休宁县考察民居时，在明嘉靖年间建造的"金舜卿宅"中，其窗棂镶嵌的绦环板所采用工艺手段与本器几乎一模一样（插图3-492）。由此，对这一装饰手法的时代得到确认，这件彩绘屏风应当是明代后期遗物。

　　为了进一步确证该屏风的制作年代，我们还可从其他方面找到论据。

>>> 图 3-126A 绦环板上的龙纹

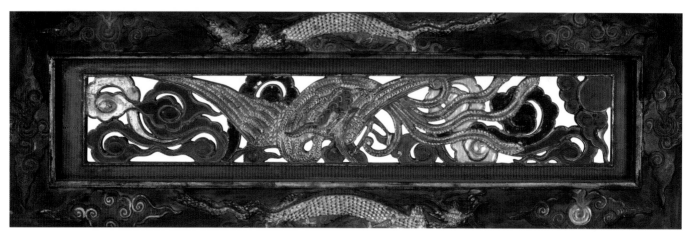

>>> 图 3-126B 绦环板上的凤纹

>>> 图 3-126C 绦环板上的莲纹

（1）屏风所刻龙纹造型均非清代特征，如体态非蛇身而是兽身；其爪三趾，为骑马钉式排列，这些是早期兽身龙的风格。而龙首头发上冲前飘，龙尾为小芭蕉叶状，龙须又那么短促，这样的组合显然是明代中、后期作风。

（2）明代云纹的造型时代性很强，在石刻栏杆或空间受到限制的地方，人们好用两端出尖的团云纹表示，如云南昆明明万历金殿石栏杆（插图3－493）^{（292）}和安徽歙县明万历许国牌坊上（插图3－

插图>>> 插图3-492 安徽休宁明嘉靖"金舜卿宅"中的彩绘窗棂

>>> 插图3-493 云南昆明明万历金殿石栏杆上的云纹

>>> 插图3-494 安徽歙县明万历许国牌坊上的云纹

>>> 插图3-496 龙泉窑明代缠枝叶瓣波折特征

>>> 插图3-497 四川武平明王玺墓出土盆花叶瓣波折特征

>>> 插图3-495 清宫旧藏明代斗彩瓶叶瓣波折特征

494），就有与其造型相同的云纹。这种两端出尖的团云纹，是明代二支云的变体，有较明确的时代性。

（3）凡镶绦环板的边框，明代做工好用剑脊棱或洼面线脚，这是笔者二十余年从事明墓发掘出土器物上获得的信息。这一情况在家具或者建筑上也有反映。

（4）明代卷叶纹之叶瓣造型，其边沿好用波线勾勒，这是区别清代作品的又一例证。如插图3-495、插图3-496为瓷器上的纹样，插图3-197为砖雕上的纹样。

（5）本器第二与第三抹头之间留出的空间，是时人匠心所在，以笔者愚见当为另一种装饰，如嵌入绢帛类画作以增秀色。在明崇祯刻本《金瓶梅》插图上，有一幅庭院宴饮图（插图3-498），其桌旁设六曲围屏，屏扇的上部也留有一透窗，窗的方框内似用画作嵌入，显然这一形式与本器结构有相似之处。

（6）这种六抹头屏扇形式，唯在明代家具中能找到其相同的结构，如清宫旧藏明万历"填漆戗金云龙纹立柜"的合页门和其绦环板上被称之"菱花式开光"[293]，就与本屏扇的造型相一致。

>>> 插图3-498 明崇祯刻本《金瓶梅》上的六曲围屏

3．清紫檀雕云龙纹嵌玉石座屏风（图3-127）

横宽375厘米、通高280厘米。

这是一件大型座屏风，通体用紫檀木制作，在工艺上集雕刻、镶嵌和彩绘于一体，是清式家具中的典型作品。

屏风由五扇组成，每扇用抹头分隔出四块。正中一扇其上下绦环板浮雕正面龙，龙首为正视，张口凸目，龙发四飘，曲身舞爪，显示了其强悍威慑之貌。两旁屏风上下绦环板均为相向侧面龙，昂首挺胸，鹰式爪刚劲有力。整个屏风的龙纹均用高浮雕地滚云烘托，突出了这一皇权象征物在云雾缭绕中的升腾之势。该屏正面中段为黑漆地嵌玉石装饰，使用了玛瑙、珊瑚、绿松石、青金石、祥南石、色玉和鸡翅木等材料，以其不同的色泽组合成自然景观，有玉兰、梅、菊、灵芝、湖石及各色蔬果。花间成对喜鹊或翔飞或伫立枝头，画面在黑漆地的衬托下艳丽夺目，春意盎然，给人带来盛世之年勃发向荣的感觉。该屏风的背面亦有装饰，每扇上下依然高浮雕地滚云，中部黑漆地彩绘梅、兰、竹、菊。这座屏风的须弥座用变形的仰覆莲装饰，用料宽绰，线条挺拔，造型敦实庄重，从而使屏风与屏座之间的结合融为一体，体现了屏风自身结构上的科学性与和谐美。

清代象征王权统治的座屏风，是清式家具中的大器，其性质非王属不能应用，使用时常置于殿堂中央位置，借以渲染环境。由于它有着示等威的特殊意义，这种屏风都由清宫造办处集全国各地能工巧匠，不惜耗费财力物力精心设计和制作的。

>>> 图3-127　清紫檀雕云龙纹嵌玉石座屏风

>>> 图 3-127A

>>> 图 3-127B

4.清紫檀贴木画插屏式桌屏(图3-128)

>>> 图3-128 清紫檀贴木画插屏式桌屏

横宽78厘米、通高68.5厘米。

该屏风底座作骑马钉式墩子,墩子立柱上半部内侧开凹槽插入屏框,柱旁镶云纹站牙。屏座看面绦环板上为拐子纹和系环纹装饰。披水牙子上浮雕双线勾云纹。屏心贴木染色,画面景观层次分明,远眺山峦突兀,云烟缭绕,隐约有楼阁依山而建;近处溪水横流,小桥、庭园、水榭、书斋错落,加上名木、芭蕉点缀其间,显然是一幅意境深远的古代文人画。

桌屏是明清时期十分流行的家具,无论客厅、书房或店肆中常有设置。如明代《金瓶梅》版画中就常见其身影,有置于厅堂作装饰的(插图3-499);有置于柜台点缀环境的,如插图3-500桌屏前还配一花插;插图3-501则立一屏于帐台前,用以障蔽顾客视线。在明代文人画中,桌屏更作为文房用品而深得文人喜爱,作为案头陈设亦常见于绘画中(插图3-502)。

上海博物馆收藏的桌屏品类较多,就屏心质地来说,有嵌云石的、画珐琅的、青花瓷板的多种,而唯独用贴木造景者仅此一件。这种工艺唯清代有见,但传世不多,故今作要例介绍。

>>> 插图 3-499　明崇祯刻本《金瓶梅》版画中的桌屏

>>> 插图 3-500　明崇祯刻本《金瓶梅》版画中的桌屏

>>> 插图 3-501　明崇祯刻本《金瓶梅》版画中的桌屏

>>> 插图 3-502　明谢环《杏园雅集图》上的桌屏

>>> 图 3-129　清紫檀黑漆嵌螺钿山水亭阁砚屏

5．清紫檀黑漆嵌螺钿山水亭阁砚屏（图3－129）

横宽13厘米、通高15.8厘米。

该屏作骑马式墩座，上立瓶形站牙，绦环板落堂做，披水牙子作壸门曲线。插屏方形，边框锼出洼面线脚。屏心用五彩软螺钿拼合成秋景图，投光其上，远处山峦突兀，近处碧波涟漪，湖岸凉亭耸立，旁侧枫叶满枝、绿草茵茵，其闪烁缤纷的效果，诚如《髹饰录》所描述的"壳色五彩自备，光耀射目"。

在中国历史上，早在七千年之前的浙江河姆渡文化和距今五千余年的上海崧泽文化中，就已使用了天然漆。由于漆器的使用，嗣后便引申出嵌螺钿的制作工艺。考古发现漆器上镶嵌螺钿为装饰，在周代已经流行，至唐代时已相当成熟，如河南省陕县后川唐墓中出土的嵌螺钿云龙纹漆背铜镜和河南洛阳出土的嵌螺钿花鸟人物漆背铜镜都已十分精美[294]。但从螺钿漆器的传统工艺来看，我国元代之前的螺钿加工较厚，被称为"硬螺钿"。由于硬螺钿取材钿螺、老蚌、玉桃、车螯等略具虹彩色泽并不浓艳的材料制作，故呈色较单调，有白色的，也有微黄的，宜镶嵌在简单图案或大件器物上。我国古代螺钿漆器真正进入高级阶段，则是从软螺钿开始的。明代著名漆工杨明在为《髹饰录》作注时指出："壳片古者厚，而今者渐薄也。"此所谓今者，当是注者生活的明代。其实从考古发现看，我国历史上的软螺钿漆器是从元代开始的。现今所见最早的薄螺钿使用实例为元大都遗址出土的"广寒宫图黑漆盘"残片[295]，这件作品所用螺钿当是取用色泽浓艳的鲍鱼壳之类，故色彩丰富，光泽强烈。薄螺钿漆器自元代出现后，一直作为螺钿工艺的主流发扬光大，特别到了清代，用软螺钿嵌漆的装饰工艺成为工艺美术中的一朵奇葩，人们能充分运用螺钿内彩外发，随视线和光照变化而呈色变幻的特点，镶嵌各种复杂图案。上海博物馆收藏的这件软螺钿漆屏，取景复杂，用材极薄，呈色斑斓，嵌法完全达到了我国现存唯一的古代漆工专著《髹饰录》所言"百般文图，点、抹、钩、条，总以精细密致如画为妙。又分截壳色，随彩而施缀者，光华可赏"[296]的艺术效果。

这件作品小巧雅致，因它置于桌案，常与砚、墨为伴，故俗称为砚屏。其实从广义上来说，它是清代文房用器，是供人赏心悦目的艺术品。

二、面盆架

面盆架在我国历史上形成于何时已很难查考了，但至少在垂足坐普及的宋代，它的形象已在宋、辽、金墓葬壁画上大量出现。从古代壁画和出土明器观察，最初的面盆架是独立存在的，它不与巾架合体，这一现象一直延续到明代。其实例颇多：如插图3－503为河南禹县白沙宋墓中的壁画，画中有女子对着镜子正在梳理头发，在婢女的身后就绘有各自独立的盆架和巾架[297]；插图3－504为山西大同辽墓壁画中的盆架和巾架形象[298]；插图3－505是山西大同元代冯道真墓出土的盆架和巾架明器[299]；插图3－506为明初朱檀墓出土的盆架和巾架；图3－130为明万历上海潘允征墓出土的盆架和巾架。从上述资料看，盆架和巾架的分体使用自宋代以来一脉相承。那么历史上何时才将盆架和巾架的功能合为一体呢？从现有的出土资料或文献记载看，它发生在明代晚期，明万历刻本《鲁班经·匠家镜》最先在史料上记录了这种合体形象，同时在明墓中也出土了大量被称为高足面盆架的洗漱用具，这在苏州的王锡爵墓和上海地区的明代晚期墓葬中几乎都有发现。

>>> 插图3-504 山西大同辽墓壁画中的盆架、巾架

>>> 插图3-503 河南禹县白沙宋墓中的盆架、巾架

高足面盆架是矮盆架与用于搭放毛巾的巾架合为一体的总称。其基本结构是盆架六足,前四足短,后两足向上延伸,上可设中牌子和搭脑。高足面盆架的出现是该类家具发展史上的一大进步,因为它既方便实用,也减少占地空间,若从艺术角度讲,高足面盆架的美化着眼点更强烈,人们尤好在中牌子上施以雕刻,在搭脑两端作各种形式的圆雕。为此,明代晚期高足面盆架一经出现,就显示了无限的生命力,进入清代以后不但流行,还取代了传统的巾架。

上海博物馆收藏用黄花梨制作的高足面盆架两件,一件中牌子斗簇成锦地纹图案,十分素雅(300);另一件中牌子雕刻"麒麟送子"吉祥图,纹样虽属喧炽、甜俗,但其匠作手段却是明式家具中的精品,在传世实物中至今尚未见复品。

>>> 插图3-505A 山西大同元代冯道真墓中的盆架

>>> 插图3-506 明朱檀墓出土的盆架和巾架

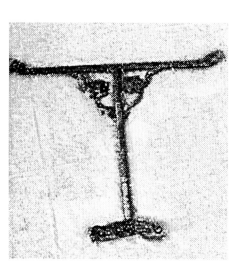

>>> 插图3-505B 山西大同元代冯道真墓中的巾架

>>> 图3-130 明潘允征墓出土的盆架和巾架

>>> 图 3-131A

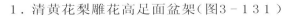

>>> 图 3-131B

>>> 图 3-131 清黄花梨雕花高足面盆架

1. 清黄花梨雕花高足面盆架(图3-131)

径60厘米、通高176厘米。

盆架搭脑圆雕龙头,搭脑以下空间内安壶门券口,外侧挂牙锼
雕螭纹。中牌子嵌装透雕"麒麟送子"花板。盆架通体用圆材,矮腿上
端雕仰莲望柱。

高足面盆架形成于明代晚期,从出土实物和有关史料看,它有三种结构形式:一种为四柱单杆式(图3-132、图3-133),这是一种较为简便的造型,它是由前朝十字墩单杆巾架或衣架演变而来;第二种为四柱双杆式造型(插图3-507),它仅见于《鲁班经》之载录,未见传世实物;第三种为六柱双杆式造型(图3-134、图3-135、插图3-508),这种造型的盆架在明代晚期很流行。其特色是可在中牌子上施以简练雕饰,如云纹(插图3-508)、海棠式开光(图3-134)、万字纹(插图3-507)等。在搭脑上的装饰好用灵芝纹(插图3-508)、花苞形(图3-134)[301]、鳝鱼头形(图3-135)等。六柱双杆式盆架自进入清代以后,除保持其明式框架结构外,在装饰上则日臻工巧和繁缛。特别在中牌子、搭脑和挂牙的装饰上有了更大发挥,清代民俗风情中的吉祥题材和吉祥图案常被利用。为此,鉴别这类高足面盆架的制作年代是明或清,其纹样题材和雕刻风格具有鲜明的时代性。就本器而言,我们可从以下三个方面着手。

(1)家具搭脑两端圆雕龙首的做法,清代之前唯见宫廷宝座有其使用,在明式家具中是没有先例的。而在清代随着龙纹的进一步世俗化和民间工艺的发展,龙纹的使用始有创新,但大多

>>> 插图3-507 明万历刻本《鲁班经》版画上的盆架

>>> 图3-132 上海明万历严姓墓出土的盆架

>>> 图3-133 上海明万历严姓墓出土的盆架

以图案化形式出现，故常常是不具备时代形象规律的作品。本器的特征是，龙首唇部上颚翘起明显，龙的嘴角开口较深，这就带有唐宋时期龙纹的特征；再观其眼球凸起如虾米，龙发上冲前飘，眉额毛发作锯齿状，额头如馒头形隆起，口中还含有宝珠的这一形象，已决非是明代之前龙首的造型了。这种集不同时代特征于一体的自由做法，在清代艺术品中是常见的。

（2）这件高足面盆架雕饰最为繁缛的是其中牌子上的"麒麟送子"图。图样刻画的是一位身穿命服的童子骑在麒麟身上，左手握麟角，右手抓一枝干，枝干上长满果子，以象征"送子"的画意。这是一则清代流行的民间俚俗，其起因与麒麟的性质和佛教中的"莲花生子"有关。麒麟在我国历史上一向被看作是仁兽，清人段玉裁《说文注》指出："麒麟状如鹿，一角，戴肉，设武备而不为害，所以为仁也。"《宋书·符瑞志》亦云："一角兽，天下太平则至。"有关麒麟为仁兽的记载，在我国古代文献上屡见不鲜，这一祥瑞之兽发展到清代时，民间便将其能给人带来吉祥的善行与子嗣联系起来，并掺入了佛教故事中的"莲花生子"内容，而臆造出"麒麟送子"图。"莲花生子"的佛教故事出于《杂宝藏经》，我国敦煌石窟初唐时期的３２９窟就绘有这

>>> 插图 3-509 敦煌 329 窟初唐 "莲花生子" 图

>>> 图3-134 上海明万历潘惠墓出土的盆架

>>> 图3-135 上海明万历严姓墓出土的盆架

>>> 插图 3-508 苏州明万历王锡爵墓出土的盆架

一题材的写实形象(插图3－509),嗣后唐代以后的历代瓷器、铜器、玉器上常有孩童持荷的图样(图3－136、图3－137、图3－138、插图3－510、插图3－511)[302],民间俗信荷莲为多子植物,孩童持荷可达化生。这一观念发展到清代时,持荷童子便与乐于善事的麒麟融为一体,以至成为民间年画的重要题材。常见的有江南彩绘"麒麟送子"图(插图3－512、插图3－513)[303]、北方木刻"麒麟送子"图(插图3－514)[304],其至连民间蓝印花布上也印有此图样(插图3－515)可见这一民间风俗画在清代流行之广。本器中牌子上的木雕"麒麟送子"图,正是这一时代潮流的产物。

(3)还必须指出的是本器搭脑下挂牙雕琢的螭纹造型,已是清代中晚期风格了,螭首已脱离传统的兽首形象;四肢尚在,但已无趾爪;尾巴作多道分支,形同卷叶。该螭纹所出现的变异状态,与南京市清嘉庆年间建造的甘熙故居中保存的砖雕螭纹风格相同(插图3－516),从而由其螭纹核准,这件高足面盆架的制作年代不会早于清代中期。

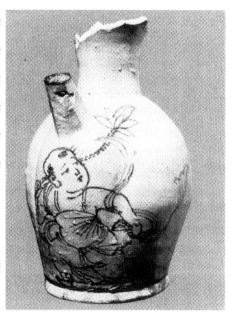

>>> 插图3-510 唐代长沙窑婴戏壶上的持荷童子

>>> 插图3-511 河南禹县出土南宋磁州窑罐上的持荷童子

>>> 图3-137 上海博物馆藏南宋青铜镜上的持荷童子

>>> 插图3-515 江苏南通民间蓝印花布上的麒麟送子图

>>> 插图3-516 南京清嘉庆年间建刘芝田故居砖雕上的螭纹

>>> 图3-138　上海博物馆藏明代地宫出土的持荷童子

>>> 图3-136　上海博物馆藏宋代玉雕持荷童子

>>> 插图3-512　江南民间年画中的麒麟送子
图

>>> 插图3-513　江南民间年画中的麒麟送子图

>>> 插图3-514　山西民间木版
画中的麒麟送子图

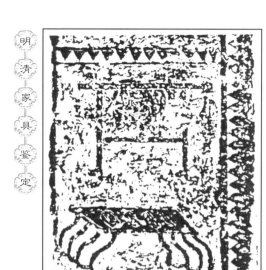

>>> 插图3-517 沂南汉画像石上的衣架

三、衣架

衣架是搭衣用具，故它不受坐姿制约。考古发现它早在汉代画像石中已有其使用的身影（插图3-517）[305]。衣架在汉代称为衣桁，《礼记·内则》则称为"椸枷"，而在内蒙古托克托东汉闵氏墓壁画中，又称此物为"衣杆"，这当是汉代地方上的另一种俗称[306]。

衣架自汉代问世后，一直延续到清代仍有使用。若从器形发展看，衣架从最初的仅供日用到日用与艺术相结合，主要出现在宋、明两代。现有资料显示宋代的衣架虽然仍十分简洁，如插图3-518为河南禹县白沙宋墓壁画中的衣架、插图3-519为山西大同辽墓壁画中的衣架、插图3-520为江苏淮安宋墓壁画中的衣架，但与汉代画像石上的直杆衣架相比，已在搭脑两端增加了花俏，搭脑与立杆之间增加了角牙。而在搭脑下增饰中牌子的现象，是到了明代中期以后出现的。明万历《鲁班经·匠家镜》上曾记载明代"雕花式"衣架有"中绦环三片"，即指中牌子上嵌装三块绦环板的雕花衣架。今能与史料相印证的是，上海博物馆藏有一件明代中晚期墓葬出土的陶质绿釉衣架，其中牌子即有三块雕琢麒麟纹样的绦环板（图3-139）。明代的中牌子除了雕刻各种花纹外，较流行的是好用象征吉祥的万字纹装饰，不但《鲁班经·匠家镜》上载其图样（插图3-521），江苏苏州明万历王锡爵墓中也出土了同样的衣架（插图3-522）。

衣架发展到清代时已是接近尾声了，一方面随着服装的变革，这类传统衣架的功能日渐衰微；另一方面西式衣架的传入也带来了冲击。但我们从传世清代衣架看，虽然随潮流的影响数量逐渐减少，但其质量却丝毫没降低，相反，其选料与做工更为考究，上海博物馆收藏的清黄花梨透雕凤纹衣架，就是一件非常典型的实例。

>>> 插图3-519 山西大同辽墓壁画上的衣架

>>> 插图3-520 江苏淮安宋墓壁画上的衣架

>>> 插图3-518 河南禹县白沙宋墓壁画中的衣架

>>> 图 3-139　上海博物馆藏明代中晚期墓出土的陶衣架

>>> 插图 3-522　苏州明万历王锡爵墓出土的衣架

>>> 插图 3-521　明万历《鲁班经》上的衣架

>>> 图 3-140　清黄花梨雕凤纹衣架

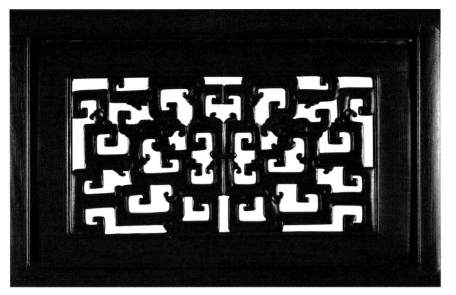

>>> 图3-140A 中牌子上透雕拐子凤图案

>>> 图3-140B 云纹墩子及变体蕃莲纹站牙

1.清黄花梨雕凤纹衣架（图3-140）

底座长176厘米、宽47.5厘米、通高168.5厘米。

衣架用厚木做骑马钉式墩座，上植立柱，用站牙抵夹。两墩之间用棂格连接，以增加宽度可置鞋履。中牌子三块透雕凤纹。搭脑两端出头，雕翻卷的花叶。立柱与搭脑交界处都有雕花挂牙和角牙支托。

这件凤纹衣架流传有年，因其雕工精美保存甚佳，故在外国人编写的图籍中早已有收录[307]。但是长期以来人们将其制作年代判断为明，这是有待商榷的，因为该作品的结构和雕刻纹样，均具清代的特征。

衣架发展到明代时已成为人们生活起居必不可少的用器，故其使用十分普遍，不但明墓中作为明器常有随葬，更在明版戏曲、小说、词话插图中屡见不鲜。综观明代的衣架主要分为素衣架和雕花衣架两类。素衣架中可分为单杆式和双杆式两种，单杆式衣架即如图3-141所示；双杆式衣架出土明器中最多，如图3-142、图3-143、图3-144、插图3-523。在明版插图中，凡起居场合则常有陪伴，其形式如插图3-524、插图3-525、插图3-526、插图3-527所示。明代的雕花衣架主要是指带中牌子装饰的。到目前为止，真正有年代可考的明代传世雕花衣架已很难寻觅，我们现在只能从明墓发掘中获得若干信息。综观明代的雕花衣架所饰中牌子有下列几种：一为苏州王锡爵墓出土的攒接万字纹；二为上海博物馆收藏的明陶质绿釉绦环板雕麒麟纹（图3-145）；三为河北阜城明廖纪墓出土的绦环板开海棠式透孔（插图3-528）[308]；四为山东招远明墓和河北石家庄陈村明墓出土的菱形开光内刻圆花瓣形装饰（插图3-529、插图3-530）[309]。所饰站牙的造型也有两种：一为鼓墩形站牙，如图3-145所示；二是瓶形站牙，如插图3-528所示。我们从上述中牌子和站牙装饰看到，明代的雕花衣架直观形象较为简朴。中

>>> 图3-141 上海明成化李姓墓出土衣架

>>> 图 3-142　上海明成化李姓墓出土的衣架

>>> 图 3-143　上海明万历严姓墓出土的衣架

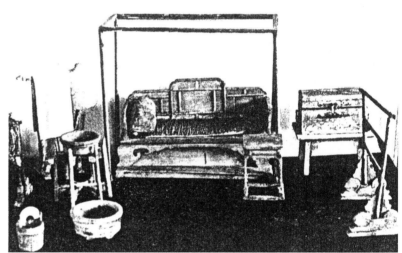

>>> 图 3-144　上海明万历潘惠墓出土的衣架

>>> 插图 3-523　山东明洪武朱檀墓出土的衣架

>>> 插图 3-524　清顺治方来馆刻本《万锦清音》中的衣架

>>> 插图 3-525　明万历草玄居刻本《仙媛纪事》中的衣架

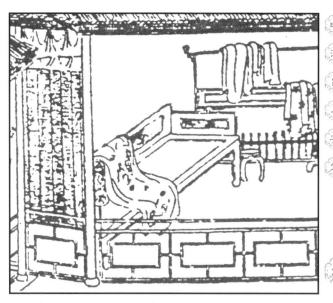

>>> 插图 3-526　明万历武林香雪居刻本《西厢记》
中的衣架

>>> 插图 3-527　明崇祯刻本《金瓶梅》中的衣架

>>> 插图 3-528　河北阜城明廖纪墓出土的陶衣架

>>> 插图 3-529　山东招远明墓出土的陶衣架

>>> 插图 3-530　河北石家庄明墓壁画上的衣架

>>> 图 3-145　上海博物馆藏明墓出土陶绿釉衣架

牌子好用攒接万字纹和开海棠式透孔为装饰；绦环板上好用吉祥动物或花瓣为纹样。至于站牙的形式，以敦实为主，重视牢度而不注重花俏。而所用万字纹、麒麟兽、海棠式透孔和鼓墩形座，正是明代其他种类的家具和房屋建筑上最常见的装饰。

本衣架在造型和装饰上与明代作品风格完全不同，纹样追求繁缛与花俏是其最大特点。突出之处有四点：一是搭脑两端挑头圆雕翻卷的花叶纹，纹样堆砌，不似明代简洁明朗；二是其中牌子雕拐子凤，形体方折繁复，且多转珠装饰。这种纹样唯清代家具有见，而且是从房屋建筑装饰移植而来，笔者在考察古建筑时，曾收集大量资料可予以证实，如插图3-531安徽黟县西递村清雍正"东园"拐子纹门罩[310]、插图3-532西递村清康熙"笃敬堂"窗栏[311]、插图3-533江西婺源理坑清道光"云溪别墅"挂檐拐子凤雕刻[312]、插图3-534湖南芷江县天后宫清中期栏板上的拐子龙等[313]，这种拐子式龙凤纹样在清代中期最流行，甚至连碑刻边框亦用此纹装饰，如插图3-535为首都博物馆藏《乾隆石经》上的刻纹；三是该衣架站牙用透雕手法做勾云纹式卷叶，这种造型和作风与清代中期流行的西蕃莲风格一致（图3-146），这就是中式化的蕃莲纹，其飞牙形式在清代家具上时有应用。

这件衣架除纹样的时代性较明确外，在造型和结构上也有可鉴别之处，首先是在其墩座跼背下出现了清代流行的方云纹注堂肚；其次是墩座间增设了窗棂式托木，其上可置鞋履，这些做工在明代衣架上是见不到踪迹的，为此，该衣架属清代作品无疑，而且从其制作工艺看，应是清代中期遗物。

>>> 插图3-532 安徽黟县西递村清康熙"笃敬堂"窗栏木雕

>>> 插图3-531 安徽黟县西递村清雍正"东园"拐子纹门罩

>>> 图3-146 上海博物馆藏清式扶手椅靠背板上的蕃莲纹

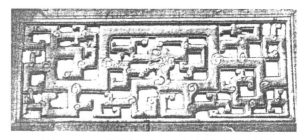

>>> 插图3-535 首都博物馆藏《乾隆石经》上的拐子龙边框

>>> 插图3-534 湖南芷江县天后宫清中期栏板上的拐子龙

>>> 插图3-533 江西婺源理坑清道光"云溪别墅"拐子凤雕刻

四、镜箱

镜箱是存放和使用镜子的专用器具。但从家具史发展的角度看，作为镜子的伴生物最初出现的是镜架。如东晋画家顾恺之所绘《女史箴图》上，一梳理头发的女子的前面就设一立杆，立杆有底座，顶端挂有镜子（插图3-536）。魏晋时期，人们以席地坐为生活方式，故镜杆较高。家具发展到宋代时，人们已由席地坐转变为垂足坐，故梳理者用镜便从地上转移到桌上，前朝出现的立地式镜架也随之消失。从现有资料看，宋代的镜架主要有三种形式：一是贴架式，如插图3-537所示，镜子背倚在斜撑上；二是镜台式，宋人画册保留的《半

>>> 插图3-536 东晋顾恺之《女史箴图》上的镜架

>>> 插图3-537　波士顿美术馆藏宋《妆靓仕女图》中的镜架

>>> 插图3-538　天籁阁旧藏《半闲秋兴图》中的镜台

>>> 插图3-540　江苏武进南宋墓出土的镜箱　　　>>> 插图3-539　河南白沙宋墓壁画上的镜台

>>> 插图3-544　明崇祯聚锦堂刻本《西湖二集》中的镜架

>>> 插图3-541　明万历金陵富春堂刻本《玉钗记》中的镜架

>>>　插图 3-542　明崇祯刻本《金瓶梅》中的镜架

>>>　插图 3-543　明万历朱氏玉海棠刊本《牡丹亭还魂记》中的镜架

>>>　插图 3-545　明万历虎林容与堂刊本《幽闺记》中的镜架

>>>　插图 3-546　明崇祯笔畊山房刊本《弁而钗》中的镜架

>>>　插图 3-547　明崇祯刻本《占花魁》中的镜架

>>>　插图 3-548　明万历二十四年刊《百泳图谱》中的镜架

闲秋兴图》和河南白沙宋墓壁画上有其形象（插图3-538、插图3-539）[314]，这种台座式镜架已在贴架式基础上得到美化；三是镜箱，宋代的镜箱曾在江苏武进的南宋墓出土过，这是一种理想的组合型家具，因为其功能既可照镜，又能藏镜，而且所需梳篦、刷子、粉黛等化妆用品均可置入抽屉内（插图3-540）[315]。由宋入明后，作为镜子的伴生物无论在数量和质量上有了更大提高，虽然该时期作为最简便的贴架式镜托最多见，但样式不一（插图3-541、插图3-542、插图3-543、插图3-544、插图3-545、插图3-546、插图3-547、插图3-548、）。这时的镜台式镜架也使用了抽屉，镜托的形式有搭脑两端设花芽的（插图3-549），也有座屏风式围子的（插图3-550）。至于明代的镜箱我们从万历时期刊出的《鲁班经·匠家镜》所记载看，当时的镜架和镜箱已连为一体，并可自由折叠安放在箱体里，其结构合理，使用也十分方便（插图3-551）[316]。

中国古代男女都有蓄发的习惯，故作为梳理工具的镜架、镜台和镜箱在人们日常生活中备受重视。从上海博物馆收藏的一具清代镜箱看，后期的镜箱确实是十分考究的，不但用料好，而且箱面雕饰精美，置镜的托子设计得上下可移动便于调整高度，箱体内还分设三小屉，制作得既巧妙，又实用。

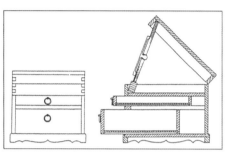

>>> 插图3 551 明万历刻本《鲁班经》中的明代镜箱

>>> 插图3-549 明万历金陵陈氏继志斋刊本《重校双鱼记》中的镜台

>>> 插图3-550 明万历刊本《鲁班经》中的镜台

>>> 图3-147 清黄花梨折叠式镜箱

1.清黄花梨折叠式镜箱(图3-147)

长49厘米、宽49厘米、高25.5厘米。

镜箱平面为正方体。其面板分界成三层八格,分别浮雕螭纹、镶柿蒂纹和安置托子。面板一端可向上支起达60度斜面,镜子就落在荷叶状托子上。箱体正立面有两扇合页门,打开合页门便见三小抽屉,内可放置梳理工具、首饰、粉黛等化妆品。该镜箱下设四马蹄足,马蹄小而有力。

>>> 插图3-552 江西婺源思溪村清乾隆"孝友兼隆厅"窗棂上的柿蒂纹装饰

>>> 图3-147A 箱盖绦环板上的环体螭

>>> 插图3-553 江西婺源思溪村清乾隆"承德堂"窗棂上的柿蒂纹装饰

>>> 图3-147B 箱盖绦环板上的爬行螭

>>> 插图3-554 江西婺源思溪村清嘉庆"承裕堂"窗棂上的柿蒂纹装饰

镜箱虽流行于明清两代，但在传世实物中，已很难寻觅到明代的遗物。我们现时看到的传世品中，这种用料考究、雕琢精美的清代作品也已存世不多了。

这具镜箱制作十分规正，雕刻处处精到，而且有着鲜明的时代性，主要反映在以下两个方面：

（1）用四叶瓣拼连的造型早在战国铜镜上有见，人们通常称之为柿蒂纹，是钮旁的装饰图样。其后宋元时期的瓷器、玉器上人们见到的葵口造型，当是由其演化而来。但类似早期的柿蒂纹造型是到了清代又被大量用作建筑图案的。笔者在江西婺源考察明清建筑时，见到清代房屋的窗棂上就好用这种四叶形经斗簇而成的装饰。本镜箱箱盖正中的柿蒂纹开光设计，正与清代流行的窗棂风格有异曲同工之妙，请参见插图3-552、插图3-553、插图3-554。

（2）镜箱盖面雕琢的纹样，是中国古代传统的子母螭题材。这一题材早在汉代玉器上已流行，其后历久不衰，上海博物馆收藏的无论出土或传世的玉雕作品上也经常见到（图3-148、图3-149、插图

3－555、插图3－556）。但必须指出的是,尽管题材相同,然它们之间的形态和刻画手段是不同的。元明时期的螭纹形体写实如兽,并刻成正面像,而箱盖上的螭纹不但用侧身表现,而且已呈图案化,体表多转珠纹,身体多分支,已是螭纹退化过程中出现的一种人为夸张的造型。这种造型与清代中期建筑上流行的环体螭的性质和风格是相同的(参见本书第四章第三节"螭纹"部分)。

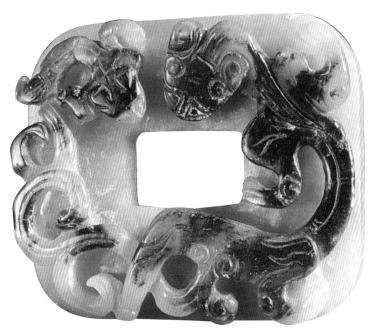

>>> 图3-148　上海西林塔地宫出土元代玉雕子母螭

>>> 图3-149　上海博物馆藏明代玉牌上的子母螭

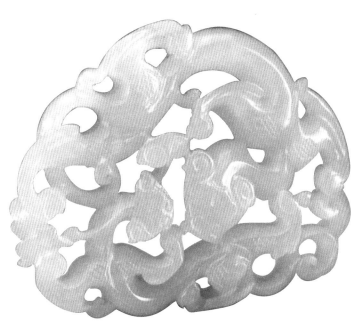

>>> 插图3-555　上海文物商店藏明代玉雕子母螭

>>> 插图3-556　上海文物商店藏明代工字牌上的子母螭拓片

五、闷户橱

闷户橱是北方匠师的称谓，其实它就是一种抽屉下带"闷仓"的抽屉桌。北方匠师还认为，这种带"闷仓"的抽屉桌，造型上有一屉、二屉、三屉之区别，故二屉者又可称联二橱；三屉者被称之联三橱；因此，闷户橱，往往用来作为一个抽屉的名称。

家具名称的确立大多以其功能命名。橱柜类家具得益于储藏，故有此称谓。而闷户橱者，其结构所发挥的主要功能是台面和抽屉，何故在日用价值上以不占主体地位的"闷仓"命名，这里显然有牵强之处。上海博物馆收藏有清代铁力木闷户橱一件（图3－150），这种闷户橱在江南农村常见，笔者在江西婺源思口乡调查明清家具时，在思溪村清嘉庆年间落成的"承裕堂"也见到一件同样的作品（插图3－557），据了解这种所谓的闷户橱，在农村都是当作桌子使用的，既非橱类，更不是"柜塞"[317]。

那么这种被称之闷户橱的家具在历史上何时出现的呢？从现有资料看，它当是清代的产物，因为这类家具既不见于明代的史料记载，在大量明版小说、戏曲、词话插图上，也不见踪影。唯明代版画上的抽屉桌，如通常所见的梳妆台，除不带闷仓外，其样式到与之十分相近（插图3－558、插图3－559），想必它们之间或许就有那么一点亲缘关系。

上海博物馆现收藏闷户橱两件，除一件用铁力木制作的素面单屉外；另一件为联二橱，不但用名贵的黄花梨制作，而且看面满雕，是存世实物中难得一见的精品。

>>> 插图3-557　江西婺源思溪村清嘉庆"承裕堂"保存的闷户橱

>>> 图 3-150　上海博物馆藏清代铁力木闷户橱

>>> 插图 3-558　明万历刻本《鲁班经》中的梳妆桌

>>> 插图 3-559　明万历金陵富春堂刻本《何文秀玉钗记》中的梳妆桌

>>> 图 3-151 清黄花梨螭凤纹联二橱

>>> 插图 3-562 江西婺源清代"光裕堂"门枕石上的环体螭

1. 清黄花梨螭凤纹联二橱(图3-151)

长112厘米、宽59厘米、高89.5厘米。

联二橱台面下安两抽屉,抽屉下设闷仓,腿足外置挂牙,底枨下为宽牙条,使整个看面装饰占到腿足高度的二分之一。该橱正面各部位除牙条上雕刻缠枝莲外,均为螭凤纹。在匠作上由于减地较深,因此花纹显得格外醒目饱满。

这件联二橱造型和结构十分端正。其最大特色要算是看面满雕,而且刀工精湛,不但线条流畅,地子也十分平整,故从雕刻技艺来讲,不失为一件成功的作品。

用黄花梨精心制作的联二橱传世不多,上海博物馆收藏的这件作品,据笔者所见,当是国内目前最为优秀的一件。而且作为清代遗物,在纹样雕刻上显示了鲜明的时代性,突出表现在以下两个方面:

(1)该橱主题纹样是螭、凤纹。中国古代吉祥纹样中的螭凤图样衍生于龙凤题材,这是因为相传螭是龙的儿子,故螭又可

>>> 图 3-151A 抽屉面上的环体螭

>>> 图 3-151B 闷仓绦环板上的爬行螭

>>> 插图 3-560 上海文物商店藏明代玉雕螭凤纹佩

称螭龙[318]。螭凤组合纹样早在明代已十分流行，明人常将其刻成玉佩以示夫妻和合美满。但是从形象上看，尽管明代与清代在螭与凤的形体大小比例上同样存在很大差异，然螭纹的刻画风格是完全不同的。如插图3-560为上海文物商店收藏的明代中晚期玉雕螭凤纹佩，其螭口衔灵芝，兽身强健，示正面立体像；图3-152是上海明代末期墓葬出土的螭凤纹佩，尽管该物已是明代尾声的作品，但螭身仍保留着兽身和正面像的特点。而反窥本橱上雕刻的螭纹图样，螭首为侧面，躯体加长似蛇身，体表纹样为无规则堆砌，特别是后肢消失，前肢短而形似鸭掌的刻画，这些都是螭纹发展到清代以后出现的各种衰变现象。清代螭纹出现的状况，不唯独家具上有见，在玉雕、石刻上也经常看到，如插图3-561为上海文物商店收藏的清代碧玉螭标本、插图3-562是江西婺源清代建筑"光裕堂"门枕石上的螭纹[319]，这两幅图样都表现的是清代侧身螭，螭首随意夸张，螭身环体并做过多无谓的刻画，四肢已退化得不成形。中国古代传统的辟邪物螭在清代已蜕变为一种抽象的图案装饰，虽然原本狰狞的面貌所产生的威慑力已消失，但作为吉祥图样仍在清代广为流行。

>>> 插图 3-561 上海文物商店藏清代玉雕勾云纹环体螭

（2）该橱除了牙条上的缠枝莲造型具有清代中晚期风格外，更重要的是壶门出尖处用花瓣做装饰尤具时代性。明代的木作在壶门出尖处一般不施雕饰，线条柔婉而富有弹性，显得素雅大方；到了清代，特别是清中期以后，木作匠师好在其壶门出尖处增加花饰，信手可得的实例多不胜举，如现在安徽古城岩金舜卿宅中展示的清代中晚期刻蕃莲纹圈椅的壶门券口上刻有梅花（插图3-563）、山西灵石县王家大院清嘉庆"凝瑞居"墙基石的壶门出尖处刻有菊花（插图3-564）[320]、《中国花梨家具图考》第97件艾克先生收藏的清代联二橱的壶门出尖处刻有葵花（插图3-565）、上海古意明清家具店展示的清代中期雕缠枝莲三屏风围子罗汉床壶门出尖处刻有菊花（插图3-566）。本橱壶门出尖处所刻纹样风格与上述各器是一致的，可见用花瓣为醒目装饰的家具，是清代中期以后壶门出尖处常见手段，也是我们在家具年代鉴定上应该掌握的重要依据。

>>> 图 3-152 上海闵行区明墓出土的螭凤纹玉佩

>>> 插图 3-565 艾克先生藏清代黄花梨闷户橱牙条上的葵花

>>> 插图 3-564 山西王家大院清嘉庆"凝瑞居"墙基石上的
分心花

>>> 插图 3-563 安徽古城岩金舜卿宅展示的清代雕
蕃莲纹圈椅牙条上的梅花

>>> 插图 3-566 上海古意明清家具店展示的清代罗汉床牙条上的分心花

注释:

⑴ 徐中舒:《甲骨文字典》卷七,四川辞书出版社1988年版,第837页。

⑵ 陈增弼:《千年古榻》,《文物》1984年第6期。

⑶ 翁牛特旗文化馆:《内蒙古解放营子辽墓发掘》,《考古》1979年第4期。

⑷ 大同市博物馆:《大同金代阎德源墓发掘》,《文物》1978年第4期;陶富海:《山西襄汾县出土明洪武时期的木床》,《文物》1979年第8期。

⑸ 中国美术全集编辑委员会:《中国美术全集·绘画编》隋唐五代卷,文物出版社1987年版。

⑹ 陈植:《园冶注释》,中国建工出版社1981年版,第142页。

⑺ 樊炎冰:《中国徽派建筑》,中国建工出版社2002年版,第449页。

⑻ 孙机:《汉代物质文化资料图说》,文物出版社1991年版,第220页。

⑼ 高濂:《遵生八笺·起居安乐笺》,巴蜀书社1992年版,第335页。

⑽ 陈植:《长物志校注》卷六,江苏科学技术出版社1984年版,第226页。

⑾ 王世襄:《明式家具研究》,三联书店(香港)1989年版,第72页。

⑿ 李宗山:《中国家具史图说》,湖北美术出版社2001年版,第317页。

⒀ 维摩在床榻上说法的资料还可上溯到南北朝时期,龙门石窟宾阳洞中有一幅北魏《维摩说法造像》石刻,画中维摩手执一扇,身倚隐囊,仪态安逸,踞身床榻作说法状。

⒁ 陈植:《长物志校注》卷六,江苏科学技术出版社1984年版,第225页。

⒂ 山东省博物馆:《发掘明朱檀墓纪实》,《文物》1972年第5期。

⒃ 嘉兴博物馆:《浙江嘉兴明项氏墓》,《文物》1982年第8期。

⒄ 杨伯达:《故宫文物大典》,浙江教育出版社1994年版,第1478页。

⒅ 项春松:《内蒙古赤峰市元宝山元代壁画墓》,《文物》1983年第4期;山西省文管会:《山西文水北峪口的一座古墓》,《考古》1961年第3期。

⒆ 明天顺三年王佐在《新增格古要论》卷八中提到,明代中期的铁力木民间常作建筑材料。

⒇ 陈植:《长物志校注》卷六,江苏科技出版社1984年版,第226页。

(21) 孙迪:《瑞才旧藏的佛龛造像》,《故宫文物月刊》第30卷20期。

(22) 项春松:《辽宁昭乌达地区发现的辽墓绘画资料》,《文物》1979年第6期;陈同滨等:《中国古典建筑室内装饰图集》,今日中国出版社1995年版,第26页。

(23) 安徽歙县县城斗山街清中期建筑杨家大院围栏上的指甲面线脚和以圆角攒接的实例。

(24) 朱家溍:《明清家具》上册,上海科学技术出版社2002年版,第18页。

(25) 上海市文管会:《上海市卢湾区明潘氏墓发掘简报》,《考古》1961年第8期。

(26) 苏州市博物馆:《苏州虎丘王锡爵墓清理纪略》,《文物》1975年第3期。

(27) 陆耀华:《浙江嘉兴明项氏墓》,《文物》1982年第8期。

(28) 王圻:《三才图绘》"器用十二",上海古籍出版社1988年版。

(29) 朱家溍:《明清家具》上册,上海科学技术出版社2002年版,第20页。

(30) 朱家溍:《明清家具》下册,上海科学技术出版社2002年版,第5页。

(31) 殷凤琴:《年画掇英》,《收藏家》总第63期。

(32) 环状卡子花虽然在北京辽乾统十年天开塔地宫出土的桌椅上有类似的踪迹,但并没有在元明时期传播。数以千计的明版小说、戏曲、词话插图和出土众多的明代家具明器都不用卡子花装饰,这是应该得到承认的史实。现时出版的家具专著中,常有设卡子花的家具被指称为明代作品,显然缺少依据。如故宫旧藏"黄花梨卷书式搭脑圈椅"(载"故宫博物院藏文物珍品大系")上即有双套环卡子花。该椅式在清顺治刻本《凤求凰》和清初吴郡徐民刊本《载花龄》中都有类似的造型,但清初的作品依然不设卡子花,也不设联帮棍,这就是明代的遗风。

(33) 田家青:《清式家具》,三联书店(香港)1995年版,第21页。

(34) 王世襄:《明式家具研究》文字卷,三联书店(香港)1989年版,第73页丙7。

(35) 许慎:《说文》中无"榻"字,《广韵》盍部曰:"榻,床也,吐盍切。榻,同上。"故榻即榻字。

(36) 曹桂岑:《河南郾城汉石榻》,《考古》1965年第5期。

(37) 姚鉴:《河北望都县汉墓的墓室结构和壁画》,《文物参考资料》1954年第4期。

(38) 江苏省文管会：《江苏徐州汉画像石》图版拾叁，科学出版社1959年版。

(39) 刘晔、金涛：《中国人物画全集》上卷，京华出版社2001年版。

(40)、(41) 图见台湾"故宫博物院"1996年出版《画中家具特展》。

(42) 上海市文管会：《上海卢湾区明潘氏墓发掘简报》，《考古》1961年第8期。

(43) 范濂：《云间据目抄》卷二，据民国石印本《笔记小说大全》第三辑。

(44) 李渔：《闲情偶寄·器玩部》，上海古籍出版社2000年版。

(45) 王世襄：《〈鲁班经·匠家镜〉家具条款初释》载《明式家具研究》，三联书店（香港）1989年版。

(46) 上海市文管会：《上海卢湾区明潘氏墓发掘简报》，《考古》1961年第8期。

(47) 这两张施绿釉的陶屋床均出土于明代中期墓葬。前者为上海博物馆收藏，后者藏台湾台中科技博物馆。

(48) 林士民：《浙江宁波天封塔地宫发掘报告》，《文物》1991年第6期。

(49) 该床由笔者在江苏南通考察民间家具时所摄，是典型的清代中晚期拔步床。

(50) 这张拔步床现藏苏州民俗博物馆。它用红木制作，而且围屏上使用玻璃透光，可知其制作时间相对要晚。

(51) 冯汉骥：《驾头考》，《冯汉骥考古论文集》，文献出版社1985年版。

(52) 李宗山：《中国家具史图说》，湖北美术出版社2001年版，第166页。

(53) 四川省文物考古所：《四川广汉雒城征宋墓》，《考古》1990年第2期。

(54) 谢文勇：《南宋〈白描罗汉图〉》，《文物》1979年第11期。

(55) 刘晔、金涛：《中国人物画全集》，京华出版社2001年版，第210页。

(56)、(58) 陈植：《长物志校注》卷六，江苏科学技术出版社1984年版，第224页。

(57) 高濂：《遵生八笺·起居安乐笺》，巴蜀书社1985年版。

(59) 陈植：《长物志校注》卷六，江苏科学技术出版社1984年版，第236页。

(60) 《入唐求法巡礼记》卷一，见上海博物馆藏1938年上海佛教净业社影印本。

(61) 黄朝英：《靖康缃素杂记》卷三"倚卓"，上海古籍出版社1986年版。

(62) 敦煌文物研究所：《中国石窟·敦煌莫高窟》第1卷，文物出版社1987年版。

(63) 如南朝梁名僧慧皎子《高僧传》中就记有佛图澄曾"坐绳床，烧安息香"的记述。南北朝时绳床尚不多见，但到了唐代，绳床之称谓频繁出现在史籍中。

(64) 中国早期椅子以木板为之。《资治通鉴》引程大昌《演繁露》曾载录当时民间所用绳床"以板为之，入坐其上，其广前可容膝，后有靠背，左右有托手，可以搁臂，其下四足着地"。请参见黄正建：《唐代的椅子与绳床》，《文物》1990年第7期。

(65) 贺梓城：《唐墓壁画》，《文物》1959年第8期。

(66) 吴曾：《能改斋漫录》卷一"事始"，《笔记小说大观》，江苏广陵古籍出版社1983年版，第171页。

(67) 插图均引自李宗山：《中国家具史图说》，湖北美术出版社2001年版，第214、235页。

(68) 发掘报告依次为：《文物》1981年第3期、《考古》1989年第4期、《考古》1955年第4期、《文物》1990年第5期、《文物》1988年第7期、《文物》1986年第12期、《考古》1994年第10期、《文物》1996年第8期、《文物》1998年第12期、《文物》1954年第9期、《文物》1988年第11期。

(69) 发掘报告依次为：《考古》1979年第4期、《北方文物》1989年第4期、《文物》1990年第10期。

(70) 发掘报告依次为：《考古》1986年第2期、《文物》1982年第12期。

(71) 参见项春松：《赤峰古代艺术·木作桌椅》，内蒙古大学出版社1999年版。

(72) 刘晔、金涛：《中国人物画全集》，京华出版社2001年版，第60页。

(73) 宿白：《白沙宋墓》，文物出版社1957年版；镇江博物馆：《江苏溧阳竹箦北宋李彬夫妇墓》，《文物》1980年第5期；谷蒆：《1994年中国十大考古新发现》，《文物天地》1995年第2期。

(74) 陆耀华：《浙江嘉兴项氏墓》，《文物》1982年第8期；苏州博物馆《苏州虎丘王锡爵墓清理》，《文物》1975年第3期。

(75) 宁夏文管会：《宁夏贺兰县拜寺口双塔勘测维修简报》，《文物》1991年第8期。

(76) 王世襄：《明式家具研究》乙39，三联书店（香港）1989年版。

(77) 王世襄：《明式家具研究》第一章25页插图。

(78) 王正书：《上海打浦桥明墓出土玉器》，《文物》2000年第4期。

(79) 《周礼·夏官·司马》。

(80)(81) 顾森：《中国汉画图典》，浙江摄影出版社1997年版，第561、778页。

(82) 咸阳地区文管会：《户县贺氏墓出土大量元代俑》，《文物》1979年第4期；阮春荣：《明陵石刻》，台湾《故宫文物月刊》第196期。

(83) 顾森：《中国汉画图典》，浙江摄影出版社1997年版，第484页。

(84) 李久芳：《竹木牙角雕刻》图105，上海科学技术出版社2001年版。

(85) 上海市文管会：《上海宝山明朱守城夫妇合葬墓》，《文物》1992年第5期。

(86)、(88)(89) 顾森：《中国汉画图典》，浙江摄影出版社1997年版，第528、540、553、555页。

(87) 浙江考古所：《良渚文化玉器》，文物出版社1989年版，图120。

(90) 顾炎武：《日知录》卷三十二。顾氏所言以锥逐鬼，当是指亚人所戴尖状的羽冠，这是古代跳神时的一种特定装束，在以职为氏的商代，则被称之"终蔡氏"。参见王正书：《甲骨"魒"字补释》，《考古与文物》1994年第3期。

(91) 王正书：《上海博物馆藏明代家具明器研究》，《南方文物》1993年第1期。

(92) 洼堂肚线脚是壸门出尖退化后的产物。清代的壸门出尖一般要比明代低，特别是中期以后的作品，这是一种发展趋势。有清一代壸门线脚与洼堂肚线脚是同时存在的。但从传世实物看，洼堂肚的形成，大约在清代中期。

(93) 该门枕石由苏州洞庭西山明湾村乾隆己丑年（1769）建"礼耕堂"所立。此已改壸门为洼堂肚（即鱼肚形）线脚。

(94) 山西考古所：《山西闻喜县金代砖雕、壁画墓》，《文物》1986年第12期。

(95) 陈增弼：《太师椅考》，《文物》1983年第8期。

(96) 河南省博物院：《河南焦作金墓发掘简报》，《文物》1979年第8期。

(97) 四川省博物馆：《四川广元石刻宋墓清理简报》，《文物》1982年第6期。

(98) 江西考古所：《江西乐平宋代壁画墓》，《文物》1990年第3期。

(99) 张端义：《贵耳集》卷下，中华书局1985年版，第64页。

(100) 陕西省考古所：《陕西蒲城洞耳村元墓壁画》，《考古与文物》2000年第1期。

(101) 参见天津市文物公司：《金同佛像》，文物出版社1998年版，第109尊。

(102) 季羡林等：《大唐西域记校注》，中华书局1985年版，第784页。

(103) 敦煌研究所：《敦煌——纪念藏经洞发现一百周年》图139，朝花出版社2000年版。

(104) 刘策：《中国古塔》，宁夏人民出版社1981年版，第104页。

(105) 王大斌、张国栋：《山西古塔文化》，北岳文艺出版社1999年版，第57、114页。

(106) 朱家溍：《明清家具》图14、16，上海科学技术出版社2002年版。

(107) 常叙政：《山东省博兴县出土一批北朝造像》，《文物》1983年第7期。

(108) 见《中国文物报》1988年12月23日载文。文中以墓砖大小定年代为南宋不恰，因为宋代有纪年的舍利函在浙江义乌出土过。该函体部壸门形开光内塑有花芽状莲瓣的造型是明代作风，这种图样在明代中、晚期版画上常见，如明弘治新刻工大字魁本《西厢记》、明万历继志斋陈氏刻本《锦笺记》和明万历汪氏环翠堂版《坐稳先生精订捷经棋谱》中都有图可证。

(109) 杨衒之：《洛阳伽蓝记》卷四，上海中华书局仿刻宋版。

(110)、(111)、(112) 白文明：《中国古建筑美术博览》，辽宁美术出版社1991年版，第556、573页。

(113) 中国古典家具学会：《中国古典家具博物馆图录》家具展景之十，美国中华艺文基金会1996年版。

(114) 王世襄：《明式家具珍赏》第150件，三联书店（香港）1985年版。

(115) 樊炎冰：《中国徽派建筑》，中国建筑工业出版社2002年版，第132页。

(116) 朱家溍：《明清家具》（下册）第220件，上海科学技术出版社2002年版。

(117) 北京市文物商店藏。载田家青：《清代家具》第65件，三联书店（香港）1995年版。

(118) 这些交椅所镶角牙雕琢的螭纹都是清代造型，故可证制作年代属清。

(119) 山西大同博物馆：《山西大同石家寨北魏司马金龙墓》，《文物》1972年第3期。

(120) 谢文勇：《白描罗汉册》，《文物》1979年第11期。

(121) 大同市博物馆：《大同金代阎德源墓发掘简报》，《文物》1979年第4期。

(122) 转引自张国标：《徽派版画艺术》，安徽美术出版社1996年版，第134页。

(123) 美国加州前中国古典家具博物馆藏明墓出土的陶质四出头官帽椅。图见Chinese

Furniture: Selected articles from Orientations 1984 – 1994, Orientations 1996 年。

(124) 明代版画上使用联帮棍的四出头官帽椅极少，笔者在明万历虎林容与堂刊本《琵琶记》和明万历武林香雪居刻本《古本西厢记》中曾见到两例。我们对明代版画的真实性应视肯定的态度，因为这是从不同朝代、不同版本、不同的作者获得的共性，而非偶然的巧合。更何况有出土家具明器为证。笔者认为，凡安联帮棍的坐具，若无其他过硬材料佐证，我们一般可否认其为明代作品。

(125) 王大斌：《山西古塔文物》，北岳文艺出版社 1999 年版，第 195、197 页。

(126) 朱家溍：《明清家具》第 16 件，上海科学技术出版社 2002 年版。

(127) 常叙政：《山东省博兴县出土一批北朝造像》，《文物》1983 年第 7 期。

(128) 紫金庵门枕石上的塔刹纹形象见本节"清黄花梨雕塔刹纹圆后背交椅"。

(129) 朱家溍：《明清家具》（上册）第 16 件，上海科学技术出版社 2002 年版。

(130) 王世襄：《明式家具珍赏》第 128 件，三联书店（香港）1985 年版。

(131) 朱家溍：《明清家具》（上册）第 39 件，上海科学技术出版社 2002 年版。

(132) 《北京文物精粹大系》编委会、北京文物局编：《北京文物精粹大系·家具卷》第 14 号，北京出版社 2002 年版。

(133) 上海市文管会：《上海卢湾区明潘氏墓发掘》，《考古》1961 年第 8 期。

(134) 明代的南官帽椅通常也不设联帮棍，即使在明代匠作专著《鲁班经》中，也不见有联帮棍设置。笔者在明版图书上曾查阅过数以百计的实物形象，仅发现个别家具有使用。但所见联帮棍非清代流行的如同"矮老"形式的短柱，而是莲花形短撑（参见明万历金陵富春堂刊本《虎符记》插图）。这种莲花形短撑与当时建筑围栏上的短撑风格一致，显然是从建筑构件移植而来（参见明万历集雅斋原刻本《六言唐诗画谱》插图）。

(135) 台北"故宫博物院"编：《画中家具特展》，台北"故宫博物院"1996 年版，第 29 页。

(136) 刘晔、金涛：《中国人物画全集》清代部分，京华出版社 2001 年版，第 127 页。

(137) 清代洼堂肚的出现，一由壸门牙条出尖退化后形成，其形如鱼肚下坠；另一即由像本椅牙条中部增添附加饰物引起的。早期饰物处于萌芽中，小而不引人注目，发展到清代中期时，饰物增大，造型有云纹、蕃莲纹等多种。

(138) 台北"故宫博物院"：《故宫漆器特展目录》第 8 件，汉荣书局 1981 年版。

(139) 樊炎冰：《中国徽派建筑》"牌坊"，中国建工出版社 2002 年版。

(140) 王世襄：《中国古代漆器》图版 86，文物出版社 1987 年版。

(141) 台北"故宫博物院"：《故宫漆器特展》第 45 件，汉荣书局 1981 年版。

(142) 清代晚期工艺上出现的异化现象十分多见，如北京硬木家具厂收藏的一件黄花梨圈椅，其靠背板上的圆形开光内刻一螭，该螭形貌虽仿自明代作风，但所刻锦地却是由菱形朵花纹、菱形水波纹、菱形锯齿纹、菱形乳钉纹等凑合而成。明清时期的锦地纹是为衬托主题纹样而设置的一种工整、秀丽的浅浮雕装饰，而该纹样刀工简陋组合杂乱极不规范，它完全不同于明清鼎盛时期的锦地作风，故从其雕刻和纹样组合风格看，该纹样当是清代后期衰变期的作品（图见王世襄《明式家具珍赏》第 54 件）。

(143) 《北京文物精粹大系》编委会、北京文物局编：《北京文物精粹大系·家具卷》，北京出版社 2002 年版，第 46 页；山西大同卧虎湾辽墓及辽宁朝阳金墓壁画，请查阅《考古》1960 年第 10 期和 1962 年第 4 期。

(144) 台北"故宫博物院"：《画中家具特展》图 28，台北"故宫博物院"1996 年版。

(145) 清宫旧藏康熙晚年《美人绢画》上的桌子就使用了直枨加卡子花的结构形式，该图引田家青：《清代家具》，三联书店（香港）1995 年版，第 21 页。

(146) 吴有如：《海上百艳图》，上海壁园藏本。

(147) 薛贵笙：《中国玉器赏鉴》，上海科学技术出版社 1996 年版，第 438 页。

(148) Nancy Berliner, Jan Lewandoski and Clay Palazzo, Yin Yu Tang: A Moment in the Preservation Process of an Eighteenth Century Huizhou Residence, Fig 2a, Orientations, January 2000.

(149) 图引濮安国：《明清苏式家具》，浙江摄影出版社 1999 年版，第 188 页。

(150) 朱家溍：《明清家具》图 21，上海科学技术出版社 2002 年版。

(151) "垂露"是书法用笔上的一种笔法术语，即利用中锋由上而下作顿挫后回锋复笔。所作笔势与"悬针"有别，说得形象一点，其形即如清代高马蹄足。

(152) 上海徐家汇天主教墓出土。资料藏上海博物馆考古部。

(153) 1979 年版《辞海》、《辞源》"太师椅"条有其详细记载。

(154) 宋人《春游晚归图》载《宋人院体画风》图118，重庆出版社1994年版。

(155) 朱家溍：《明清家具》图35、36、55，上海科学技术出版社2002年版。

(156) 图见田家青：《清代家具》图36，三联书店（香港）1995年版。

(157) 请参见明初朱檀墓出土的罗汉床，《文物》1972年第5期；成都明蜀僖王陵出土宝座，《文物》2002年第4期；北京定陵出土孝端皇后宝座，载北京文物管理局编：《北京博物馆精华》，北京燕山出版社1998年版。

(158) 清光绪刊本《详注聊斋志异图咏》，陈同滨：《中国古典建筑室内装饰图集》，今日中国出版社1995年。第481页

(159) 图见台北"故宫博物院"：《画中家具特展》，台北"故宫博物院"出版1996年版。

(160) 中国美术全集编辑委员会：《中国美术全集·工艺美术编》第11册"竹木牙角器"第147件，文物出版社1987年版。

(161) 刘晔、金涛：《中国人物画全集》，京华出版社2001年版，第56、112页。

(162) 敦煌文物研究所：《中国石窟·敦煌莫高窟》第1卷，文物出版社1987年版。

(163) 贺梓城：《唐墓壁画》，《文物》1959年第8期。

(164)、(165) 见崔泳雪：《中国家具史》，台湾明文书局1989年版，第59、61页。

(166) 大同博物馆：《山西大同元代冯道真、王青墓清理简报》，《文物》1962年第10期；大同市文化局：《山西大同东郊元代崔莹李氏墓》，《文物》1987年第6期。

(167) 四川省文管会：《成都白马寺第六号明墓清理》，《文物》1956年第10期；潍坊市博物馆：《山东昌邑县辛置二村明代墓》，《考古》1989年第11期。

(168) 该椅在《鲁班经·匠家镜》中被称之"明轿"，它是将圈椅改制的一种肩抬坐具。但其形制仍属圈椅性质。

(169) 王世襄：《明式家具研究》附二，三联书店（香港）1989年版；王圻：《三才图会》"器用十二"，上海古籍出版社1988年版。

(170) 图见《文物天地》2003年第2期。

(171) 樊炎冰：《中国徽派建筑》"古祠堂"，中国建工出版社2002年版。

(172) 笔者赴浙江象山大佳河明清家具收藏家何晓道先生处访求所获资料。

(173) 刘晔、金涛：《中国人物画全集》清代，京华出版社2001年版，第103页。

(174) 白文明：《中国古建筑美术博览》，辽宁美术出版社1991年版，第383页。

(175) 《大正藏》卷三一，第264页。

(176) 浙江义乌出土宋元丰七年舍利石函上有其刻纹。此壸门开光内的莲花拓片由义乌博物馆馆长吴高彬先生提供。

(177) 图见《文物报》1988年12月23日。

(178) 北宋大观年间，徽宗命王黼等编绘宣和殿所藏各种彝器，成《宣和博古图》三十卷。清代中、晚期，人们常将这类古器物作装饰纹样，以寓意清雅高洁、儒学宏博。

(179) 王世襄：《明式家具研究》第二章，三联书店（香港）1989年版，第37页。

(180) 李宗山：《中国家具史图说》第六章，湖北美术出版社2001年版，第354页。

(181) 香港"敏求精舍"：《文物考古论丛》，香港两木出版社1995年版，第205页

(182) 台北"故宫博物院"：《画中家具特展》，台北"故宫博物院"1996年版，第50、54页。

(183) 该画藏镇江博物馆。

(184) 该画藏北京故宫博物院。

(185) 图见王世襄：《明式家具珍赏》第43件，三联书店（香港）1985年版。该椅所刻螭纹是典型的清代中期至中晚期作风。

(186) 王世襄：《明式家具研究》图甲64，三联书店（香港）1989年版；古斯塔夫·艾克《中国花梨家具图考》图88，地震出版社1991年版。

(187) 王世襄：《明式家具珍赏》图43，三联书店（香港）1985年版。

(188) 北京市文物局编：《北京博物馆精华》"孝端皇后宝座"，北京燕山出版社1999年版。

(189) 引自钱钟书《管锥编·全三国文》卷一四，三联书店（香港）2001年版，第348页。

(190) 狮子古称狻猊，原产于非洲、印度和南美洲。汉代时经西域传入中国。狮子进入中国后，逐渐被中国文化所包容，形成了中国特色的"狮文化"，人们视其为神兽，多用其形象守门壮威、镇墓辟邪、宗教护法以及建筑装饰。

(191) 十七世纪的路易十四时期是法国家具工艺的鼎盛时期，欧洲家具史上称之"豪华型家具"。这种类型的家具在风格上受启于意大利文艺复兴晚期和巴洛克式的家具。其种类有橱、桌、床、椅、柜等，其装饰纹样有榭树、橡树、狮纹、羊和王家标记及路易十四的文字组合等。

(192) 《大正藏》卷三一，第264页。

(193) 姜伯勤：《敦煌吐鲁番文书与丝绸之路》，文物出版社1994年版，第79、80页。

(194) 台北"故宫博物院"：《画中家具特展》，台北"故宫博物院"1996年版，第16页。

(195) 刘晔、金涛：《中国人物画全集》，京华出版社2001年版，第159页。

(196) 山东省博物馆：《发掘明朱檀墓纪实》，《文物》1972年第5期。陈增弼：《马机简谈》，《文物》1980年第4期。

(197) 杨仁：《四川乐池县明墓清理》，《考古通讯》1958年第2期。

(198) 中国古代书画鉴定组编：《中国古代书画图目》第5册，文物出版社1990年版。

(199) 吴有如：《海上百艳图》，上海璧园藏本。

(200) 所谓"展腿式"是将腿足上部做成方材，可与束腰衔接，下部可用圆材，此种由方变圆的设计和制作方式，名之"展腿"。这是王世襄先生经实践考察而科学命名。参见《明式家具珍赏》第84、91件。

(201) 《晋书·五行志》上；干宝《搜神记》卷七。

(202) 朱大渭：《胡床、小床和椅子》，《文史知识》1989年第5期。

(203) 易水：《漫话胡床》，《文物》1982年第10期；冯汉骥：《驾头考》，《冯汉骥考古学论文集》，文物出版社1985年版。

(204) 《资治通鉴》卷二四二，胡三省注，中华书局标点本，第7822页。

(205) 崔泳雪：《中国家具史——家具篇》图三、四，明文书局1990年版，第25页。

(206) 陕西省博物馆：《唐李寿墓发掘简报》，《文物》1974年第9期。

(207) 《明刊西厢记全图》：明弘治戊午年北京金台岳家刊本。

(208) 《中国漆器全集》第4卷，福建美术出版社1998年版，第21页。

(209) 南京市博物馆：《南京象山5、6、7号墓清理简报》，《文物》1972年第11期。

(210) 杨泓：《隐几》，《文物天地》1987年第3期。

(211) 刘中澄：《关于朝阳袁台子晋墓壁画的初步研究》，《辽海文物学刊》1987年第1期。

(212) 曾昭燏：《沂南古画像石墓发掘报告》图版28，文物局出版社1956年版。

(213) 《东北文物工作队1954年工作简报》，《文物参考资料》1955年第3期。

(214) 范中常：《重庆江北相国寺的东汉砖墓》，《文物参考资料》1955年第3期。

(215) 北京古墓发掘办公室：《大葆台西汉木椁墓发掘简报》，《文物》1977年第6期。

(216) 安金槐等：《密县打虎亭汉代画像石墓和壁画墓》，《文物》1972年第10期；南京市博物馆：《南京幕府山东晋墓》，《文物》1990年第8期。

(217) 《艺文类聚》卷六十九。

(218) 参见孙机：《汉代物质文化资料图说》卷五四、五五，文物出版社1991年版。

(219) 我国宋代以后由于生活方式的改变，凭几逐渐退出历史舞台。几的名称虽有保存，然其性质和形式已起变化，变为花几、香几、茶几、炕几等。

(220) 敦煌文物研究所：《敦煌壁画》，文物出版社1959年版。

(221) 插图3-359、插图3-360，画藏北京故宫博物院；图3-85，画藏上海博物馆；插图3-361、插图3-362、插图3-363，画藏台北"故宫博物院"。

(222) 黄朝英：《靖康缃素杂记》卷三"倚卓"，上海古籍出版社1986年版。

(223) 陈植：《长物志校注》卷六"几榻"，江苏科学技术出版社1984年版。

(224) 王世襄：《明式家具研究》附二，三联书店（香港）1989年版。

(225) 《北京文物精粹大系》编委会、北京市文物局编：《北京文物精粹大系·家具卷》图3，北京出版社2002年版。

(226) 陈植：《长物志校注》卷七，江苏科学技术出版社1984年版。

(227) 高濂：《遵生八笺·燕闲清赏笺》，巴蜀书社1985年版。

(228)、(230) 曹明仲：《格古要论》卷一"古琴论"，惜阴轩丛书本。

(229) 赵希鹄：《洞天清录集》，丛书集成初编1552册。

(231) 参见陈植：《长物志校注》琴台注2，江苏科技出版社1984年版，第299页。

(232) 周子安：《五知斋琴谱》红杏山房藏版，卷二，第26页。

(233) 苏州西山镇东村乾隆时建"敬修堂"格子门腰华板上雕琢的琴台。

(234) 祝凤喈：《与古斋琴谱》，上海古籍出版社《续修四库全书》第1095册第503页。

(235) 中国古代乐器用弦都用蚕丝编织而成。用金属丝为弦则是受西洋乐器的影响所至。故该琴桌共鸣箱内用金属丝感应琴声的现象和原理，其出现时间不会太早，应在清中期以后。

(236) 带翼的龙古时称之应龙；龙首鱼身者，则称之鱼化龙。

(237) 资料藏上海博物馆库房。藏品编号分别为 2536、17075、17135。

(238) 见《文物》1972 年第 1 期封底插图 "北京市桦树皮厂元代遗址出土双凤石雕"。

(239) 插图 3-396 玉雕嵌饰藏上海博物馆；插图 3-397 凤纹碗载《景德镇出土明初官窑瓷器》，台湾鸿禧文教基金会 1996 年版。

(240) 图见江西婺源源沱川理坑清中期 "云溪别墅" 门上木雕。载樊炎冰：《中国徽派建筑》，中国建工出版社 2002 年版。

(241) 清代鸟纹吉子藏上海博物馆库房，藏品号 74963。

(242) 图 3-101、图 3-102、图 3-103 玉雕作品均为上海博物馆收藏。

(243) 樊炎冰：《中国徽派建筑》，中国建工出版社 2002 年版。

(244) 上海博物馆玉雕藏品，藏品号 73745。

(245) 刘晔、金涛：《中国人物画全集》清代，京华出版社 2001 年版，第 122 页。

(246) 中国古代书画鉴定组编：《中国古代书画图目》第 5 册，文物出版社 1990 年版，第 133 页。

(247) "埰边" 是木作工艺中的术语。即桌面或凳面的四边立面，也同样裹着四足，而且其形象是多层相叠，以此达到与裹腿做的枨子视觉效果上的统一。

(248) 腾壬生：《楚漆器研究》彩图 38，两木出版社 1991 年版。

(249) 插图 3-416 取自王世襄：《明式家具研究》第 56 页；插图 3-417 取自光绪十二年上海锦章书局出版《聊斋志异图咏》。

(250) 陈植：《长物志校注》，江苏科技出版社 1984 年版，第 233 页。

(251) 王圻：《三才图会》"器用十二"，上海古籍出版社 1988 年版。

(252) 朱家溍：《明清家具》上册，图 108，上海科学技术出版社 2002 年版。

(253)、(254) 汪庆正主编：《中国陶瓷辞典》，Sun Tree 出版公司 2002 年版。

(255) 上海市文物管理委员会：《上海古代历史文物图录》，上海教育出版社 1981 年版，第 80 页。

(256) 王世襄：《明式家具珍赏》图 79，三联书店（香港）1985 年版。

(257) 此处薄伺追记有误：昔张叔未藏有项墨林柴几，而周公瑕紫檀椅则由海盐黄淑升都事锡蕃所藏。因乞叔未书并复刻其上而有染，非张叔未藏物。事在清嘉庆戊辰闰五月。请见徐珂《清稗类钞》，书目文献出版社 1982 年版，第 380 页。

(258) 俞剑华编：《中国美术家人名辞典》，上海人民美术出版社 1981 年版，第 329 页。

(259) 中国古代书画鉴定组编：《中国古代书画图目》第 2 册、第 5 册，文物出版社 1990 年版。

(260) 王正书：《上海潘允征墓出土的明代家具模型刍议》，《上海博物馆集刊》第 7 期。上海书画出版社 1996 年版。

(261) 北京故宫博物院编：《故宫文物大典》，浙江教育出版社等 1994 年版，第 1632 页。

(262) 北京故宫博物院编：《故宫文物大典》，江西教育出版社 1994 年版，第 1633 页。

(263) 北京故宫博物院编：《故宫文物大典》，江西教育出版社 1994 年版，第 1648 页。

(264) 北京故宫博物院编：《清朝宫廷文化展》（内部资料）图录第 34 页 1990 年版。

(265) 北京故宫博物院编：《故宫文物大典》，江西教育出版社 1994 年版，第 1647、1648 页。

(266) 插图 3-451 取自浙江慈溪民间收藏；插图 3-452 取自濮安国《明清苏式家具》，浙江摄影出版社 1999 年版，第 186 页。

(267) 参见王世襄：《明式家具珍赏》274 页说明词。

(268) 王正书：《上海博物馆藏明代家具明器研究》，《南方文物》1993 年第 1 期。

(269) 范濂：《云间据目钞》卷二，民国石印本《笔记小说大全》第 3 辑。

(270) 李文信：《辽阳发现的三座壁画墓》，《文物参考资料》1955 年 5 期。

(271) 高文：《四川汉画像砖》，上海人民美术出版社 1987 年版。

(272) 朱骏声：《说文通训定声》履部第十二，中华书局 1984 年版；李零：《说匿》，《文物天地》1996 年第 5 期。

(273) 明人编：《天水冰山录》，据《知不足斋丛书》本。

(274) 李渔：《闲情偶寄》器玩部，上海古籍出版社 2000 年版，第 237 页。

(275) 王圻：《三才图会》"器用十二"，上海古籍出版社 1988 年版。

(276) 故宫博物院藏有多件有纪年的明代立柜，如 "大明万历丁未年制" 云龙纹立柜、明万历年制双龙献宝纹柜和双龙献珠纹柜。见朱家溍：《明清家具》上册，上海科学技术出版社 2002 年版，第 203、207、222 页。

(277) 见朱家溍：《明清家具》上册，第 183 件。

(278) 见王世襄：《明式家具珍赏》第 143 件。

(279) 见朱家溍：《明清家具》上册，第176件。

(280) 朱家溍：《明清家具》上册，第186件。

(281) 田家青：《清代家具》第65件，三联书店（香港）1995年版。

(282) 陈植：《园冶注释》卷二，第143、146、147页。

(283) 王世襄：《明式家具珍赏》第132件说明。

(284) 河北省文物研究所编《宣化辽墓壁画》，文物出版社2001年版，第98页；明崇祯刊本《金瓶梅》词话三十三回插图中有带围栏的供桌。

(285) 山西大同博物馆：《山西大同石家寨北魏司马金龙墓》，《文物》1972年第3期。

(286) 参见《汉书·王莽传》、《御览》卷七〇一、刘歆《西京杂记》卷四及胡德生《中国古代家具》，上海文化出版社1992年版，第55页。

(287) 李贺：《洛妹真珠》、温庭筠：《赠郑征君家匡山寿春与丞相赞皇公游》、《更漏子（柳丝长）》。

(288) 宿白：《白沙宋墓》图版22，文物出版社1957年版。

(289) 上海市文管会：《上海宝山明朱守城夫妇合葬墓》，《文物》1992年第5期。

(290) 文震亨：《长物志》卷七。

(291) 高濂：《遵生八笺·燕闲清赏笺》，巴蜀书社1985年版，第109页。

(292) 白文明：《中国古建筑美术博览》第2册，辽宁美术出版社1991年版，第323页。

(293) 朱家溍：《明清家具》上册，第203页。

(294) 吴方：《中国文化史图鉴》，山西教育出版社1992年版，第263页。

(295) 见《文物》1972年第1期，彩色图版十二。

(296) 王世襄：《髹饰录解说》，文物出版社1983年版，第101页。

(297) 宿白：《白沙宋墓》，文物出版社1957年版。

(298) 山西省文管会：《山西大同郊区五座辽墓壁画》，《考古》1960年第10期。

(299) 大同博物馆：《山西大同元代冯道真、王青墓清理简报》，《文物》1962年第10期。

(300) 王世襄：《明式家具珍赏》第169件。

(301) 即万历刻本《鲁班经·匠家镜》中所指盆架的搭脑可"雕刻花草"。

(302) 插图3—510见故宫博物院编《唐代图案集》，人民美术出版社1982年版；插图3—511取自Ori entations 1990年第1期；其余玉器及铜镜皆藏上海博物馆。

(303) 李苍彦：《中国民俗吉祥图案》，中国文联出版社1991年版；张慈生：《文物图注》，天津杨柳青画社1990年版。

(304) 王杭生：《中国瑞兽图案》，轻工出版社1990年版，第30页。

(305) 华东文物工作队：《沂南古画像石墓发掘报告》，文物出版社1956年版。

(306) 罗福颐：《内蒙古自治区托克托县新发现的汉墓壁画》，《文物参考资料》1956年第9期。

(307) 见古斯塔夫·艾克：《中国黄花梨家具图考》第122件，地震出版社1991年版。

(308) 天津文化局考古队：《河北阜城明廖纪墓出土陶模型》，《考古》1965年第2期。

(309) 烟台地区文管会：《山东招远明墓出土遗物》，《文物》1992年第5期；石家庄市文物保管所：《石家庄陈村明壁画墓清理》，《考古》1983年第10期。

(310)、(311)、(312) 参见樊炎冰：《中国徽派建筑》第387、453、475页。

(313) 白文明：《中国古代建筑美术博览》第2册第314页。

(314) 宿白：《白沙宋墓》图版27。

(315) 陈晶、陈丽华：《江苏武进村前南宋墓清理简要》，《考古》1986年第3期。

(316) 王世襄：《〈鲁班经·匠家镜〉条款初释》，《故宫博物院院刊》1980年第3期。

(317) 王世襄：《明式家具研究》第二章，三联书店（香港）1989年版，第87页。

(318) 徐应秋：《玉芝堂谈荟·龙生九子》载《笔记小说大观》第11册，江苏广陵古籍出版社1983年版，第370页；杨慎：《升庵集·龙生九子》卷八十一，上海古籍出版社影印本《四库全书》第1270册第808页。

(319) 樊炎冰：《中国徽派建筑》，中国建工出版社2002年版，第89页。

(320) 王璐：《略谈王家大院凝瑞居石刻装饰画》，《文物世界》，2004年第3期。

第四章　明清家具年代鉴定

明清家具年代鉴定

正确判断家具的制作年代，是明清家具研究的首要前提，因为没有一个正确定位，把明代家具当作清代家具，或将清代家具误作明代家具来看待，显然其结论就不科学了。明清家具虽然年代短暂，但在鉴定上也有其特定难度，一是木制家具与其他文物不同，绝大多数没有年款，缺少比照依据；二是中国古代高型家具自宋代定型后，常见品种的样式往往延续数百年之久，尤其是素面家具更难把握其尺度；三是明清家具断代是一门多学科作业，其判断依据除了掌握其器型、附件配备、材质和工艺特征外，其纹样的时代性尤为重要，故在年代鉴定上必然会借鉴诸如明清建筑、瓷器、玉器、石刻、竹刻、漆器等可比资料，这就需要我们花大力气广泛收集和罗列，方能达到持之有据、触类旁通的效果。

明清家具的年代鉴定，在首先掌握其方法论的同时，从宏观上说，我们还必须对某些观念有一个正确的认识，因为这是家具发展和演变的主动脉，不能有丝毫的误解或偏执。比如我们如何把握好明代家具与明式家具、清代家具与清式家具之间的相互关系。家具虽然是日用品，但从历史现状看，明清时期深受统治阶级和文人雅士的赏识，所以它与其他艺术品如瓷器、绘画一样，其发展轨迹有官窑和民窑、宫廷画派与民间流派画之分。明清家具也同样存在这个情况，明代代表上层社会的宫廷家具，是以传统的漆木家具为主，其特征庄重大方，凡重装饰者，也显得富丽；明代的民间家具，结构简练朴实，初以银杏金漆为贵，其后崇尚硬木，特别是黄花梨木，并形成了符合文人意趣的"明式家具"，逐渐由江浙而推广全国。辞明入清后，传统的宫廷漆木家具在清代宫廷中依然使用。最初形成于上层社会的清式家具，是在传统宫廷家具样式的基础上，吸取了明式家具的某些装饰特征发展起来的。清代上层社会极其推崇紫檀，故可以说清式家具的主流是一种重体量、重雕饰和镶嵌为特色的紫檀家具，它与明式家具风格截然不同。总之，明式家具是肇自明代的民间家具，清代繁荣的经济基础促成了明式家具的更大发展；清式家具本是流行于上层群体中的一种贵族家具，至清代中期也进入了鼎盛期，它与明式家具之间的关系是同一时代并驾齐驱的两种家具文化，在艺术上是相互包融的。

研究明清家具我们还必须对明式家具的观念有一个科学定位。前辈学者曾指出，"明式家具"一词有广狭两义，作为学术名称主要指的是狭义的概念，即"明至清前期材美工良、造型优美的家具"[①]。所谓"材美"者，主要是指黄花梨、紫檀等硬木家具，也可包括诸如榉木等中性木材的家具。那么明代"材美工

良"的家具始于何时呢?这里我们不妨以明人之言加以评说。明
式家具发源于苏州地区,成书于万历年间的《广志绎》记述了当时苏
州一带的情况:"姑苏人聪慧好古,亦善仿古法为之。……如斋头清
玩、几案、床榻近皆以紫檀、花梨为尚,……海内僻远皆效尤之,此亦
嘉、隆、万三朝为始盛"。[2]《广志绎》的作者王士性浙江临海人,
万历五年进士出身,其后在北京、南京、山东、河南、四川、广西、贵
州、云南等地都做过官,而且生平喜欢游历,足迹遍于全国,《广志
绎》就是他晚年的一部著作。由于作者一贯反对"藉耳为口、假笔于
书"而注重亲身见闻、实地考察,故王氏的话极有可信度。今按作者
所见,明代用硬木制作的优秀家具是到了嘉靖、万历时才刚刚开始
兴盛起来。笔者认为这符合当时的实际情况,因为明朝自嘉靖、隆庆
以来,豪门贵室下及一般民户,都习尚奢侈,上海人姚廷遴也曾以其
亲眼目睹在《历年记》中做过描述,其曰松江一隅"池郭虽小,名宦甚
多,旗杆稠密,牌坊满路,至如极小之户,极贫之衙,住房一间者,必
为金漆桌椅,名画古炉,花瓶茶具,则铺设整齐"。[3]明人积习喜欢
互相剿袭,家具在当时已被看作一种财富而成了人们聚敛的对象。
但尽管如此,姚氏所记载万历时期的上海一般民户,硬木家具仍未
有见,民间大多使用的是金漆桌椅。

　　在明代史料中,有关苏州、上海地区对家具使用情况记载最为
详细的,要算范濂的《云间据目钞》,书中指出:"细木家伙,如书桌禅
椅之类,余少年曾不一见。民间止用银杏金漆方桌。自莫廷韩与顾、
宋两家公子,用细木数件,亦从吴门购之。隆、万以来,虽奴隶快甲之
家,皆用细器。……纨绮豪奢,又以榉木不足贵,凡床榻几桌,皆用花
梨、瘿木、乌木、相思木与黄杨木,极其贵巧,动贵万钱,亦俗之一靡
也。"这段文字是范濂亲历所见,他提供给我们的信息是:

　　一是范濂生于嘉靖十九年,若以二十岁之前为他的少年时期,
则为嘉靖三十九年前。那时书桌、禅椅等细木家具还未有见。民间只
用银杏木金漆(即黑漆)方桌。

　　二是松江自莫廷韩和顾、宋两家公子开始,才从苏州购来了几
件细木家具,时当在嘉靖三十九年以后。(莫廷韩即明代松江书画家
莫是龙,他比范濂年长三四岁。莫廷韩之父莫如忠,嘉靖十七年进
士,官至浙江布政使,父子均为书画家,是当时松江的名门望族)。

　　三是自隆庆、万历以来,虽奴隶快甲之家,都已用上了细木家
具。而豪奢之家,却嫌榉木不够好,而要用花梨、瘿木、乌木、相思木
(鸡翅木)、黄杨木制造极其贵巧的家具。

　　上述记载,使我们真切认识到明代后期上海地区家具使用的
真实情况,即嘉靖中期以前,这一地区的家具材质主要是当地自产
的银杏木;嘉靖后期始,大户人家才由苏州购入细木家具(细木家具
按文意当指榉木等中性材质的家具);隆庆、万历以来,这一地区的
贵族才开始使用花梨、瘿木、乌木等硬木家具。上海古称松江,宋时
又有"云间"之别名。松江之称谓因傍倚吴淞江而得名。吴淞江是太
湖的泄水道,也是苏州放洋的重要通道,在地理位置上上海向以苏

州为腹地,苏州则视上海为河口港。自上海溯吴淞江而上达苏州仅百里之遥,故自古以来两地交往密切,想必它们之间的文化差异不会太大[4]。

我们从明代文人王士性、姚廷遴和范濂的记述中可以窥视到,用硬木制作的明式家具在明代的起步还是比较晚的,尽管我们不排除明代中期已有若干萌芽出现,但真正开始进入兴盛应在万历时期,甚至更晚。对此我们在审视传世实物时也能有所觉察,因为能确认为明代的硬木家具尚不多见,而大部分是进入清代以后的作品。

明清家具制作年代的判断,应掌握器型、附件和纹样三大要素。器型是指家具的结构形式。每一件家具的器型都有其时代性,只是相对较长或较短而言。例如圆后背交椅出现在宋代,而且一直可延续到清代,显然形制上的跨度使我们无法从器型上去分辨早晚。对此我们必须借助于该椅的附件特征或所饰纹样的特点来综合分析。在家具年代鉴定中,对于牙条、牙头、联帮棍等结构附件的变化,过去很少引起人们重视,这是一件十分遗憾的事情,因为不同时代的家具,其器型虽未变,但其附件的造型在变,比如明代的家具其牙条只有直牙条和壶门牙条之分,而由壶门牙条演变为洼堂肚牙条,则已是清代的事了。家具上的装饰,在某种意义上来说,它要比从器型、附件的判断更重要,因为匠师纹样的制作必是时人意识的产物,它的变异性相对要短,特别在封建社会晚期的明清时代,有的形像甚至会出现突变,例如最明显的如螭纹,螭本是人们臆造的神兽,传统的形像是张牙舞爪、狰狞可怖,但由明入清后,螭的形像由兽身变为蛇身作环体,有的甚至四肢消失,躯体分支如飘带,已约定俗成为一种吉祥图案。重视纹样的时代性不仅仅在家具鉴定上有着重要价值,它也包括其他如玉器、竹刻、文房用品、漆器、金银器等文物的鉴定,因为同一时代、同一经济基础下所形成的观念形态是基本相同的。

第一节、掌握器型

明清时期家具的器型有两种状况,一种是传统样式的延续;另一种是新兴家具。器型的变化,当还包括其构件的造型。兹举以下实例。

一、架子床

架子床虽然在东晋顾恺之《女史箴图》上已有其雏形,但这种用板围子合成的床式未见后世传播。进入宋代以后,高型家具普及,也未见有架子床出现。在宋人的记载里,曾有过"梅花纸帐"之设,即南宋林洪所作《山清家事》"法用独床,傍植四黑漆柱,各挂以半锡瓶,插梅数枝。……上作大方目顶,用细白楮衾作帐罩,前安小踏床……"但这种纸帐仅用于冬季，而且卧床上面的枨子与支撑卧帐的构架，仍别为二事[5]。到了明代初期，朱元璋第十子朱檀墓出土随葬器物无数，其中不乏家具明器，而用于睡卧的床榻也仅见罗汉床而已。这里必须提出的是，该罗汉床周围设有框架，用以做房帷（插图4-1），以此可知明初的床榻上仍未设架子以挂帐，当然也就谈不上有架子床了。

架子床大约出现于明代中期，但对其形成和发展情况史无明文。目前我们能获得的明代架子床资料来自三个方面：一是出土的随葬明器；二是传世实物；三是明版插图上的样式。出土的架子床明器见于明代中期墓，其床围子仿自格子门形式，此种结构的架子床唯见明器，不见实物（参见第三章第一节中"架子床"部分）。传世实物现时所见最早的架子床是上海博物馆收藏的明中期案形结体加花瓣形腿结构。这种案形结体的床式，是一种传统样式，明代中期以后近乎消失。明版插图上的架子床已是嘉靖以后蓬勃发展起来的床式。这时的腿足立于四角，为内翻马蹄、鼓腿彭牙、三弯腿或直足。围栏多用攒接而不用斗簇工艺。顶上有挂檐，开鱼门洞是其基本装饰。明代的架子床有四柱、六柱之分，八柱者只有到了清代才有见。其具体样式在明万历《鲁班经·匠家镜》和王圻《三才图会》器用十二卷上有载录，鉴定时可参照。

架子床在明代后期开始流行，其基本结构定型后，一直延续到清代晚期。就其形制发展变化看，清代前期仍保持了明式作风，清代中期则出现重体量的倾向；同时清代架子床的装饰纹样要比明代繁缛，题材和装饰手法也有很大变化。

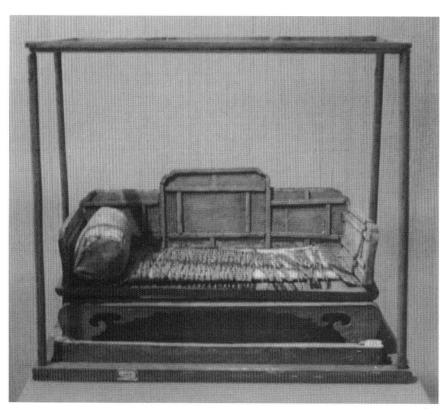

>>> 插图4-1　朱檀墓出土罗汉床及帐架

二、罗汉床

罗汉床在明清时期非常流行。明代的罗汉床在明版戏曲、小说、词话插图中常见;在明代墓葬中也经常有明器出土。其造型特征是围子较矮,且多为三块。明初朱檀墓出土和明中期上海李姓墓出土的明器,其后背围子虽中部高、两侧低,但亦连成一片,不是组合起来的。明代罗汉床的床足以直腿内翻马蹄和三弯腿为多。朱檀墓中的规矩形足和上海李姓墓中的看面三足的结构形式,是早期风格的孑遗,在明代后期已几乎不见。

清代罗汉床与明代罗汉床造型上的最大区别是围子不断增高;且其数量初由三屏风围子变为五屏风围子,清代中期以后出现了七屏风围子,清末至民国甚至多达九、十一屏风围子。清代罗汉床的围子装饰也由明代的板式或嵌云石为主转变为攒接、斗簇为主,但在清后期的高墙围子上仍以嵌云石为多见。清代床足的形式主要是继承,但云头足往往表现的是线刻,而非明代立体感较强的圆雕;蹄足者则显著增高,腿也相对粗而笨拙。

三、亮格柜

在清代家具中,有一个品种是将架格和柜子结合一起使用的,人们称之为亮格柜。亮格柜上端架格敞透,可置物供人欣赏;下面有柜门,内可贮存物品。这种双重用途的家具在清代十分流行。在亮格柜中,凡柜身无足,柜下另用一矮儿支承的这类家具,北京匠师又称之为"万历柜"[6]。这一称谓的出现往往给人造成误解,认为该柜式是明代万历时期的样式。对此,笔者认真审视了现已出版的各类有关亮格柜的图样资料,从亮格柜券口的造型、券口和柜门上的各种刻纹和牙条上的卷叶纹特征判断,确信这种柜式应是清代作品。中国古代柜式,明代时已约定俗成为两种相对固定的形式,一种被称为圆角柜的立轴门家具,它是明代传统的民间家具;另一种被称为方角柜的用铰链开启的家具,是流行于明代上层社会使用的漆木家具。有明一代唯有这两种规矩有度的柜式。而亮格柜就是在方角柜的基础上发展起来的一种新型家具,它与清代流行的多宝格一样,在大量的明版家具图样、出土家具明器和各类文人画上,始终找不到其踪影。

当我们明了亮格柜的性质后,我们便可从其附件特征和纹样的早晚,来判断它是清代那一时段的作品。

四、构件形制

家具造型既指其框架结构,也当包括其构件的形制。明清家具构件形制的不同,是由不同时代背景的匠作观念决定的,为此其形制也有相应的时代性。例如,明代椅子上的搭脑与清代搭脑就有不同，明代搭脑以牛角式、弓形式为大宗，到了清代，翘角搭脑开始平缓，弓形搭脑有的形变为罗锅枨式搭脑。又如明代家具的足形，除通常所见的圆直足外，方柱体者常见有四种形式：一是挖缺腿翼状足，艾克先生《中国花梨家具图考》上有其形象（插图4 2）。这种足在明代刊出的版画上十分多见（插图4-3、插图4-4、插图4-5）；二是方直腿内撇足，即直腿落地处略向内弯转。这种足在明代也十分流行，现存安徽潜口村民宅博物馆明代"司谏第"住宅中的一件铁力木有束腰霸王枨方桌，其腿足即此形（插图4-6）。在明代文人画和版画上，也能有见（图4-1、插图4-7）；三是花瓣足，即在足端作花芽状雕饰。这种足在明版插图中常有身影（插图4-8）。在安徽潜口村民宅博物馆明代"司谏第"旧宅中也有遗存，这是一件通体糅黑漆的高束腰长方桌，其壶门牙条饰灯草线与足端花芽相连，线条婉转流畅，是一件难得的明代标本（插图4-9）；四是矮马蹄足。明代的蹄足很流行，即使在出土的家具明器上也最多见。这种矮蹄足若举其实例的话，现藏江西婺源县博物馆的明万历江西袁州知府程汝继家的遗物脚踏最典型（插图4-10）。以上列举的四种明代足形，到了清代以后，前三种逐渐退出历史舞台，唯有马蹄足发扬光大。但清代的蹄足却越来越高，人们按其形态称之为"垂露足"。故凡高马蹄者，均可定为清代作品。

>>> 插图 4-2 明代挖缺腿翼状足

>>> 插图 4-3 明万历金陵书肆广庆堂唐振吾刻本《西厢记》中的翼状足

>>> 插图 4-4 明天启吴兴凌氏刊本《红拂记》中的翼状足

>>> 插图 4-9 安徽潜口村民宅博物馆收藏的明代糅黑漆高束腰长方桌

>>> 插图 4-5 明天启吴兴凌氏刊本《南音三籁》中的翼状足

>>> 插图4-6 明"司谏第"住宅中的铁力木霸王枨长方桌

>>> 插图4-7 南明隆武间武林刊本《清夜钟》中的内撇足

>>> 插图4-8 明正统刻本《圣迹图》中的花瓣足

>>> 图4-1 上海博物馆藏明代黑漆描金落地门上的外撇足家具

>>> 插图4-10 江西明程汝继家中遗存的脚踏

第二节、熟悉附件

家具的附件是指家具框架外的配件,如牙条、牙头、联帮棍、矮老、卡子花和各种枨子等。这些配件是家具整体造型必不可少的组成部分,能起到力学上的辅助作用或装饰上的美化功能。明清家具历时短暂,其器型变更不大,但在附件的变化上却相当明显。这里可举以下若干实例。

一、牙条

明清家具的牙条可分为直牙条、壶门牙条和洼堂肚牙条三种。在此三种牙条中,直牙条与壶门牙条两代皆用,而洼堂肚牙条只有清代使用,它是在壶门牙条退化的基础上,衍生出来的一种新型牙条(参见本书第三章第二节"清黄花梨洼堂肚券口靠背椅"部分)。在清式家具中,常见的洼堂肚线脚,是在牙条中间下坠类似云纹的装饰。

二、牙头

明清家具的牙头造型有素牙头与花式牙头之分。花式牙头可从其纹样特征来区分其年代先后。凡素牙头者,明代的造型其横向宽度一

>>> 插图4-11 明洪武朱檀墓出土的半桌

>>> 图4-5 明万历上海潘允征墓出土箱桌

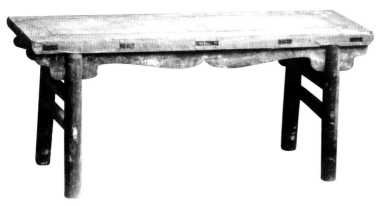

>>> 图4-2 上海明成化李姓墓出土两人凳

>>> 图4-3 上海明成化李姓墓出土的条案

>>> 插图4-12 明万历王锡爵墓出土的案桌

>>> 图4-4 上海明万历潘允征墓出土的画案

>>> 图 4-6A 上海明万历潘允征墓出土立柜

般都大于牙头的长度。如插图4-11为明初朱檀墓出土的半桌，这是一件髹朱漆的实用器，其牙头横向尤显宽阔；图4-2、图4-3是上海明成化李姓墓出土的黑漆两人凳和条案，其牙头也十分扁宽；插图4-12为明万历苏州王锡爵墓出土的案桌，图4-4和图4-5是上海潘允征墓出土的画案与箱桌，其牙头造型与上述诸器均风格一致。明代家具牙头的制作风格秉承了元代宽而短的特色（插图4-13）[7]，显得较为厚实，这种形式的牙头不但在桌案上有此表现，即使是橱柜底枨下的牙头，也同样如此，如图4-6为潘允征墓中随葬的圆角柜，其牙头横向显得宽厚。而清代牙头就不同了，从发展趋势看，牙头的造型是由横宽向窄长发展，特别是清代中期以后，牙头形变十分明显，如插图4-14为上海豫园收藏的清中期紫檀翘头案，其牙头的长度已超过宽度，并且还用清代中期流行起来的转珠纹装饰；插图4-15是现藏松江博物馆的清晚期黄花梨条案，插图4-16是浙江慈溪民间收藏的清晚期铁力木案桌，与狭长的牙条相连接的是细长的牙头，这种牙条与牙头的风格就是清代晚期较常见的。

>>> 插图 4-13 元代云禅师塔墓出土的楠木案

>>> 插图 4-14 上海豫园藏清中期紫檀翘头案

>>> 插图4-16 浙江慈溪民间收藏清晚期铁力木画案

>>> 图4-6B 上海明万历潘允征墓出土立柜

>>> 插图4-15 上海松江博物馆藏清代晚期条案

三、联帮棍

联帮棍是椅子上联接扶手与座屉的构件，它主要流行于清代，在明代的匠作中是并不为人重视的，故而其时代倾向性也很明显。

明代椅子的鹅脖有两种安装方式：一种是鹅脖与座屉的连接点后移至联帮棍位置，这样的设计便排斥了联帮棍的使用；第二种是鹅脖与前腿一木连做，留出空间可安装联帮棍。但在大量的明版画所绘明代坐椅中，只出现个别现象，绝大多数都不安联帮棍。在明墓出土的椅子明器中，也未见有使用，可知联帮棍在当时的使用概率极小。其实明代家具上不安联帮棍的情况是一种传统做工，因为在宋元时期的家具资料中，也未见有使用。

四、矮老

矮老是边抹与枨子之间的直立短柱，它的作用可充实空间和分解受力点。从考古发现和古代绘画中的家具结构看，矮老的使用早在辽宋时期已有应用，如插图4-17是辽宁宣化辽墓中出土的平头案，桌面下已使用矮老作支撑[8]；插图4-18是北京房山区辽代天开塔地宫中出土的四出头椅[9]、插图4-19是宋大理国张胜温所作梵像画中的竹椅[10]，在它们的座屉下也有矮老结构。但从家具发展实际情况观察，凡明代出版的家具图样（除架子床围栏外）却难能见到有使用矮老。特别具有说服力的是，明墓中出土的各式仿生家具模型，也均未见到使用矮老。明代的桌案类或凳椅类家具中，台面或座屉以下部分的装饰主要有罗锅枨、直枨、直牙条、壶门牙条和券口，这说明辽宋时期已使用矮老装置，并没有在明代得到继承。而进入清代以后，矮老则一跃成为清代家具的常见装饰。其发展趋势是首先在桌案上出现，其后才扩大到凳椅上，这在清代绘画所表现的家具样式中能明显地反映出来。

>>> 插图4-19 宋大理国张胜温画梵像中的椅子

>>> 插图4-17 辽宁宣化下八里辽墓出土木桌

第三节、重视纹饰

在中国古代封建社会里，人们的世界观还处在相对落后的状态，故祈福辟邪以取吉祥始终是古人追求不懈的目标。对一个国家来说，统治者祈盼的是国盛民强、王道仁政；就民间百姓而言，按照旧有的世俗观念则是祈盼加官晋爵、子孙满堂、长命富贵。由此人们为了达到目的，围绕着添福、多子、增寿的内容和情节，常以物化或比拟的形式臆造出各种图画来美化环境、象征未来。而这些图画一般都有很强的时代性，故一旦成为家具上的装饰纹样，其必然为我们鉴定其制作年代提供重要依据。

明清家具上的纹样题材众多，比较集中的有神兽、禽鸟、花卉和人物故事。其间除各式人物和刀马旦题材多见于清代而较易鉴定外，其他可跨越两代。综观传世家具实物，纹样最基本、最常见的有以下五类，即螭纹、龙纹、凤纹、麒麟纹及卷叶纹。故凡家具研究者当充分掌握它们的形体变化规律，这是把握家具制作年代最有效的手段。在某种意义上说，其科学性和正确率要比其他判断条件更可靠。

>>>　插图 4-18　北京天开塔地宫出土辽代四出头椅

>>> 图4-7A 上海博物馆藏宋代螭纹拓片

>>> 图4-7B 上海博物馆藏宋代螭纹拓片

>>> 图4-7C 上海博物馆藏宋代螭纹拓片

一、螭纹

螭，是中国古代神话传说中一种与龙有关的神兽。《说文》曰："螭，若龙而黄，北方谓之地蝼。从虫，离声。或云无角为螭。"《后汉书·张衡传》亦有"亘螭龙之飞梁"之说，李贤注："《广雅》曰：无角曰螭龙也。"以此可知古人将无角的龙称之螭。有关螭的身份，古时还有一说，《后汉书·司马相如传》释"蛟龙赤螭"注解中说，螭为龙子。自古相传龙生九子，那么螭又为其一子。对于螭的具体形象，史料上也有过表述，如《后汉书·扬雄传》"驷苍螭兮六素虬"，补注引韦昭曰："螭似虎而麟。"班固《西都赋》："挟师豹，拖熊螭。"李善注："螭猛兽也。"总之，在古人心目中，螭是一种无角、形似虎的猛兽，因具威慑力而常被用作辟邪。

追溯螭的历史，它大约形成于西周，到了汉代时才定型。自此以后，以螭为题材的作品很多，曾一度大有取代龙纹之势，至少说螭纹与龙纹的表现在汉代以后几乎是并驾齐驱的。为此，作为古代文物重要装饰纹样的螭，我们必须掌握其每个时代的造型特征，这是鉴定上的重要标尺。

汉代定型的螭纹在汉墓随葬的玉器上大量出现。其形体特征是：兽身为正面立体像，躯体大多呈S形曲线，螭首有为潜伏状的，四肢强健蹲如弓，体现肌肉力度的脊柱线自头部而下畅达臀部，与刚劲的绞丝尾合为一体，其形象如同猛兽出击，显示了强大的威慑力（插图4-20）。汉代螭纹的形态刻画要素一直可延续到宋元时期，如图4-7、图4-8是上海博物馆收藏的宋和元代玉器上的螭纹，其体态依然是那么矫健。

作为装饰纹样的螭，在明代之前主要见于佩饰或嵌饰，故以玉雕作品为常见。自进入明代以后，其使用范围极广，从建筑木雕、家具装饰到各种石刻、竹刻、玉雕、织物等，可说超过历史上任何一个朝代。不过从明代的螭纹形象看，进入封建社会晚期的作品，其神态日臻衰微，表现在工艺手段上是螭的肌肉力度不及先代强健，对躯体的刻画多花俏，而且逐渐地从狰狞可怖的辟邪兽转变为口衔灵芝的吉祥物；另一方面由于受饰物形体的限制或出于需要，螭纹的形态摆脱了早期单一的局面而按需制作。兹举以下实例为证。

图4-9：上海明万历朱守城墓出土紫檀瓶。其上浮雕上下翻

>>> 插图4-20 山东巨野红土山西汉墓出土玉璏

>>> 图4-8A 上海博物馆藏元代玉雕螭纹

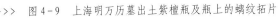

>>> 图4-9 上海明万历墓出土紫檀瓶及瓶上的螭纹拓片

>>> 图4-10 上海明万历墓出土紫檀盖上的螭纹

>>> 图4-11 上海打浦桥明墓出土玉雕头饰上的螭纹

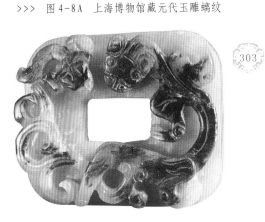

>>> 图4-8B 上海博物馆藏元代玉雕螭纹

>>> 插图4-21 安徽黟县西递村明万历"敬爱堂"平盘斗上的螭纹

>>> 插图4-22 安徽休宁古城岩明万历吴继京功名坊上的石刻螭纹

滚的螭纹。螭为正面立体像，口衔灵芝，脑后束发飘曳，辫子角细长。肩部飞翼如飘带。尾细长形成绞丝状分叉。

图4-10：上海明万历朱守城墓出土紫檀盖。其上减地浮雕螭纹。螭为正面立体像；呈环体衔尾状。四肢关节处刻转珠纹和腿毛。体态丰满，但肌肉缺少力度感。

图4-11：上海打浦桥明墓出土玉雕头饰。螭为环体，示正面立体像。螭身有脊柱线和肋骨线。口衔灵芝。

插图4-21：安徽黟县西递村明万历"敬爱堂"平盘斗上的螭纹。由于平盘斗呈海棠形，故螭纹为回首环体以示同步。该螭高浮雕，躯体壮实，前臂呈一字形开张。螭旁刻卷云纹衬托。

插图4-22：安徽休宁县古城岩明万历吴继京功名坊上的石刻螭纹。该螭刻于长方形基石上为直立行走状。螭首口衔灵芝，双目起

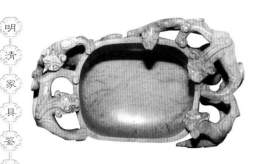

>>> 插图4-23A 宁夏博物馆藏明代玉雕螭纹杯

>>> 插图4-23B 宁夏博物馆藏明代玉雕螭纹杯

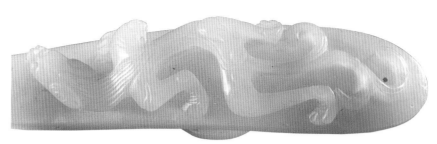

>>> 图4-12 上海龙华明万历墓出土带钩上的螭纹

>>> 图4-13 陈梦家先生旧藏明代靠背椅上的螭纹

凸,螭发三束飘忽,辫子形角立于脑门上部。螭身为兽形体,显脊柱骨和肋骨。尾巴卷转,细而分叉。

图4-12:上海龙华三队明万历墓出土带钩上的螭纹[11]。该螭为高浮雕,头部下潜,四肢下蹲如弓形。肩腿部有火焰纹以示飘毛。腿的胫部刻有胫毛,关节转折处刻转珠纹。

图4-13:陈梦家先生旧藏明代靠背椅上的螭纹。螭为正面立体像,呈爬行状。螭首口衔灵芝,毛发后曳,辫子角耸立。躯体壮实,上刻叶状体毛。尾巴长而卷转。

插图4-23:宁夏博物馆藏明代玉雕螭纹杯。螭作圆雕,其头部伏于杯口,五官刻划各异。螭身生有飞翼,形似飘带。肩部刻有火焰状飘毛,四腿胫部密刻平行短线为胫毛。螭尾长而分叉,呈卷转状。该杯螭纹装饰繁缛,刻工也精,但表现过于夸张,显程式化。

以上八例螭纹有的作器皿装饰、有的作建筑构件和家具装饰,它们的形象已基本概括了明代螭纹的特征。其时代性表现在三个方面:一是无论浮雕、透雕和圆雕,螭纹都为正面立体像,不作侧面像;二是螭形都为兽身,四肢发达,体长与尾长大致相等;三是螭的躯体装饰有脊柱线、肋骨线、火焰状飘毛、短平行线胫毛和飘带状飞翼。凡有转珠纹装饰的,只有在关节转折处有见。明代的螭纹在发掘明墓时经常出土,有确切年代可考的传世螭纹也十分多见,为此只要我们把握其特征,就能以此为标尺,来度量家具上的刻纹是否为明代风格。

清代的螭纹要比明代更为流行,它作为一种吉祥物被民间广泛应用。然而由于使用对象的不同或时间上的差异,再加上人为的夸张,清代螭纹往往给人留下庞杂无序的印象。其实只要我们认真梳理,螭纹在清代的发展也是有规律可循的。多年来笔者广泛收集资料,现已能对清代螭纹进行有序归纳。

清代螭纹的形象可分为两类体系:一类为传统样式,即正面兽身立体像;另一类为侧面环体像。而且它们的表现形式是按需造

>>> 图4-14A 上海郊区清代中期墓出土的各类玉雕器物上的螭纹

>>> 图4-14B 上海郊区清代中期墓出土的各类玉雕器物上的螭纹

作，带有一定的倾向性。例如清代的玉佩饰、玉嵌饰或器皿、把玩上，一般都刻成正面立体像。但这时的螭纹虽为兽身，都已显得臃肿，不但形体比例失当，肌肉也无力度感。至于匠作手段，则更显简陋，这在上海地区清代墓葬中出土了不少例证（图4-14）。清代的侧面环体螭则大量出现在建筑装饰上，特别在梁柱交角的雀替上最突出。如插图4-24是笔者经实地考察所获得的纪年资料，图中的A、B为明代雀替，明代的雀替所刻螭纹均为传统的立体形象，而进入清代以后，雀替上的螭纹即由明代的正面立体像转变为侧面的环体像，即图中C、D、E所示。这一转变的最大好处是螭纹可按照雀替造型任意舒展，摆脱了明代正面立体螭因受雀替形制的限制而造成布局拘谨的局面，所以清代建筑构件雀替上使用环体螭的数量，大大超过明代雀替上使用兽身螭的数量。

中国历史上被人们长期当作辟邪物的兽身螭，发展到清代时已进入了它的尾声，这时的螭纹虽已失去其固有的神韵，但作为传统观念中的神兽并没有由此而湮没，相反随着民间民俗风情中吉祥观念的不断提升，传统的螭纹却被改头换面赋予了新的生命力。关于清代螭纹的两类形体以及它们之间的共存状况，我们可将有年代可考的实物排列成表4-1，这种必要的细化手段，可使我们的检索和鉴定更具科学性。同时按表中序列，也可提供给我们如下信息：

1．明代末期和清代早期的兽身螭中，已有一部分实物的躯体形象发生变异，如表4-1-1、表4-1-3所示，兽态退化，形体细长多卷转。这一时期的侧面环体螭当在形成阶段。

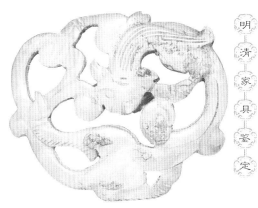

>>> 图4-14C 上海郊区清代中期墓出土的各类玉雕器物上的螭纹

>>> 图4-14D 上海郊区清代中期墓出土的各类玉雕器物上的螭纹

>>> 插图4-24B 安徽休宁县古城岩明万历吴继京功名坊雀替上的兽身螭

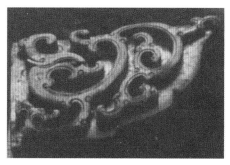

>>> 插图4-24C 江西婺源县晓起村清雍正"振德堂"雀替上的侧面环体螭

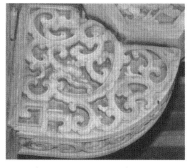

>>> 插图4-24D 江西婺源县汪口村清乾隆"俞氏宗祠"雀替上的侧面环体螭

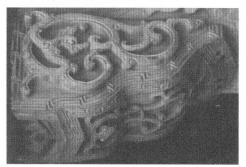

>>> 插图4-24E 安徽歙县棠樾村清嘉庆鲍氏宗祠"乐善好施堂"雀替上的侧面环体螭

>>> 插图4-24A 安徽黟县西递村明万历"敬爱堂"雀替上的兽身螭

2.至迟在雍正时期，侧面环体螭在建筑装饰上已得到应用。并一直延续到清代末期。其表现范围也逐渐扩大到家具、瓷器、玉器及文房用品等。

3．乾隆至嘉庆时期，侧面环体螭的应用达到高潮，形式也多变。清道光以后，该纹样渐趋退化，躯体、四肢及尾巴形似卷草，已完全丧失兽类气息。

4．同样作为装饰纹样的兽身螭，虽贯穿于整个清代，但都走形失约，有长身短腿或短尾的、有将四肢作成棒槌形的、有将螭尾作成花芽状的。而且是时代越晚，其形变越大。

表4－1基本概括了清代螭纹的各种表现形式，其可贵之处是每一纹样有据可查，故它对我们鉴识清代螭纹的历朝特征，具有比照价值。

表 4－1 　 明 末 、 清 代 螭 纹 形 象 对 比 表

	正 面 立 体 螭	侧 面 环 体 螭	资 料 来 源
明末	1　2		（1）　上海闵行北桥明末墓出土螭凤纹玉环（资料藏上海博物馆考古部） （2）　安徽黟县西递村明万历"敬爱堂"雀替上的兽身螭
清康熙	3　4		（3）　安徽黟县西递村清康熙30年"大夫第"窗根上的螭纹 （4）　故宫旧藏康熙款铜胎掐丝珐琅炭盒上的螭纹（载蔡鸿茹《中国明砚鉴赏》第119件，山东教育出版社1992年。）
清雍正	5	6　7	（5）　浙江温州永嘉县岩头芙蓉古村落遗址清雍正陈有佐府邸窗根上的螭纹 （6）　江西婺源县晓起村清雍正"振德堂"雀替上的螭纹 （7）　山西丁村清雍正九年民居上的螭纹（陶富海《丁村明清民居木雕艺术》，《文物季刊》1993年4期。）

正面立体螭	侧面环体螭	资料来源
清乾隆 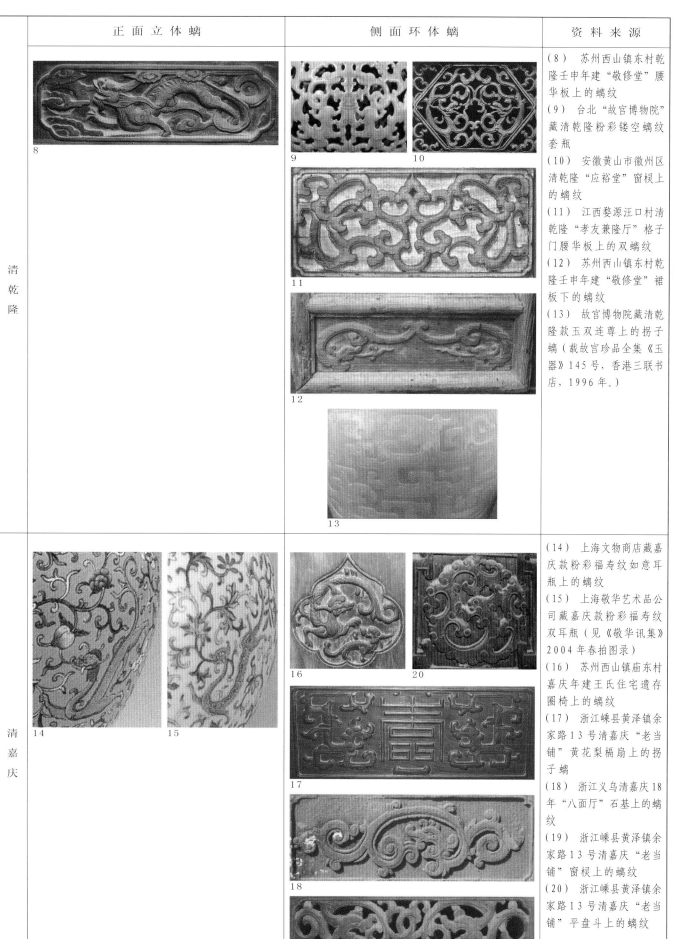		（8） 苏州西山镇东村乾隆壬申年建"敬修堂"腰华板上的螭纹 （9） 台北"故宫博物院"藏清乾隆粉彩镂空螭纹套瓶 （10） 安徽黄山市徽州区清乾隆"应裕堂"窗棂上的螭纹 （11） 江西婺源汪口村清乾隆"孝友兼隆厅"格子门腰华板上的双螭纹 （12） 苏州西山镇东村乾隆壬申年建"敬修堂"裙板下的螭纹 （13） 故宫博物院藏清乾隆款玉双连尊上的拐子螭（载故宫珍品全集《玉器》145号，香港三联书店，1996年。） （14） 上海文物商店藏嘉庆款粉彩福寿纹如意耳瓶上的螭纹 （15） 上海敬华艺术品公司藏嘉庆款粉彩福寿纹双耳瓶（见《敬华讯集》2004年春拍图录） （16） 苏州西山镇庙东村嘉庆年建王氏住宅遗存圈椅上的螭纹 （17） 浙江嵊县黄泽镇余家路13号清嘉庆"老当铺"黄花梨槅扇上的拐子螭 （18） 浙江义乌清嘉庆18年"八面厅"石基上的螭纹 （19） 浙江嵊县黄泽镇余家路13号清嘉庆"老当铺"窗棂上的螭纹 （20） 浙江嵊县黄泽镇余家路13号清嘉庆"老当铺"平盘斗上的螭纹

	正 面 立 体 螭	侧 面 环 体 螭	资 料 来 源
清道光、咸丰	21	22 25 23 24	（21） 上海西郊出土清代中晚期玉雕带钩上的螭纹 （22） 上海博物馆藏清晚期紫檀扶手椅靠背板上的螭纹 （23） 清咸丰时期制作榉木三围子罗汉床围板上的螭纹 （24） 安徽歙县北岸村清道光"吴氏宗祠"须弥座上的螭纹 （25） 苏州西山镇明弯村乾隆年建"凝德堂"内保存的清代晚期椅子靠背板上的螭纹
清光绪至民国	26	27 28 29 30	（26） 江西婺源县江湾乡晓起村光绪"进士第"石刻螭纹 （27） 浙江大佳河民间收藏民国时期罗汉床围子上的螭纹 （28） 上海豫园藏民国小条桌上的螭纹卡子花 （29） 浙江平湖清光绪23年"莫氏庄园"茶几上的螭纹 （30） 上海博物馆藏民国黑漆圈椅靠背板上的团螭纹

二、麒麟纹

　　麒麟在我国古代历史上的影响极大，它作为神灵以图纹出现，则早在西汉后期已流行起来。战国时期形成的五行学说，在汉代经董仲舒等经师们的发展张扬，便膨胀成一个包罗万象的体系。时五行学说之德者，即东方木德、南方火德、西方金德、北方水德、中央土德。而与其配置的四方神灵则有青龙、朱雀、白虎、玄武。至于代表中央土德者，即我们今天所指称的麒麟。这在古代文献上有据可循，如《礼纬·稽命征》有曰："古者以五灵配五方：龙，木也；凤，火也；麒，土也；白虎，金也；神龟，水也。"汉代蔡邕的《月令章句》也说："天官五兽之于五事也：左，苍龙大辰之貌；右，白虎大梁之文；前，朱雀鹑火之体；后，元武龟蛇之质；中央，大角轩辕麒麟之位。"^{（12）}[12]

　　古代的麒麟是五灵之一，它依附于谶纬神学所造就的社会影响在中国古代长达两千余年，人们把它看作是一种瑞兽而产生无限崇拜。这在史料上常有记载，如《艺文类聚》引《说苑》云："麒麟含信怀义，音中律吕，步中规矩，择土而践，彬彬然，动则有容仪。"麒麟生性善良仁慈，不履生虫，不折生草，头上有肉角，故"设武备而不为害"[13]。又《宋书·符瑞志》云："麒麟者，仁兽也。牡曰麒，牝曰麟。不剖胎剖卵则至。"《太平御览》引《春秋感精符》亦云"王者德化旁流四表，则麒麟臻其囿"。因此历代帝王都十分喜爱麒麟，视"麟现"为国家"嘉瑞祯祥"的象征。在古代封建社会里，麒麟不但为王道乐土张扬，在民间也被视为吉祥如意的象征，突出表现的是"麒麟送子"的观念，相传积德之家，求拜麒麟，可生育得子，故民间新春各地都有张贴"麒麟送子"的仪式和活动。这一信念在封建社会末期的清代达到了顶峰。

　　麒麟是瑞兽，在现实生活中是没有这种动物的。唐代的韩愈就曾说过："角者，吾知其为牛；鬣者，吾知其为马；犬、豕、豺、狼、麋、鹿，吾知其为犬、豕、豺、狼、麋、鹿；唯麟也不可知。"[14]麒麟本是人们捏造的物象，故它的形象在唐代之前不但没有定式，而且常有变化，这在古人记载里不乏表述。

　　《尔雅》：麕身、一角、牛尾。

　　《左传正义》引《京房易传》：麕身、马蹄、牛尾。

　　《初学记》卷二九：如麕，头上有角，其末有肉，羊头。

　　《汉书·武帝记》颜师古注：麕身、牛尾、一角、圆蹄。

　　《太平御览》卷八八九：马身、肉角、牛尾。

　　综合以上各书，可以看出我国早期麒麟的形状是：躯体有像鹿，有像马，也有鹿身羊头的。头上有独角，尾形如牛，蹄足同马。这一形象大约发展到宋代时，麒麟的躯体才演变为狮形鳞身，宋李明仲的《营造法式》中载其图样（插图4-25F）。而且这一转变也奠定了明清时期麒麟纹样的最后形态。

　　麒麟作为吉祥物在明清时期的应用十分广泛，特别在建筑和家具装饰上尤为多见（图4-15、图4-16、插图4-26）。由于明清

>>> 插图4-25A　山西浑源李峪出土春秋铜壶上的麒麟纹

>>> 插图4-25B　长安汉武库遗址出土西汉玉雕上的麒麟纹

>>> 插图4-25C　山东沂南东汉画像石上的麒麟纹

>>> 插图4-25D 北魏元晖墓志盖边饰上的麒麟纹

>>> 图4-15 上海严家阁明万历墓出土架子床牙条上的麒麟纹摹本

>>> 图4-16 上海博物馆明代中晚期陶明器屏风中牌子上的麒麟纹摹本

两代的狮形麒麟,在形体表现上存在的差异十分明显,所以我们可从其纹样特征的时代性来判断某一物体的制作年代。今将该时期有年代可考的麒麟排列成表4-2,由此我们可得到以下几点认识。

1. 明代麒麟兽身形体比例恰当,后肢大多为蹲坐状,态势显得十分矫健。其头部造型如同龙首,角后抿,发上冲,如意形鼻突于上颌前端,下颌须毛一撮。

2. 麒麟是神兽,常腾云驾雾于天际间,故其肩部必生翼。明代的翼大多为飘带状,飘带较长,且顶端呈“丫”字形。

3. 明代麒麟以蹄足为多(其次为风车形足),清代麒麟在继承的同时,常会出现变异的足形。

4. 清代早期麒麟的形体与明代相比,差异最先出现在头部,不但头形增大,且毛发丛生。明代常见的芭蕉形尾和花形尾也正处于变异中。

5. 清代麒麟的躯体相对明代显得臃肿。而且自进入清中期以后,形态比例大多夸张,装饰纹样任意添加,传统的毛发布局和造型不循规律,与明代麒麟的传统样式差异越来越大。

6. 特别应引起重视的是,清代麒麟的头部形象可任意作为外,其飞翼退化以至消失和尾巴造型夸张的特征,是鉴定上必须抓住的关键部位。

>>> 插图4-25E 正仓院藏唐代琵琶拨子上的麒麟纹

>>> 插图4-25F 宋《营造法式》建筑装饰上的狮形麒麟纹

>>> 插图4-26 安徽黟县宏村万历许国牌坊雀替上的麒麟纹

表 4 - 2　明清麒麟纹形象对比表

纹　样	资料来源
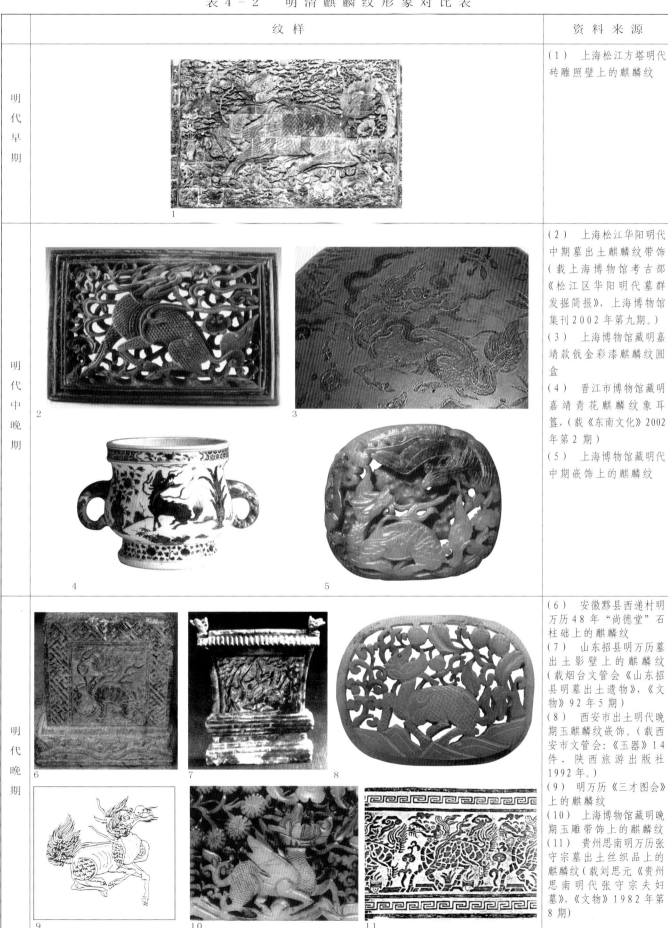	（1）　上海松江方塔明代砖雕照壁上的麒麟纹 （2）　上海松江华阳明代中期墓出土麒麟纹带饰（载上海博物馆考古部《松江区华阳明代墓群发掘简报》，上海博物馆集刊2002年第九期。） （3）　上海博物馆藏明嘉靖款戗金彩漆麒麟纹圆盒 （4）　晋江市博物馆藏明嘉靖青花麒麟纹象耳篹，（载《东南文化》2002年第2期） （5）　上海博物馆藏明代中期嵌饰上的麒麟纹 （6）　安徽黟县西递村明万历48年"尚德堂"石柱础上的麒麟纹 （7）　山东招县明万历墓出土影壁上的麒麟纹（载烟台文管会《山东招县明墓出土遗物》，《文物》92年5期） （8）　西安市出土明代晚期玉麒麟纹嵌饰。（载西安市文管会：《玉器》14件，陕西旅游出版社1992年。） （9）　明万历《三才图会》上的麒麟纹 （10）　上海博物馆藏明晚期玉雕带饰上的麒麟纹 （11）　贵州思南明万历张守宗墓出土丝织品上的麒麟纹（载刘思元《贵州思南明代张守宗夫妇墓》，《文物》1982年第8期）

明代早期

明代中晚期

明代晚期

1　2　3　4　5　6　7　8　9　10　11

	纹 样	资 料 来 源
清代早期		（12） 昆明金殿清康熙10年格扇门裙板上的麒麟纹（载白文明《中国古建筑美术博览》第三册690页，辽宁美术出版社，1991年。） （13） 清西陵雍正大石坊夹杆石上的麒麟纹（载白文明《中国古建筑美术博览》第二册429页）
清代中期		（14） 泉州文庙清乾隆26年台基上的麒麟纹（载白文明《中国古建筑美术博览》第二册285页） （15） 安徽黟县关麓村清中期"老八家"彩绘壁画上的麒麟送子图（载樊炎冰《中国徽派建筑》525页，中国建工出版社2002年。） （16） 浙江义乌清嘉庆18年"八面厅"石基上的麒麟纹 （17） 安徽黟县清中期元宝上的麒麟纹（载张国标《徽州木雕艺术》，安徽美术出版社1988年。） （18） 云南剑川石钟寺清中期木雕格扇门裙板上的麒麟纹（载白文明《中国古建筑美术博览》第二册383页） （19） 上海博物馆藏清代中期黑漆彩绘麒麟纹圆盘
清代晚期		（20） 安徽黟县宏村清道光25年"振绮堂"格扇门上的麒麟送子图 （21） 安徽休宁县陈霞村清晚期盆架中牌子上的麒麟送子图（载张国标《徽州木雕艺术》） （22） 浙江天台国清寺清代晚期照壁盒子上的麒麟纹（载白文明《中国古建筑美术博览》第二册420页） （23） 安徽黟县东源村清晚期绦环板上的麒麟送子图（载张国标《徽州木雕艺术》） （24） 广州市清代晚期石雕麒麟照壁（载孙建君《民间石雕艺术》，《东南文化》2001年第10期。）

三、龙纹

龙是中华民族的象征，每一个中国人都相信中华民族是龙的传人。但是"龙"到底是什么？自古以来众说纷纭。现时人们概念中的龙纹，是在汉代以后约定俗成基础上确立起来的一种形体。然对于早期朦胧时期的龙纹，人们既无可确认，但也必须以辩证的史学观加以认识和肯定。现时考古学上对早期龙纹的探测，大致有以下几处：一是陕西宝鸡北首岭距今约七千年的仰韶文化半坡类型遗址出土的蒜头瓶上，绘有一条长身鱼纹，其形似后来的蟠龙[15]；二是河南濮阳西水坡仰韶时期的45号墓出土的蚌壳龙，其形近似鳄鱼或蜥蜴[16]；三是辽宁牛河梁一号积石冢墓出土的两件猪龙形玉饰，距今在五千年前[17]；四是安徽含山县凌家滩村16号墓出土的距今约五千年的玉雕龙纹。该龙有双角、背鳍，龙首吻部前突，形同猩猩[18]；五是湖北省黄梅县白湖乡焦墩遗址出土的距今约六千年由河卵石摆塑的龙纹。龙作侧面形，龙首如牛头，亦似鹿头[19]；六是浙江余杭瑶山良渚文化祭坛遗址出土了距今约四千余年的龙首玉璜和玉龙首镯。该龙首阔嘴扁鼻，双圈眼，额上有一对凸起的犄角，其形近似牛类动物[20]；七是山西襄汾陶寺龙山文化墓地出土的彩绘陶盘上的蟠龙，长嘴环体，头有角状物，牙如梳形，躯体有鳞，距今也有四千余年历史[21]。从上述考古发现看，早期不定形龙纹的面貌是各有其自然属性的，这种情况与古代文献的龙纹记载在性质上保持一致。例如汉代王充的《论衡·龙虚篇》曾说："世俗画龙之象，马首蛇尾，由此而言，马、蛇之类也。"该书还说："龙，牛之类也"、"龙，鱼之类也"。但到底属什么，他自己也说不清。《竹书纪年》有"龙马负图出于河"之记载，笺按：龙马"马身而龙鳞，故谓之龙马"这里也把"龙马"连称，说明龙当属马类。屈原的《楚辞·天问》篇曾有"焉有虬龙，负熊以游"之说，此虬龙即句龙，句龙的少子名熊，是为熊类龙[22]。古代的《山海经》虽是一部庞杂的地理书，而其中对部落神巫的记载有不少与龙有关，如其形"马身而龙首"、"龙身人面"、"人面蛇神"、"马身龙首"等。在成书较晚的《博物志》八引《徐偃王志》中，也有说"有犬名盼仓，……临死生角而九尾，实黄龙也"。这里又把龙与犬扯在一起了。总之，有关龙纹的早期面貌，史书记载也十分纷繁。龙本不是自然物，而它却与马、牛、鳄、蛇、熊、猪等形状混同一体，说明龙的产生当与原始部落的各种图腾信仰有关。对于这一点目前学术界已有较一致的认识，即龙是一种虚幻的生物，它是由许多不同的图腾糅合而成的综合体。这正是早期龙纹常与各种兽形相涉的根本原因。

龙在中国历史上出现后，其地位是崇高的，它既与距今七千多万年前的中生代恐龙毫无关系，也与我国中药行里的"龙骨"风马牛不相及。中国古代的龙纹主要体现在精神世界里，人们相信龙有巨大的威力，"欲小则化如蚕蠋，欲大则藏于天下；欲上则凌于云气,欲下则入于深渊"[23]。出于人们对龙的崇拜,龙也自然而然地变为主宰人类命运的神物。所以即使进入文明社会,龙纹也一直受到艺术家的重视。特别到了汉代以后,它的造型已基本固定为一种模式,并不断渗透至各个层面,于是便出现了"钩以写龙,凿以写龙,屋宇雕文以写龙"的局面[24]。为此,正确掌握龙纹的断代尺度,对我们鉴定文物的年代是十分有益的。

总的说来龙纹在家具上的应用主要表现在王室或贵戚用器上,民间家具并不多见。据现有资料家具上的龙纹装饰最初见于宋代宝座的搭脑,如插图4-27、插图4-28所示[25]。宋代宝座搭脑两端出挑的龙首特征具有鲜明的时代性:一是上颌如舌向上竖起,并露兽类特有的颚纹线;二是两弧形角(或称桥形角)平行后展且长而富有弹性;三是龙发呈束状紧贴龙颈或后曳,从不与龙角在布势上发生冲突;四是龙嘴嘴角开口极深,一般都超过眼角线。宋代家具上出现的龙纹特征与出土的宋代玉雕上的龙纹风格相一致(插图4-29)[26]它是在承袭唐五代龙纹风格的基础上(插图4-30)[27],又直接对元代龙纹产生着影响(插图4-31)[28]。元代稳定期龙纹的特征保持了传统样式,但到了元代后期,龙纹便出现了重大变化:一是龙发开始变相,由后曳转而向上扬起;二是传统的两平行后展的龙角变为分叉状,这便于龙发由角间向上扬起;三是传统的龙爪一般为三爪、四爪,到了元代晚期五爪龙开始出现[29];四是元代之前龙纹大多作秃尾(蛇尾),元代中期始花形尾和蕉叶形尾开始露头。上述四点特征是进入过渡期纹样的作工,为此我们在总结明清龙纹断代标准时,也应该对此有一个承上启下的了解。

明清龙纹特征主要反映在头、尾、爪三部分。现将有年代可考的玉雕、石刻、漆器、瓷器、织品、木雕、陶器、金银器等实物上的龙纹排列成表4-3,并寻找它们的制作风格,以示时代上的差别。

1.明代早期龙纹

(1)头部:头额较为平坦,龙角生于额部。眉毛大多为火焰状向上扬起(表4-3-3、表4-3-4),也有作后曳的(表4-3-1)。上颌如舌形为向上伸展的传统样式,并显露颚纹线(表4-3-2)。早期的闭嘴龙则上下颌唇部齐平,有如意形鼻突起于上唇前端(表4-3-3)。下颌出须,为单束或多束呈飘忽状。龙嘴腮部毛发大多为卷涡形。早期龙须和腮帮上的毛发很少用锯齿形表示。该时的龙角传承元代后期向后分叉的风格,这便于上扬的龙发由角间通过。

(2)尾部:大多为蕉叶形

(3)龙爪:以三爪、四爪为多见,五爪较少。

>>> 插图4-27 宋真宗后坐像搭脑上的龙首装饰

>>> 插图4-28 宋仁宗后坐像搭脑上的龙首装饰

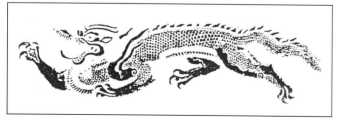

>>> 插图4-30 南唐李升陵石刻龙纹

>>> 插图4-31 清宫旧藏元代玉把洗上的龙纹

2．明代中期龙纹

（1）头部：头额隆起明显，眉毛已由上扬的火焰眉向锯齿眉发展（表4-3-6、表4-3-9）。传统的龙嘴舌形上颌逐渐消失，而上下趋齐平的唇部前缘以凸起的如意形鼻为主要表现形式（表4-3-6、表4-3-9）。闭嘴龙其嘴角处已开始出现虎牙外露的现象（表4-3-6）。这时的龙发已由上扬转向前飘发展（表4-3-5、表4-3-7）。早期较为多见的束状龙须已开始向锯齿状演变（表4-3-6）。

（2）尾部：大多作蕉叶形；也有作花形尾（表4-3-8）。

（3）龙爪：以车轮形五爪为常见。

3．明代晚期龙爪

（1）头部：龙嘴上颌前缘突起的如意形鼻十分醒目，这是明代中期以来典型的时代风格。这时期的须毛、髭毛、眉毛、腮毛用锯齿状表现逐渐增多（表4-3-10、表4-3-14）。明代晚期龙首与中期龙首较显著的变化在于下颌的造型上，中期龙首的下颌牙床见圆少见方；而晚期牙床已是见方少见圆，如表4-3-11、表4-3-13、表4-3-14所示。还特别需要指出的是如表4-3-10明万历朱翊钧墓中出土的酒注上的龙纹，其下颌骨中部还出现了下坠的折角，这一明代后期露头的制作风格，却成了清代龙首的特征性造型。

（2）尾部：大多为蕉叶形；也有为花形尾的。

（3）龙爪：以车轮形爪为常见。

4．清代早期龙纹

（1）头部：龙首头额有乳峰状隆起，龙角已明显移至脑后（表4-3-16）。明代常见的上扬前飘式龙发日趋消失，代之出现的是蓬发丛生，近乎占据整个头颅（表4-3-15、表4-3-18）。这时的下颌骨经常能见到三种情况：一是形成折角（表4-3-18）；二是牙床见方（表4-3-17）；三是其长度超过上颌骨，即形成人们俗称的"地包天"形式。特别应引起重视的是，先前已有发现但并不流行的龙嘴嘴角虎牙外露的现象，该时期无论张嘴或闭嘴都有鲜明表示。

（2）尾部：为蕉叶状。

（3）龙爪：既有传统的车轮形爪，也有变车轮形为鹰爪的（表4-3-15）。

5．清代中期龙纹

（1）头部：清代中期龙首与早期龙首的形状是很难区别的，若要强调的话，则有三点趋势可谈：一是该时段表示髭、鬣、腮部的锯齿状毛发，有不少已连成一片（表4-3-20、表4-3-21）；二是头额隆起如疱疔越来越明显（表4-3-19、表4-3-20）；三是明代流行的如意形鼻正在向鹰鼻或蒜鼻演化（表4-3-19、表4-3-22）。这时期嘴角虎牙外露的现象依然十分突出。

（2）尾部：为蕉叶状。

（3）龙爪：以鹰爪为多见。

6．清代晚期龙纹

清代晚期龙纹已接近尾声，其生命力的衰微现象如同老人进

>>> 插图4-29 五代蜀王建墓出土玉雕上的龙纹

入黄昏的态势,显得苍老无力。如表4-3-25上海博物馆收藏的清代晚期宝座上雕琢的正面龙,头额疱疗已被夸张成痛结凸起,毛发也蓬生无度,其爪暴筋露骨如同老人指关节,与传统龙纹矫健舒张的形态相比,已完全是走形失约的状态了。清代晚期龙纹无论其刻划如何周到,其肢体形象变异明显,如表4-3-26的弧形爪、云帚状尾;表4-3-24短促的脸庞;表4-3-23苍老的脸相和拖把式尾巴,这类做工只有到清代晚期才大量出现。故我们在鉴识该时期龙纹时,就是要紧紧抓住这些变化点,而且变异性越多越大,则其年代也相对要晚。

表 4 - 3 　 明 清 龙 纹 形 象 对 比 表

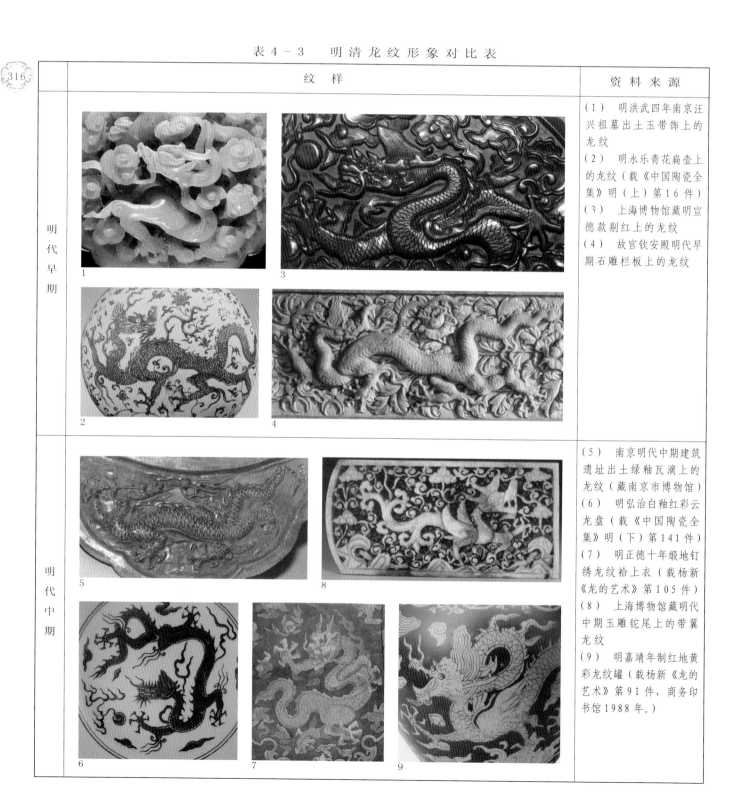

纹　样	资 料 来 源
明代早期	（1）　明洪武四年南京汪兴祖墓出土玉带饰上的龙纹 （2）　明永乐青花扁壶上的龙纹（载《中国陶瓷全集》明（上）第16件） （3）　上海博物馆藏明宣德款剔红上的龙纹 （4）　故宫钦安殿明代早期石雕栏板上的龙纹
明代中期	（5）　南京明代中期建筑遗址出土绿釉瓦滴上的龙纹（藏南京市博物馆） （6）　明弘治白釉红彩云龙盘（载《中国陶瓷全集》明（下）第141件） （7）　明正德十年缂地钉绣龙纹裕上衣（载杨新《龙的艺术》第105件） （8）　上海博物馆藏明代中期玉雕铊尾上的带翼龙纹 （9）　明嘉靖年制红地黄彩龙纹罐（载杨新《龙的艺术》第91件,商务印书馆1988年。）

明代晚期

10

11

12

13

14

（10）　北京定陵万历墓出土金酒注上的龙纹（载定陵博物馆《定陵掇英》图70，文物出版社1989年。）

（11）　明万历黄釉紫绿龙纹绣墩上的龙纹（载《中国陶瓷全集》明（下）第162件）

（12）　明隆庆年制圆角柜上的龙纹（载王世襄《明式家具研究》丁28件）

（13）　明崇祯素三彩龙凤牡丹纹碗（载《中国陶瓷全集》明（下）第164件）

（14）　明万历剔红龙纹盘上的龙纹（载杨新《龙的艺术》第120件）

清代早期

15

17

16

18

（15）　清康熙斗彩龙凤纹盖罐（载故宫博物院编文物珍品全集《五彩、斗彩》208件，商务印书馆1999年）

（16）　清康熙黄云缎绣云龙纹桌围（载杨新《龙的艺术》第162件）

（17）　清雍正珐琅彩黄地云龙纹碗（载故宫珍品集《珐琅彩、粉彩》第19件，商务印书馆1999年）

（18）　清康熙五彩龙凤纹碗（载故宫珍品集《五彩、斗彩》第153件，商务印书馆1999年。）

纹　样

资　料　来　源

明清家具鉴定

318

清代中期

清代晚期

19
20
21
22
23
24
25
26

（19）　清乾隆红地黄云龙纹盖罐（载故宫珍品集《康雍乾瓷器图录》第127件，香港两木出版社1987年。）

（20）　清乾隆五彩龙凤纹碗（载故宫珍品集《五彩、斗彩》第158件）

（21）　清嘉庆缂纱绣云龙纹袷袍（载杨新《龙的艺术》第56件）

（22）　上海博物馆藏清代中期紫檀柜上的云龙纹

（23）　清宣统龙纹银币（载杨新《龙的艺术》第183件）

（24）　清光绪粉彩龙凤纹盖碗（载故宫珍品集《珐琅彩、粉彩》第246件）

（25）　上海博物馆藏清代晚期紫檀宝座上的龙纹

（26）　清光绪胡开文款龙凤墨（载杨新《龙的艺术》第123件）

四、凤纹

在自然界生态环境里，本没有"凤"这一自然物的。它与"龙"一样，是出自原始人图腾信仰，是经人臆造出来的神鸟。神话中凤的原始形象古人多有表述，如《山海经·大荒西经》说凤"其状如鸡，五采而文"，《韩诗外传》则把凤描绘成"鸿前麟后，蛇颈而鱼尾，龙纹而鱼身，燕颔而鸡喙"，甲骨文中又把"凤"的象形文字，写成闭嘴瞪眼，高冠卷尾，昂首而视的特征，由此可见，传说中的凤鸟形象，实是一种想像力和现实性相结合的产物。长期以来，由于这种想像力是建立在古人理念的基础上，从而不同的社会背景，就必然会产生不同的审美情趣。今可将历代凤鸟形象列成比照表（见表4-4），其形体的变异状况便一目了然。

凤在古代被誉为鸟中之王。其实凤的原形与孔雀关系密切，因为在战国、秦汉时期的画像石、瓦当、帛画和漆器上的凤鸟图像，无不仿自孔雀的造型，如高高的羽毛状冠，美丽而呈放射状的尾羽（表4-4-1、表4-4-2）。汉代的孔雀形凤一直延续到唐代始有改观。而且尽管唐代凤鸟造型丰富多彩，但在形象上要比前朝规范，主要体现在两个方面：一是传统的孔雀状尾羽逐渐向卷叶状尾发展；二是前朝多见的羽毛状、卷叶状冠开始向鸡冠状演变（表4-4-3、表4-4-4）。唐代凤鸟形态上的这一转变，在凤纹形象史上有着举足轻重的作用，因为宋代凤纹图样注重写实、形态细腻和清秀的作风，就是在唐式凤的基础上发展起来的，并由此走向程式化。那么宋代凤纹形象的特点是什么呢？这里可归纳为四点：一是头上的冠形更趋简练，大多为灵芝形；二是唐代丰满而显繁缛的卷叶状尾被简化，宋代承袭的卷叶状尾已变为由卷叶组合的带状造型；三是宋代还出现了一种新兴的浪草纹尾，其形态如水中漂浮的水草，两侧呈不规则锯口形或单边锯口（表4-4-5、表4-4-6）；四是宋代凤鸟的嘴形比唐代更短，形似鹦鹉。总之，宋代凤纹的形象无论结构和比例，与现实生活中的飞禽十分接近。特别在当时人文意识出现世俗化的环境下，它被更多民众所接受，从而约定俗成为一种模式而长期流传下来。

元代凤纹与宋代凤纹几乎无法区别，这在出土的形象资料上有明确的体现（表4-4-7、表4-4-8）。凤鸟在明代的表现形式已完全是一种固定的模式，灵芝状冠、鹦鹉嘴、丹凤眼。凡成对者，其尾羽必为卷叶状尾或锯口尾组合；凡单个形象，则必绘锯口状尾。安徽歙县明万历许国牌坊上所刻孔雀尾的凤纹（表4-4-13），是一种返祖现象，这种情况在明代少见，而在清代则常见。明代凤纹形象虽自宋代以来一脉相承，但在微观上也能寻找它的时代特征，如头形较长、脖子细长、躯体同鸟身，而且在任何环境里都显示其动态，不存在呆板的图案式造型，这在众多明代遗物，诸如金发饰、玉雕嵌饰、瓷器装饰、墓葬壁画上均有反映（表4-4-9、表4-4-10、表4-4-11、表4-4-12、表4-4-13、表4-4-14、表4-4-15、表4-4-16、表4-4-17）。

　　凤鸟作为吉祥物在清代更为流行。但在形象上却进入了一个自由发挥的阶段，传统的冠形、尾形变异极大，躯体由明代的鸟形转变为鸭肚形（表4-4-18），前朝排列紧密的翅羽形变为芭蕉叶状（表4-4-19、表4-4-20、表4-4-21、表4-4-22、表4-4-23、表4-4-24）。尤为醒目的是翅膀的前缘和外侧缘时代性强烈，前者凹弧幅度极大，后者翅骨改明代的内弧为外弧，且显得特别长，与明代常见的舵形式翅风格完全不同。清代中期始，凤鸟的形变更离谱，甚至将凤首描绘成鸡头的现象也屡见不鲜（表4-4-25、表4-4-26、表4-4-27、表4-4-28、表4-4-29）。

表4-4　　历代凤纹形象对比表

纹　　样		资　料　来　源
汉代	1　　 2	（1）四川新津汉画像石上的凤鸟（载顾森《中国汉画图典》783页，浙江摄影出版社1997年。）（2）陕西绥德汉画像石上的凤鸟（载顾森《中国汉画图典》798页）
唐代	3　　 4	（3）唐代石刻上的凤鸟（载顾方松《凤鸟图案研究》，浙江人民出版社，1984年。）（4）唐代石刻上的凤鸟（载顾方松《凤鸟图案研究》）
宋辽时期	5　　 6	（5）宋代木雕凤鸟（载宋李仲明《营造法式》卷三十三）（6）辽墓壁画"妇人启门"图上的凤鸟（载河北省文物研究所：《宣化辽墓壁画》，文物出版社2001年。）

纹　　样	资　料　来　源
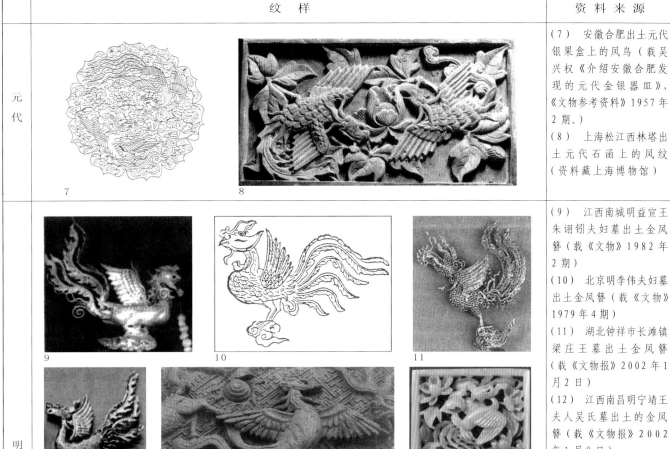 7　　　　　　　　8	（7）　安徽合肥出土元代银果盒上的凤鸟（载吴兴权《介绍安徽合肥发现的元代金银器皿》，《文物参考资料》1957年2期。） （8）　上海松江西林塔出土元代石函上的凤纹（资料藏上海博物馆）

元代

 	（9）　江西南城明益宣王朱诩钤夫妇墓出土金凤簪（载《文物》1982年2期） （10）　北京明李伟夫妇墓出土金凤簪（载《文物》1979年4期） （11）　湖北钟祥市长滩镇梁庄王墓出土金凤簪（载《文物报》2002年1月2日） （12）　江西南昌明宁靖王夫人吴氏墓出土的金凤簪（载《文物报》2002年1月9日） （13）　安徽歙县明万历许国牌坊上的石刻凤纹 （14）　上海博物馆藏明代玉雕上的穿花凤 （15）　明宣德青花团凤纹洗（载《中国陶瓷全集》明（上册）第93件） （16）　明万历五彩龙凤盘（载北京故宫博物院《故宫五彩、斗彩》第50件） （17）　北京故宫石刻明双凤朝阳纹（载王杭生《中国瑞兽图案》第170页。香港万里书店1990年。）

明代

 18  19	 20

清代早期

（18）　康熙斗彩龙凤纹盖罐（载故宫珍品集《故宫五彩、斗彩》第208件）
（19）　清康熙《金余庆堂》梁檐上的凤纹雕刻（载樊炎冰《中国徽派建筑》327页，中国建工出版社2002年。）
（20）　清雍正款斗彩龙凤纹折沿盘（载故宫珍品集《康雍乾瓷器图录》第32件）

	纹　样	资　料　来　源
清代中期	 21　　　　22 23　　　　24	（21）　清乾隆粉彩兰地云凤纹瓶（载故宫珍品集《故宫珐琅彩、粉彩》第134件） （22）　清乾隆斗彩龙凤纹梅瓶（载《故宫五彩、斗彩》第237件）
		（23）　清嘉庆斗彩凤穿牡丹纹梅瓶（载《故宫五彩、斗彩》第260件） （24）　清嘉庆粉彩龙凤牡丹纹双耳瓶（载《故宫珐琅彩、粉彩》第164件）
清代晚期至民国	 25　　　　26	（25）　清道光"云溪别墅"梁檐凤戏牡丹刻纹（载樊炎冰《中国徽派建筑》382页） （26）　清道光凤戏牡丹刻纹青花盖罐（藏故宫博物院）
	 27　　　28　　　29	（27）　安徽清末民居牛腿上的凤纹（载周君言《明清民居木雕精粹》"牛腿"条，上海古籍出版社1998年。） （28）　安徽清末民居团凤纹雕饰（载周君言《明清民居木雕精粹》229页） （29）　安徽清末至民国木雕凤纹（载张国标《徽州木雕艺术》，安徽美术出版社1998年。）

五、卷叶纹

　　众所周知，家具的机架结构本是仿照大木梁架或须弥座的建筑形式制作的，为此凡各建筑构件的所在部位、造型以及为美化而施加的装饰，也都会被移植到家具上来。按文献记载，我国历史上自汉魏以来就十分重视建筑装饰，特别是对宫室、都城、佛寺有关的建筑，凡人们进出观望所及之处，如屋檐、斗拱、楹柱、门窗、台基勾栏以及室内的藻井、梁架等，皆遍布纹饰。历史发展到今天，虽然早期建筑已大多不复存在，但在地宫或被人们视为阴宅的墓葬里，还常常能见到这种情景。如插图4-32为陕西法门寺唐代地宫，其地宫的门额上就绘有双凤纹；插图4-33、插图4-34、插图4-35、插图4-36为辽宋时期墓葬所设墓门，其门额上则分别绘有花鸟纹、缠枝花卉纹、双龙纹等。这些纹样都是当时流行的吉祥题材，用以装饰不但为死者带来慰藉，也是对现实世界人们安居乐业的颂扬。

　　家具在移植建筑结构形式的过程中，人们首要重视的是能强化看面装饰。而与建筑结构中的门柱和眉额对应的家具部位，即是家具正面的腿足和连接两腿间的牙条。故我国古代看面牙条上的装饰纹样，都是受眉额装饰的影响发展起来的。

　　考古资料告诉我们，古代建筑上的装饰题材，都是由动物或植物组成。在植物中，尤以卷叶纹为多见。其表现手法通常以缠枝的形式出现，因为它与佛教宣扬的精神不灭、轮回永生的教义有关。该纹样被家具移植后，不但成为一种定式，而且不同的时代其造型也有变化。现笔者将收集的缠枝卷叶纹在家具或建筑部件上的表现形式，按时代先后排列成表4-5。由此我们能从中领悟出演变规律，找到其相应的时代尺度。

　　表4-5-1是上海博物馆收藏的元代刺绣《妙法莲华经》所绘须弥座上的卷叶纹（插图4-37）。尽管卷叶用线条表示，但从其繁

>>> 插图4-32　陕西法门寺地宫门额上的双凤纹

>>> 插图4-33　河南白沙宋墓二号墓门额上的彩绘花鸟纹

>>> 插图4-34　内蒙古扎鲁特辽墓壁画门额上的缠枝花卉纹

>>> 插图4-35　宣化辽墓壁画门额上的缠枝莲装饰

>>> 插图4-36　宣化辽墓壁画门额上的双龙纹

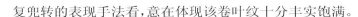

>>> 插图4-37 上海博物馆元代刺绣《妙法莲华经》须弥座上的刺绣卷叶纹

复兜转的表现手法看,意在体现该卷叶纹十分丰实饱满。

　　表4-5-2是现藏故宫博物院的明初釉里褐宝座上的卷叶纹(插图4-38)。宝座的结构形式如同须弥座。而在须弥座的看面,也绘有卷叶纹装饰。该卷叶纹的特征是叶瓣宽阔,叶边有波折,卷转程度深,形体丰实饱满。

　　表4-5-3是四川成都明宣德时期蜀僖王墓出土的石刻宝座上的卷叶纹(插图4-39)。尽管其表现形式为灵芝状,但灵芝边缘为波折,且形象繁缛饱满的风格是相同的。

　　表4-5-4是上海博物馆藏明代中期黄花梨案形结体六柱式架子床牙条上的卷叶纹,叶瓣宽厚,卷转繁复,形态饱满(参见本书第三章)。

　　表4-5-5是浙江温州仙岩镇穗丰乡明嘉靖刘墓庙柱础上的卷叶纹。虽然明代嘉靖时期刻有卷叶纹的家具笔者尚未访求到,但这时期雕刻在建筑构件上的卷叶纹时代风格却是一致的。其特征是叶瓣宽阔且内卷幅度大,叶瓣边缘有波折,叶瓣分叉处有花芽状出尖,造型十分饱满。

　　表4-5-6是温州永嘉县南溪江岩头芙蓉古村落遗址明代晚期建筑陈氏大宗祠柱础上的卷叶纹。作为明代晚期的卷叶纹,其时代特征是叶瓣宽阔且内卷,叶瓣边缘有波折,线条柔婉流畅,造型依然十分饱满。

　　表4-5-7是上海博物馆藏清康熙丁酉款黑漆描金盒上的卷叶纹。清初的卷叶特征是叶瓣走势流畅,叶尖向内兜转,花芽出尖显突,叶边波折明显。可见它与明代卷叶纹的风格是一脉相承的。

　　表4-5-8是上海博物馆收藏的清早期偏晚的黄花梨圈椅牙条上的卷叶纹(参见本书第三章)。该椅所刻纹样与前者相比风格一致,但叶瓣兜转的幅度减弱,花芽出尖较短,在微观上已出现退化趋势。

>>> 插图4-38 故宫藏明初釉里褐宝座上的卷叶纹

>>> 插图4-40A 浙江慈溪民间收藏黄花梨架子床挂檐上的螭纹

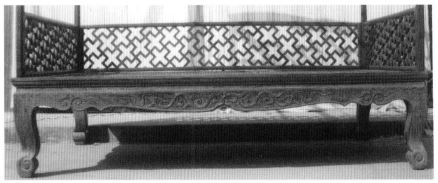

>>> 插图4-39 成都明宣德蜀僖王墓出土石刻宝座上的卷叶纹

>>> 插图4-40B 浙江慈溪民间收藏黄花梨架子床牙条上的卷叶纹

>>> 插图4-41B　浙江慈溪民间收藏黄花梨架子床围子上的螭纹雕饰

>>> 插图4-41A　浙江慈溪民间收藏黄花梨架子床围子上的螭纹雕饰及牙条上的卷叶纹

　　表4-5-9是上海博物馆藏清代中期黄花梨六柱式架子床上的卷叶纹（参见本书第三章）。清代中期在牙条上雕刻卷叶纹不但十分流行，而且叶瓣造型多变。牙条上的卷叶纹是一种传统样式，线脚婉转流畅，叶瓣边缘还保留波折痕迹，但与清代中期以前卷叶纹相比，其枝梗与叶瓣的宽度已无明显区分，整体形象如同一根等宽的飘带。

　　表4-5-10是浙江嵊县黄泽镇余家路13号清嘉庆年间建造的"老当铺"门额上的卷叶纹装饰。该卷叶造型与传统样式不同，叶瓣不是内卷，而刻成S形，S形叶瓣上还伴生出花芽装饰。

　　表4-5-11是"老当铺"内宅门额上的卷叶纹，叶瓣风格与表4-5-10基本一致。

　　表4-5-12卷叶纹辑录于王世襄著《明式家具珍赏》第48件黄花梨高靠背南官帽椅。该椅靠背上的环体螭是典型清嘉庆时期的作品（参阅本章"螭纹"部分），以此可知牙条上的卷叶纹亦为同时期制作。该卷叶纹为传统样式，但与前朝相比，枝梗与叶瓣几乎等宽，叶瓣边缘的波折基本消失，作为植物的写实形象已失去其活力。

　　表4-5-13卷叶纹取自浙江慈溪民间收藏黄花梨四柱式架子床牙条上的装饰，从该床挂檐上的螭纹造型看，应是清代中期的作品（插图4-40B）。本床卷叶纹（插图4-40A）造型与传统样式相比变异更大，但可以肯定地说，叶瓣波折的消失和花芽状出尖的退化，已成为该时期的发展趋势。

　　表4-5-14卷叶纹取自浙江慈溪民间收藏黄花梨六柱式架子床牙条上的装饰，从该床围子上的环体螭形象看，无疑也是清代中期的作品（插图4-41B）。本床卷叶纹（插图4-41A）造型已成为一种图案装饰。但值得重视的是在肢体上却伴生出众多小花芽，这种形式的卷叶纹在清代中期是相当流行的。

　　表4-5-15是浙江义乌清嘉庆十八年建造的"八面厅"梁枋上的卷叶纹。该卷叶纹已显得十分抽象，整体形象似转卷的带子，而且在肢体上还衍生出众多的小转珠，以象征生机勃勃含苞欲放的花芽。

　　表4-5-16是上海民间收藏罗汉床牙条上的卷叶纹（插图4-42）。该床设三屏风矮围子，围子上满雕缠枝莲，其雕工十分精湛，纹样极富时代性，与清嘉庆时期瓷器上的装饰风格一模一样（插图4-43）[30]。该卷叶纹与表4-5-14、表4-5-15风格一致，可见在转卷的肢体上伴生转珠式小花芽的装饰，已成为该时期卷叶纹的又一特色。

>>> 插图4-43　上海文物商店藏清嘉庆粉彩福寿纹如意耳瓶

表4-5-17是原中央工艺美院收藏的黄花梨玫瑰椅牙条上的卷叶纹。从该椅靠背牙子上雕刻的螭纹形象看（参阅本章"螭纹"部分）[31]，该椅应是清代中期偏晚的作品。该椅牙条上的卷叶纹是传统样式，但如同一根细长的飘带，已远离其生态形象。

表4-5-18是上海博物馆藏清代晚期黄花梨圈椅牙条上的卷叶纹（参见本书第三章）。但该纹样造型与卷叶的称谓已极不相称，这就是家具牙条上传统设置的卷叶纹装饰，发展到清代晚期历经退化后的最终形态。

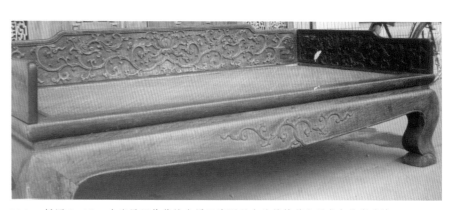

>>> 插图4-42　上海民间收藏柞木罗汉床围子上的缠枝莲和牙条上的卷叶纹

>>> 插图4-44A　故宫博物院藏花梨木围椅靠背板上的兽面纹

>>> 插图4-44B　故宫博物院藏花梨木围椅靠背板上的兽面纹

>>> 插图4-45　上海民间收藏床身带抽屉的架子床

表4-5-19是故宫博物院收藏的花梨木带托泥圈椅牙条上的卷叶纹。该椅靠背板如意形开光内刻有兽面纹。从兽面图样看，头顶蓬发、虎牙外露、腮帮肌肉刻意凸起，背的一则显露超乎常态的飘带状毛发和足为弧形鹰爪的特征，显然它是清代晚期的兽身形像（插图4-44）。另一方面，该椅高束腰上的螭纹形象和牙条壸门出尖下的分心花为圆饼状网格纹装饰，也都是清晚期的雕刻风格，此足以为牙条上的卷叶纹年代提供依据。

表4-5-20是现时民间常见的配有镜子的清末至民国时期架子床上的卷叶纹（插图4-45）。该床尽管结构上不设牙条，但仍在牙条部位用阳文线刻成卷叶纹形式的线脚来美化，这就是明清以来传统的牙条上卷叶纹装饰的孑遗，只是其形象已是名存实亡。

表4-5-21是浙江平湖清光绪莫氏庄园内收藏的民国初期架子床上的卷叶纹（插图4-46）。该床牙条部位亦用阳文线线脚作卷叶纹装饰，不过它已完全蜕变为一根连贯的带子了。

上述列举的二十一件用卷叶纹做装饰的家具或建筑构件均有年代可

>>> 插图4-48 浙江民间收藏黄花梨三弯腿矮桌

>>> 图4-17 上海博物馆藏清初刻塔刹纹四出头官帽椅

>>> 插图4-48A 浙江民间收藏黄花梨三弯腿矮桌牙条上的卷叶纹

>>> 图4-17A 上海博物馆藏清初刻塔刹纹四出头官帽椅牙条上的卷叶纹

>>> 插图4-46 浙江平湖清光绪莫氏庄园内收藏的民国初期架子床上的卷叶纹

>>> 插图4-46A 浙江平湖清光绪莫氏庄园内收藏的民国初期架子床上的卷叶纹

考。今将这些纹样按时间先后排列，不难发现卷叶纹的发展和演变脉络是十分清楚的。因此，我们可以此为标尺，为判断家具的制作年代提供依据。例如，上海博物馆收藏的刻有塔刹纹的清初黄花梨四出头官帽椅（图4-17），该椅牙条上所刻卷叶纹（图4-17A）尚属饱满，出尖处还用花蕊表示，而到了晚期则退化为阳文线表示，如插图4-47、插图4-48、插图4-49所示[32]。这种线状卷叶纹（插图4-47A、插图4-48A、插图4-49A）在清代晚期还相当流行，而且无论是榉木家具还是名贵的黄花梨家具上都有使用。

掌握卷叶纹的时代特征是我们鉴识家具制作年代的重要途径之一。但在比照过程中，我们还应学会区别是否是真正传统纹样或者是后仿纹样。因为有些后仿家具在其牙条上也常常使用卷叶纹装饰，只是其形与传统样式的品位有差异。如插图4-50是笔者在浙江余姚民间考察时收集到的民国时期制作的翘头案，其卷叶纹（插图4-50A）布局流畅、茎叶分明，整体形象也十分饱满，但其卷叶中心为环束、出尖处的花芽刻成叶瓣形和通体增刻叶脉、茎脉的现象，已是后仿者的新意了。

>>> 插图4-47　浙江慈溪民间收藏民国时期榉木围椅

>>> 插图4-47A　浙江慈溪民间收藏民国时期榉木围椅牙条上的卷叶纹

>>> 插图4-49A　故宫博物院藏黄花梨玫瑰椅的卷叶纹

>>> 插图4-49　故宫博物院藏黄花梨玫瑰椅

>>> 插图4-50　浙江余姚民间收藏银杏木雕龙纹翘头案

>>> 插图4-50A　浙江余姚民间收藏银杏木雕龙纹翘头案上的卷叶纹

表 4 - 5   明 清 家 具 和 建 筑 构 件 卷 叶 纹 纹 样 比 较 表

	纹　样	资 料 来 源
元代	1	（1）　元至正李德廉刺绣妙法莲华经须弥座上的卷叶纹（该物现藏上海博物馆）
明代早期	2 3	（2）　故宫博物院藏明初釉里褐宝座须弥座上的卷叶纹 （3）　明宣德成都蜀僖王墓出土石宝座上的卷叶纹（载《文物》2002年4期）
明代中期	4	（4）　上海博物馆藏明代中期黄花梨案形结体六柱式架子床牙条上的卷叶纹
明代晚期	5 6	（5）　浙江温州仙岩镇穗丰乡明嘉靖刘基庙柱础上的卷叶纹 （6）　浙江温州市永嘉县南溪江岩头芙蓉古村落遗址明代晚期陈氏大宗祠柱础上的卷叶纹

	纹 样	资 料 来 源
清代早期	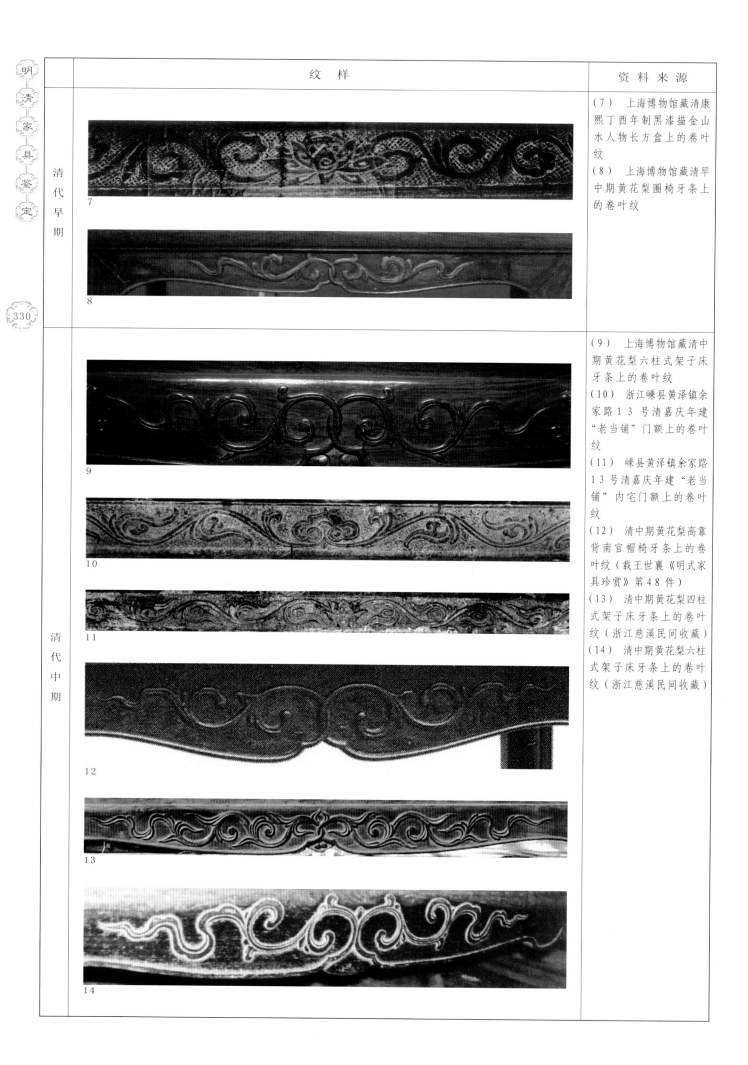	（7） 上海博物馆藏清康熙丁酉年制黑漆描金山水人物长方盒上的卷叶纹 （8） 上海博物馆藏清早中期黄花梨圈椅牙条上的卷叶纹 （9） 上海博物馆藏清中期黄花梨六柱式架子床牙条上的卷叶纹 （10） 浙江嵊县黄泽镇余家路13号清嘉庆年建"老当铺"门额上的卷叶纹 （11） 嵊县黄泽镇余家路13号清嘉庆年建"老当铺"内宅门额上的卷叶纹 （12） 清中期黄花梨高靠背南官帽椅牙条上的卷叶纹（载王世襄《明式家具珍赏》第48件） （13） 清中期黄花梨四柱式架子床牙条上的卷叶纹（浙江慈溪民间收藏） （14） 清中期黄花梨六柱式架子床牙条上的卷叶纹（浙江慈溪民间收藏）
清代中期		

纹　样	资料来源
清代中期 15 16 17	（15）　浙江义乌清嘉庆元年至十八年建"八面厅"梁枋上的卷叶纹 （16）　清中期高丽木三屏风围子罗汉床牙条上的卷叶纹（上海民间私人收藏） （17）　中央工艺美术学院藏清中期黄花梨玫瑰椅牙条上的卷叶纹（载王世襄《明式家具珍赏》第42件）
清代晚期 18 19	（18）　上海博物馆藏清晚期黄花梨圈椅牙条上的卷叶纹 （19）　故宫博物院藏清代晚期花梨木带托泥圈椅牙条上的卷叶纹（载朱家溍《明清家具》上册第20件）
民国时期 20 21	（20）　民国时期榉木带抽屉镶玻璃围子架子床牙条上的卷叶纹（上海民间收藏） （21）　民国时期银杏木带抽屉镶云石围子架子床牙条上的卷叶纹（浙江清光绪莫氏庄园藏）

注释：

(1) 王世襄：《明式家具研究》第一章，三联书店（香港）1989 年版，第 17 页。

(2) 王士性：《广志绎》卷二，中华书局 1981 年版，第 33 页。

(3) 姚廷遴：《历年记》，上海市文物保管委员会编"上海史料丛编"。

(4) 上海地区早在战国墓葬中，已有苏州生产的带"吴市"戳印的陶器出土，可见上海与苏州两地的商品交易已有二千余年的历史。资料藏上海博物馆考古部。

(5) 高濂：《遵生八笺·起居安乐笺》"居室安处条"，巴蜀书社 1985 年版。

(6) 参见王世襄：《明式家具珍赏》第 136、137 件。

(7) 北京首都博物馆编：《元大都》，北京燕山出版社 1989 年版，第 97 页。

(8) 郑溁明：《辽代木家具》，《文物天地》2002 年第 5 期。

(9) 北京市文物局编：《北京文物精粹大系》，北京出版社 2003 年版，第 44 页。

(10) 台北"故宫博物院"编辑委员会：《画中家具特展》，台北"故宫博物院"1996 年版，第 82 页。

(11) 王正书、周丽娟：《宋元明清玉雕带钩的断代》，《中国隋唐至清代玉器学术研讨会论文集》，上海古籍出版社 2002 年版。

(12) 据黄奭辑：《经解逸书考》第 8 册，《汉学堂丛书》本。

(13) 《公羊传》何休注：《诗·麟之角》郑笺。

(14) 韩愈：《韩昌黎文集·进学解》。

(15) 中国考古研究所：《宝鸡北首岭》，文物出版社 1983 年版。

(16) 濮阳市文管会：《河南濮阳西水坡遗址发掘简报》，《文物》1988 年第 3 期。

(17) 辽宁省文物研究所：《辽宁牛河梁红山文化女神庙与积石冢群发掘简报》，《文物》1986 年第 8 期。

(18) 安徽省考古所：《凌家滩玉器》，文物出版社 2000 年版。

(19) 陈树祥：《黄梅发现新石器时代卵石摆溯的巨龙》，《中国文物报》1993 年 8 月 22 日。

(20) 浙江省考古所：《余杭瑶山良渚文化祭坛遗址发掘简报》，《文物》1988 年第 1 期。

(21) 考古所山西工作队：《1978—1980 年山西襄汾陶寺墓地发掘简报》，《考古》1983 年第 1 期。

(22) 丁山：《中国古代宗教与神话考》，龙门联合书局 1961 年版。

(23) 见《管子·水地篇》。

(24) 见刘向：《新序·杂事》。

(25) 台北"故宫博物院"编辑委员会：《千禧年宋代文物大展》图版 I—4，台北"故宫博物院"2000 年版。

(26) 中国社会科学院考古研究所：《前蜀王建墓发掘报告》，文物出版社 1964 年版。

(27) 见《南唐二陵》图版 121。

(28) 周南泉主编：《故宫博物院珍品全集·玉器》（中），三联书店（香港）1996 年版，第 137 页。

(29) 五爪龙宋代已有，但极少见。现有资料主要见于两处，一是北宋英宗永厚陵望柱上刻有五爪龙；另一为现藏美国纳尔逊阿特金斯美术馆的磁州窑白地黑花龙纹瓶上也有使用，但该瓶是否是后仿有待讨论。

(30) 上海文物商店藏品。

(31) 该螭的造型与北京故宫博物院清宫旧藏象牙镂雕"群仙祝寿屏"上的风格相同。该屏制作于乾隆三十八年。图见李久芳《竹木牙角雕刻》，上海科学技术出版社 2001 年版，第 230 页。

(32) 插图 4—47 是笔者在浙江民间考察时收集的资料；插图 4—48 见濮安国《明清苏式家具》图 123 件；插图 4—49 见朱家溍《明清家具》上册第 37 件。

附 录

一、参考书目

（东汉）刘熙：《释名》，《四部丛刊》上海涵芬楼影印本。

（宋）黄朝英：《靖康缃素杂记》，上海古籍出版社１９８６年。

（宋）陈元靓：《事林广记》，元至顺年间福建建安椿庄书院刻本。

（宋）吴曾：《能改斋漫录》，《笔记小说大观》江苏广陵古籍出版社１９８３年。

（明）范濂：《云间据目钞》，据民国石印本《笔记小说大全》第三辑。

（明）计成：《园冶》，１９３３年北平中国营造学社重刊铅印本。

（明）王圻：《三才图会》，上海古籍出版社1988年。

（明）王佐：《新增格古要论》，《惜阴轩丛书》光绪本。

（明）屠隆：《起居器服亨》，《美术丛书》二集第九辑。

（明）文震亨：《长物志》，《四库全书·子部·杂家类》，上海古籍出版
    社影印本。

（明）高濂：《遵生八笺》，巴蜀书社1992年。

（明）午荣等：《鲁班经·匠家镜》，见《故宫博物院院刊》１９８０年第3期。

（明）王士性：《广志绎》，中华书局1981年。

（清）李渔：《闲情偶寄》，上海古籍出版社２０００年。

（清）徐珂：《清稗类钞选》，书目文献出版社１９８２年。

古斯塔夫·艾克：《中国花梨家具图考》，地震出版社１９９１年。

杨耀：《明式家具研究》，中国建筑工业出版社１９８６年。

王世襄：《明式家具珍赏》，三联书店香港分店、文物出版社（北京）联合出版
    １９８５年。

王世襄：《明式家具研究》，三联书店（香港）有限公司1989年。

朱家溍：《明清家具》，上海科学技术出版社２００２年。

胡德生：《中国古代家具》，上海文化出版社１９９２年。

田家青：《清代家具》，三联书店（香港）有限公司１９９５年。

胡文彦：《中国家具鉴定与欣赏》，上海古籍出版社１９９５年。

李宗山：《中国家具史图说》，湖北美术出版社２００１年。

濮安国：《明清苏式家具》，浙江摄影出版社１９９９年。

濮安国：《中国红木家具》，浙江摄影出版社１９９６年。

聂菲：《中国古代家具鉴赏》，四川大学出版社２０００年。

杨伯达：《故宫文物大典》江西教育出版社、浙江教育出版社等１９９４年。

孙机：《汉代物质文化资料图说》，文物出版社１９９１年。

中国古典家具学会著：《中国古典家具博物馆图录》，美国中华文艺基金会出
    版1996年。

台湾"历史博物馆"编辑委员会：《清代家具艺术》，台湾"历史博物馆"出版
    １９８５年。

高玉珍编:《风华再现——明清家具收藏展》,台湾"历史博物馆"出版1999年。

北京市文物局编:《北京文物精粹大系·家具卷》,北京出版社２００３年。

台湾"故宫博物院"编辑委员会:《画中家具特展》,台湾"故宫博物院"出版1996年。

胡朴安:《中华全国风俗志》,1986年河北人民出版社点校重印本。

宿白:《白沙宋墓》,文物出版社１９５７年。

徐流:《宋人院体画风》,重庆出版社１９９４年。

王世襄:《髹饰录解说》,文物出版社１９８３年。

刘晔、金涛:《中国人物画全集》,北京京华出版社２００１年。

顾森:《中国汉画图典》,浙江摄影出版社１９９７年。

刘策:《中国古塔》,宁夏人民出版社１９８１年。

樊炎冰:《中国徽派建筑》,中国建工出版社２００２年。

白文明:《中国古建筑美术博览》,辽宁美术出版社１９９１年。

吴有如:《海上百艳图》,上海壁园藏本。

薛贵笙:《中国玉器赏懦》,上海科技出版社１９９６年。

敦煌文物研究所:《敦煌壁画》,文物出版社１９５９年。

张国标:《徽州木雕艺术》,安徽美术出版社１９８８年。

周君言:《明清民居木雕精粹》,上海古籍出版社１９９８年。

陈同滨等:《中国古典建筑室内装饰图集》,今日中国出版社１９９５年。

汪立信、鲍树民:《徽州明清民居雕刻》,文物出版社１９８６年。

首都博物馆编:《古本戏曲版画图录》,学苑出版社１９９７年。

张国标:《徽派版画艺术》,安徽美术出版社１９９６年。

周芜等:《建安古版画》,福建美术出版社１９９９年。

周芜:《金陵古版画》,江苏美术出版社１９９３年。

周心慧:《中国古代戏曲版画集》,学苑出版社２０００年。

首都图书馆编:《古本戏曲十大名著版画全编》,线装书局出版１９９６年。

方骏等编:《中国古代插图精选》,江苏人民出版社１９９２年。

周心慧等:《徽派·武林·苏州版画集》,北京学苑出版社２０００年。

傅惜华:《中国古典文学版画选集》,上海人民美术出版社１９７８年。

首都图书馆编辑:《古本小说版画图录》,线装书局出版１９９６年。

北京荣宝斋编:《中国版画选》,１９５８年荣宝斋印制。

中华书局上海编辑所编:《中国古代版画丛刊》,中华书局出版１９７２年。

郑振铎:《中国版画史图录》,中国版画史社１９４０年。

郑振铎:《中国古代版画丛刊》,古典文学出版社１９５８年。

汉语大词典出版社编:《中国古代小说版画集成》,汉语大词典出版社2002年。

广西美术出版社选编:明崇祯刻本《金瓶梅》插图集,广西美术出版社1993年。

上海古籍出版社编:《中国古代版画丛刊二编》,上海古籍出版社1994年。

二、资料来源

  本书载录明清家具鉴定实例总 67 件，现均由上海博物馆收藏。其中见于发表或已向观众提供研究鉴赏的展品共 62 件，它们是：王世襄《明式家具珍赏》列 32 件、上海博物馆出版的"中国明清家具馆"宣传图册列 11 件、朱家溍等主编《中国漆器全集·清代卷》列 1 件、田家青《清代家具》列 1 件、《收藏家》杂志第 36 期列 1 件、江西省文物考古研究所编《南方文物》1993 年第 1 期列 8 件（明器）、2000 年芬兰《竹和园林石·中国明代艺术展》图录列 1 件、上海博物馆家具陈列室公示展品 7 件。剩余 5 件明楠木彩绘嵌螺钿瑞兽纹围屏 1 件、清黄花梨雕双螭莲纹圈椅 2 件、清紫檀罗锅枨搭脑雕寿字靠背南官帽椅 1 件、清紫檀攒拐子围子卷书搭脑扶手椅 1 件，现存上海博物馆库房。

明清家具鉴定新视角

中国明式家具学会会长 陈增弼

收藏与鉴定,是一对难以分开的社会现象。有收藏就有鉴定,有收藏就需要鉴定。鉴定是使收藏者提升为收藏家的必不可少的途径。从收藏历史角度来看,收藏者永远离不开鉴定。

随着对古物,明清家具市场的开放,电视台的各种"鉴定"、"鉴宝"节目的推波助澜,以及网络活动的普及,把古旧家具的收藏搞得沸沸扬扬。出现一波又一波收藏热。

一些真正的收藏家,却冷眼面对鱼龙混杂、真伪并存的古旧文玩市场,以其犀利、准确的眼力,沙里淘金般地捕捉那些有价值的真品。或考证,或欣赏,最终是为后人留下宝贵的物质文化遗产。这类人不多,但也确实存在。然而还有更多的人是受市场经济的驱动,把收藏当作与股票相似的一项投资活动,还有一个好听的名字叫"艺术品投资"。这里面可就暗藏玄机,讲究那可就多了去了。眼下古玩市场充满着暗流与陷阱。制假、贩假、拍假是目前存在着的一个不争的事实。你一不留神,就是触"雷",轻者血本无归,回报无门。重者,生计无着,倾家荡产。于是"鉴定"作为增加从业者的眼力,免于上当受骗的作用就突显出来。更受到从事收藏活动的人们的重视。

然而综观目前有关明清家具鉴定的书较少。有的所谓的"鉴定"之书,也说不清楚一个四五六来。即使权威性的学术著作中阐述的鉴定意见,或受个人条件的制约,或受时代背景的限制,也多有可商榷之处。

在这里,向广大读者推荐一本有关明清家具鉴定方面的新作。也许可以为大家提供一个鉴定方面的全新视角。

由上海博物馆资深文物考古工作者王正书先生撰写,由上海书店于2007年2月出版的《明清家具鉴定》全书共分四部分:

第一章:提出出书的宗旨和治学办法。

第二章:对过去近八十年明清家具研究现状进行回顾。

第三章:明清家具的品类,结构形式和制作年代。对床榻、椅凳、桌案、橱架以及其他类家具等62件传世的明清家具进行了重新审视和定位。

第四章:从考古学中的标型学和纹饰学的研究方法,提出对明清传世家具年代鉴定的三大秘笈:器形学、家具附件学和纹饰学。为全书核心。

正如作者在前言中所说:

"现时家具研究领域的当务之急,首先是如何解决好断代问题。对此,我们应当充分运用考古方法论中的器型学和纹饰学原理……为目前流传于世的若干典型家具的制作年代作再次探索,并以翔实的图像资料,争取为明清家具的年代鉴定提供参考标尺。"这是很有见地的学术之见。

该书就是从这种观点出发,重新审视了大家比较熟悉的六十几件传世的明清家具。从器形学,家具细部特征以及纹饰等因素,得出了与时下流行的鉴定的不同结论。

以有清溥侗题记的紫檀云纹牙头插肩榫大画案为例。时下流行的看法为明代之物。但该书认为"这件画案……用料粗壮,构件方折,敦实有余而秀丽不足,与传统的明式家具结构圆润的风格有别。"

经过对明代插图中众多画案以及明墓出土的画案进行比对,得出结论"故我们深信该器绝非明或清初的遗物。"

又"该画案的足部刻有简化的塔利图样,这一图样缘由宗教建筑中的塔利衍化而来。今以此塔利纹为佐证,本画案当属清中期作品。"

再以黄花梨雕凤纹衣架为例。时下流行的观点也是明代之物,但本书经过研究认为这应是清中期的作品。"本衣架在造型和装饰上与明代作品风格完全不同,纹样追求繁缛与花俏,是其最大特点:

1. 搭脑两端挑头圆雕翻卷的花叶纹,纹样堆砌,不似明代简洁明朗;

2. 中牌子雕拐子凤,形体方折繁复,且多转珠装饰。这种纹样唯清代家具有见……

3. 该衣架站牙用透雕手法作勾云纹或卷叶,这种造型和作风与清代中期流行的西番莲风格一致。

这件衣架除纹样的时代性较明确外,在造型和结构上也有可鉴别之处。首先在其墩座躬背下出现了清代流行的方云纹注堂肚;其次是墩座间增设了窗棂式托架,其上可置鞋履,这些做工在明代衣架上是见不到踪迹的。为此,该衣架属清代作品无疑,而且从其制作工艺看,应是清代中期遗物。"

类似的例子,书中还很多。但作者从不人云亦云,也不盲从权威。多从新的视角有所阐发。并产生全新的鉴定结论。使人有一种耳目一新的感觉。这是近几年来有关明清家具出版物中有观点,有见地的专著。并且图文并茂,论议通达,言之有理,值得一读。

当然作为学术研究,书中种种解释,都是个人化的探究与心得,也只是作为一家之言提供于读者面前。但他却做到了把鉴定的武器交给读者,使读者可以据以进行分析,进行比对。自会对读者有所帮助,有所启迪。常言道,"灯不挑不明,理不辨不清。"有无道理? 各位看官自有明断。

明清家具结构附件的时代性

Age Characters of Furniture Annex of Ming and Qing Dynasties

□ 王正书
Wang Zhengshu

The various accessories besides furniture basic framework of the furniture are the structure annex. In this paper, according to the furniture unearthed and records of furniture in novels, operas of the Ming dynasty, the author believes the Ming dynasty characters of structure annex is an important method to indentify the date of making the furniture in the Ming and Qing dynasties.

图1　明万历金陵卧松阁刊本《杨家府世代忠勇演义志传》插图

图2　明万历观化轩重刻本《玉簪记》插图

337

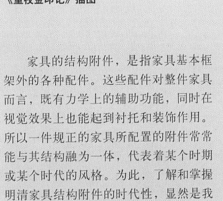

图3　明万历长乐郑氏藏刻本《重校金印记》插图

图4　明万历别下斋刊本《阴骘文图证》插图

　　家具的结构附件，是指家具基本框架外的各种配件。这些配件对整件家具而言，既有力学上的辅助功能，同时在视觉效果上也能起到衬托和装饰作用。所以一件规正的家具所配置的附件常常能与其结构融为一体，代表着某个时期或某个时代的风格。为此，了解和掌握明清家具结构附件的时代性，显然是我们今天判别其制作年代的重要手段。

　　传统家具的结构附件很多，有枨子、牙条、牙头、绦环板、靠背板、联帮棍、围栏、卡子花和矮老等。这些附件能传递给我们很多时代讯息，关键是

只要能把明代原生态家具与传世家具作科学比对，就能达到鉴定目的。笔者在2007年《收藏家》杂志第九期《谈明代家具的鉴定》一文中，就曾用比对的手法，阐明了联帮棍和牙条在明清两代家具的使用情况。本文则在此基础上，继续对靠背板、卡子花和矮老的时代性作出探索。

一、靠背板

　　靠背板是椅类家具必不可少的构件。从现有资料看，明清两代的靠背板可分为直形背板、弧形背板、"S"形曲线背板和屏背式背板。尽管背板的形状

图11 安徽歙县呈坎公社明墓出土陶三彩交椅

图24 安徽屯溪明天启程氏三宅围栏上的剑脊棱雕花装饰

图8 明万历金陵陈氏继志斋刊本《重校吕真人黄梁梦境记》插图

图9 明万历汪氏辑刻本《列女传》插图

图10 明朱檀墓出土交椅明器

图5 明万历金陵唐氏世德堂刊本《裴度还带记》插图

图6 明万历绣谷唐氏世德堂刊本《裴度还带记》插图

图7 明崇祯车应魁刻本《瑞世良英》插图

常常跨越时代，但靠背板上的装饰手法和雕刻纹样的内容，却能充分显示其时代差异。现将能揭示明代靠背板制作状况的有关资料载录于下。

1.在明代出版的小说、戏曲、词话插图上，留下了大量明代画家所记录的靠背板形象。明代的靠背板大多分成三截，上截有开光，下截留亮脚。开光一般都刻作简练图案。主要有鸡心形（图1、2）、双壶门形（图3、4）、鸡心形开光内作一式莲纹（图5、6）、矩形开光（图7）、海棠式开光（图8）、鸡心形开光内作二式莲纹（图9）。

图13　江西婺源明万历袁州知府程汝继遗物

图12　福州张海墓出土明代锡四出头官帽椅

2.明洪武年间山东朱檀墓随葬的交椅明器靠背板上，刻有一幅海棠式开光（图10）。

3.安徽歙县呈坎公社石川大队明墓出土一件陶三彩交椅，其靠背板上亦有海棠式开光作装饰（图11）。

4.福州明嘉靖张海墓出土的锡质明器交椅和四出头官帽椅靠背板上，透雕缠枝莲纹（图12）。

5.江西婺源县博物馆藏有一件明万历袁州知府程汝继遗物，其靠背板鸡心形开光内透雕卷云纹（图13）。

6.上海博物馆藏有一件明黄花梨剑脊棱雕花靠背椅。其靠背近于满雕。其雕刻题材有寿字纹、神兽纹、花鸟纹、荔枝纹（图14）。

上述6例靠背板，虽然是明代遗物，但并不都是明代靠背板的可信作品。如第4例福州张海墓出土的锡质四出头官椅的靠背板上，出现了整块板面透雕缠枝莲的现象，这种大面积透雕形体如此疏朗的缠枝莲靠背板是不能达到力学要求的。更令人置疑的是，同墓随葬的所有家具装饰，包括架子床的脚踏面和交椅的脚踏面板，也都是按这样的装饰纹样和透雕工艺制作的（见《福州市西门外张都山发现明代墓葬》，《文物》1995年11期）。这说明该墓葬所随葬的锡质家具明器的装饰是为纯美化而虚拟的，它不是现实生活中原生态家具形象的真实写照，所以不能作为明代靠背板的一则实例来看待。

除第4例虚拟的明代靠背板外，剩余5例靠背板在制作风格上可分成两种类型：一是在直条状靠背板上，用一种简单而醒目的图案作开光装饰，即如第1、2、3、5条目中所举实例；二是上海博物馆收藏的剑脊棱雕花靠背。该靠背与传统样式不同，靠背作屏背状，用剑脊棱木档作成框架，内镶嵌各种题材的、明代最流行的"花上压花"工艺雕刻的花边牙条和绦环板。用这种工艺手段制作的明代靠背，目前在世界范围内仅此一例，说明它不具备广泛性。

通过对上述6例靠背板的综合观察，

图14　明黄花梨剑脊棱雕花靠背椅

图21　明万历金陵文林阁刊本《重校玉簪记》插图

图20　明万历金陵广庆堂唐振吾刻本《新编金相点板西厢记》插图

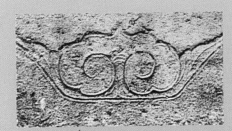

图15　浙江海盐元代镇海塔塔基刻纹

图23　安徽歙县明宝纶阁墙基石刻纹

我们可以确认第1、2、3、5例靠背板为明代原生态形象的代表性实物。而且这类靠背板上的装饰纹样和结构形式，是有其广泛社会基础的，它与当时建筑领域里流行的装饰内容和装饰手法一脉相承。

1. 明代靠背板上雕刻的鸡心形开光，在建筑装饰上是常见的一种图案。笔者在浙江海盐作文物调查时，见到元至正元年镇海塔塔基砖刻就为此纹（图15），在明代版画的格子门腰华板上也常用此纹装饰（图16）。

2. 明代靠背板上雕刻的双壶门彩开光，也是明代建筑的格子门装饰上常见的图案（图17）。

3. 明代靠背板上常用的矩形开光，在明代格子门腰华板上最为常见（图18）。

4. 明代靠背板上的海棠式开光，也是明代格子门华板上的常见纹饰（图19）。

5. 明代靠背板上鸡心形开光内所雕刻的两种莲纹，都是从建筑构件上移植而来（图20、21）。笔者在浙江义乌考古调查时，见到义乌博物馆藏宋元丰年间的舍利石函上有最初的莲纹造型（图22），这一纹样发展到明代时已简化。

6. 明代靠背板上鸡心形开光内所刻卷云纹，也能在明代建筑设施中找到其类似的纹样，如图23安徽歙县明代宝纶阁墙基石上的刻纹。

7. 上海博物馆收藏的明代屏背式靠背虽为孤例，但这种装饰和结构形式并非空穴来风，亦有其相应的社会背景。笔者在徽州考察明代晚期建筑时看到，在高深、挺拔的马头墙内，紧锁着的楼宇围栏和窗棂大多雕刻精美的吉祥纹样。这种雕刻在绦环板上的、有海棠式边栏的装饰，都镶嵌在用剑脊棱做成的榻断内，这种匠作风格与该屏背式靠背的制作模式一模一样。可见屏背式靠背的布局和结构亦是明代晚期流行的一种木作工艺（图24）。

综上所述，可对明代靠背板的情况有了一个客观的了解，其最大的收获

图16　明万历金陵广庆堂唐振吾刻本《新编全相点版西厢记》插图

图18　明万历黄应光刻本《吴骚集》插图

图17　明万历建安刘龙田乔山堂刻本《西厢记》插图

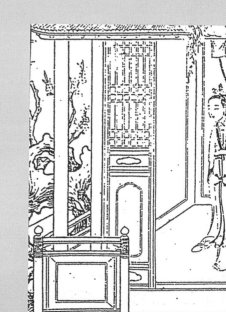

图19　明万历虎林容与堂刊本《李卓吾先生批评琵琶记》插图

图22　浙江义乌宋代元丰七年舍利石函上的卷莲纹装饰

图25　安徽古城岩明万历张应杨石牌坊上的装饰图案

图26　安徽古城岩明嘉靖朱玉宅第木围栏上的
装饰图案

图37　苏州西山乾隆年建"敬修堂"格子门腰
华板上的双套环卡子花方桌

341

图28　南宋《蕉荫击球图》上的交椅

图27　江西乐平宋墓壁画上的交椅

图31　清黄花梨高足面盆架中牌子上的
透雕工艺

图32　辽宁翁牛特旗辽墓壁画中带卡子花的
长方桌

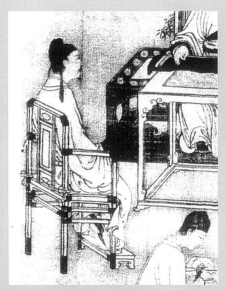

图29　元代《听琴图》上的扶手椅

是，明代靠背板的雕刻题材和制作工艺都是从当时的建筑装饰移植而来。由此又有两个问题需要我们作进一步分析。

一是，明代用于建筑装饰的图案十分丰富，笔者稍作搜集即可罗列一大批，如图25、26是明代木雕和石雕上的图案，这些图案相比上述靠背板上的装饰纹样显然繁缛得多。那么何故这些同为建筑装饰而相对复杂的图案却没有被移植到家具的靠背板上呢？难道它被明代的工匠或版画家所遗漏？笔者认为，明代靠背板上所刻纹样之所以如此简略，是当时人们传统的世俗习惯，这种简明的点缀式装饰是明代之前的一贯作风。若追溯历史，则早在宋代时人们已在椅类家具的靠背板上进行简单加工，最早如江西乐平宋墓壁画上的交椅靠背板上就用线条作朵云纹（图27）。现存南宋时期的《蕉荫击球图》所绘的南宋交椅上也刻有一幅仅用弧线相叠而成的水波纹装饰（图28）。传世的元代作品《听琴图》上绘有一把扶手椅，其靠背板分作三截，上截即作海棠式开光（图29）。明初洪武年间，山东邹县鲁王朱檀墓出土的交椅明器的靠背板上也仅用海棠式开光作点缀（图10）。这种在靠背板上作简单装饰的手法，一直可沿续到明代晚期。而由明入清后，靠背板上的装饰纹样才由简入繁，各种写实和比拟图案不断涌现，这是明式家具的另一种时代风貌。

值得讨论的另一个问题是，上海博物馆收藏的雕刻如此精美的屏背式靠背，与上述条状靠背板上的简单装饰形成了强烈反差，这与通常所说的明代家具简练质朴的时代风格是否会产生抵牾。笔者认为，它们虽同属家具范畴，但在使用价值上是有区别的。屏背式靠背的雕刻工艺是采用明代玉雕工艺上最典型的"花上压花"手法，即将纹样分成表意的主纹和衬托的地纹来制作的（图30），它与清代流行的平面透雕（图31）是两种完全不同的雕刻技法。所以这件屏背式靠背椅的艺术价值大大超过其实用价值，它是一件以家具结构为造型的艺术品，它的存在并不代表传统的明代家具样式，而是一件在特定环境里由玉作或刻竹、刻犀角高手制作，被特殊人物占有和使用，在家具艺术领域得到升华的特殊器具。可惜其历史已代远年湮，难以查考了。

二、卡子花与矮老

卡子花是一种经过艺术加工的块状物。家具上经常见到的有双套环卡子花、螭纹卡子花、灵芝纹卡子花等。矮老是短柱，即棒状物。卡子花与矮老在家具上的使用部位主要是联接帐子与上、下部件的构件。在古代家具史上，作为家具结构的附属物能起到力学和装饰作用的卡子花与矮老，早在辽宋时期的墓葬壁画和宋人绘制的家具上已有使用（图32、33）。但令人费解的是，这两种结构附件却在明代的家具中并没引起人们的重视而发扬光大，几十年来明墓中出土了大量的桌、案、椅类家具明器，却至今不见一件是使用卡子花和矮老的。所见全部是直牙条或壶门牙条。只有床榻结构中的围栏，因从建筑栏板移入而来，才能见到有矮老和莲花柱的使用（图34、35），但也不见卡子花。笔者尽力搜索的明代版画中，无论是桌案、椅凳均不见其踪迹。而清代以后，卡子花与矮老的使用则如雨后春笋般发展起来，不但在家具上大量出现（图36、37），双套环卡子花更是清代建筑装饰的常见纹样（图38、39）。从客观现状分析，明代家具上是从不使用卡子花作装饰的。至于矮老的使用，目前所知仅在床围子上有见，桌案类家具和坐具上也未发现。

家具结构附件的时代性是鉴定明清家具年代的重要依据，但这一凭据是完全寄托在资料详实、可靠的基础上进行客观分析获得的。任何文物年代的鉴定，都必须对原生态器物有全面了解后，才能作出科学比对。诚望有志于明清家具研究的同好，能同心同德，尽一切力量把明代可作比对的资料更完善地集聚起来，以供大家参照，为明清家具年代鉴定的科学性添砖加瓦。

图34　明万历新安刻本《红梨花记》床上的矮老结构

图39　江西婺源思溪村清嘉庆"承裕堂"格子门上双套环卡子花

图38　安徽屯溪万粹楼清代建筑挂落上的双套环卡子花

图36　清康熙冷枚《人物画》中罗锅枨矮老长方桌

图33　宋时大理国张胜温画梵像中带矮老的竹椅

图30　明黄花梨剑脊棱雕花靠背椅上的双层雕刻工艺

图35　明万历萧腾鸿师俭堂刊本《陈眉公批评红拂记》床上的莲花柱结构

明清家具的年代鉴定

On Discrimination of the Time of Ming and Qing Dynasties Furniture

□王正书

Wang Zhengshu

With material objects as examples, the present paper points out that some publications misjudge some furniture in Ming Dynasty style but with Qing Dynasty decorations as Ming furniture.

家具是人类文明社会不可缺少的生活用具。在中国历史上，出于它的实用价值和欣赏价值，虽然在文献资料上时有记载，但从未出现诸如理论上的研究或文化艺术上的探讨，史料所及只是文人与家具的关系，从意趣或欣赏的角度作经验的总结。即便是万历增编本《鲁班经?匠家镜》这种木作专业性很强的书籍，也只是纪录当时家具制作的规矩法度。中国历史上把古典家具真正作为一门学科来进行系统研究，最早始于上世纪前半叶，是由德国人艾克教授和他的合作者杨耀先生开其先河。其后至80年代，王世襄先生的巨著明式家具《珍赏》和《研究》的出版，才进一步奠定了中国古典家具作为一门学科而必须具备的理论和物质基础。为此，当我们回顾中国古典家具的研究历程，无不感到其时间是那么的短暂。而正是由于历史根基的不足，加上家具木质材性不易保存和几乎不见落款的条件限制，使我们今天在家具断代上，因缺少比照依据而常常带有臆测成分。这正是当前明清家具研究领域里有待尽快解决的重要课题。

笔者是1972年进入上海博物馆工作的。最初从事考古发掘。上海地处太湖平原，物产殷富、人文荟萃、手工业发达，故明清时期的墓葬中常有玉器、文房用品、金银器和家具明器出土。由此，几十年来的整理和研究，既培养了自己的兴趣爱好，同时也扩大了知识视野，提高了鉴识能力。其间令我费解的是，何以在其它文物上雕刻的纯属清代的纹样，却在出版的家具图

集中，常被指称为明代遗物。这一孰是孰非的问题，直接关系到对现时家具年代鉴定成果的评价问题。对此，笔者不敢怠慢，多年来矢志于怀，其工作原则是搜求以博、研思以深，为的是见微知著，触类旁通。在长期求索过程中，我深刻体会到掌握纹样的时代性，对明清家具制作年代的判断，有着重要的价值，甚至是决定性的作用。今略举明清家具中常见装饰题材三例，以备同好审视，并匡所不逮。

1. 螭纹

螭纹在明清家具中是最常见的雕刻题材。因其形貌似虎，故民间俗称为螭虎；又因明代徐应秋《玉芝堂谈荟》和杨慎《升庵集》中都提到"龙生九子"，螭为九子之一，故人们又好称其为螭龙。追溯螭的历史，它最原始的形象出现在西周，至汉代时，已在玉雕器物上大量出现。早期螭纹作为辟邪物以兽面绞丝尾为特色，造型十分威猛（图1）。这一形象一直可延续到明代，只是刻划力度已相对减弱。明代的螭纹在上海地区的明代墓葬中常有出土，无论在玉雕、木雕上，它均以正面立体兽身的形象出现（图2）。但自进入清代后，螭纹在人们意识中由原来的辟邪兽转化为吉祥物，其应用更为广泛。但凡以螭纹为断代依据者，就必须知晓清代的螭纹造型逐渐分化成两个系列：一是仍保持传统的兽身形象（图3、4、5、6），只是进入封建社会晚期后，先代那种猛兽的形态逐渐退化，有的体表增生毛发（明代螭纹唯有脊柱线或肋骨线）、有的体长尾短比例失调、有的

体态臃肿而失去力度感；二是明代的螭纹均是以完整的兽身形态出现的。例如在建筑构件雀替上，尽管雀替的造型近乎三角形，要雕刻四肢完备的兽身躯体，无论怎么展示，其布局必然显得拘谨（图7、8）。自进入清代后，匠师为了改变这种拘谨局面，设计出一种侧面环体螭，这种螭纹除头形略显个性外，整个躯体犹如卷转的飘带，这样便可按照载体的形状任意发挥（图9、10、11）。清代建筑上出现的侧面环体螭，同时也在家具上广为应用，如图12是笔者在苏州西山庙东村考古调查收集到的制作于清代嘉庆年间的铁力木圈椅上的环体螭；图13是上海博物馆收藏的清代晚期紫檀扶手椅上的刻纹；图14是在上海浦东征集，来自浙江宁波，制作于清咸丰时期的罗汉床围子上的螭纹；图15是在浙江大佳河考古调查时拍摄的典型民国时期罗汉床围板上的螭纹。总之，清代的侧面环体螭已成为清代螭纹的主流纹样，而且时代性极强，它是木作匠师为了适应各种载体的需要创作的。就其形体演变规律来说，越晚越走形，上述图样中的象鼻形头、棒槌形足和缺少勾勒的飘带状躯体，都是清代晚期常见形象。

2. 麒麟纹

古代麒麟是五灵之一，它依附于谶纬神学所造就的社会影响在中国历史上长达二千余年，人们把它看作是一种瑞兽而产生无限崇拜。就麒麟的造型而言，在唐代之前是没有定式的，一直到了宋代，麒麟的躯体才演变为狮形鳞身，载录于李明仲

图2　上海龙华明万历墓出土螭纹

图1　山东巨野红土山汉墓出土螭纹

图4　苏州西山东村乾隆年建敬修堂腰华板上的螭纹

图3　浙江永嘉县清雍正陈有佐府邸窗棂上的螭纹

图6　江西婺源晓起村光绪进士第石刻螭纹

图5　上海西郊清中晚期墓出土螭纹

的《营造法式》中。明清时期的麒麟作为吉祥物，应用更为广泛，特别在建筑和家具装饰上很流行。然而遗憾的是现时出版的家具著作中，虽时有人谈及麒麟，但尚未有人把明清麒麟的形貌特征区别开来，以至混淆两者的形象而造成误判的现象屡有所见。其实明清时期的麒麟在形体表现上存在的差异十分明显，笔者长期来注重

纹饰学资料的收集，只要把明清时期有年代可考的典型纹样排列一起，形态上的变化，就可成为我们以纹样来判别家具制作年代的标尺。

归纳起来明代麒麟有四大特征：一是龙首；二是鳞身（或素身）；三是飞翼；四是蹄足。凡与此形象相悖者，均是清代造型。今集明清麒麟各四例（图16至23），以

作对比。

（1）明代麒麟兽身形体比例恰当，后肢大多作蹲坐状，态势显得十分矫健。其头部造型如同龙首，角后抿，发上冲，如意形鼻突于上颌前端，下颌须毛一撮。

（2）麒麟在古人心目中是神兽，因受命于天，故其肩部必生有翼。明代的翼作飘带状，飘带较长，且顶端呈"丫"字形。

图 7　安徽休宁明万历吴继京功名坊雀替上的兽身螭

图 9　江西婺源晓起村清雍正振德堂雀替上的环体螭

图 10　安徽歙县棠樾村清嘉庆鲍氏宗祠雀替上的环体螭

图 14　上海博物馆藏清咸丰时期制作的罗汉床围板上的螭纹

图 15　浙江大佳河民间收藏民国时期罗汉床围板上的螭纹

图 22　泉州文庙清乾隆台基上的麒麟纹

（3）明代麒麟大多为蹄足（在玉雕器物上曾出现风车足）。清代麒麟在继承的同时，常会出现变异的足形。

（4）清代早期麒麟的形体与明代相比，差异最先出现在头部，不但头形增大，且毛发丛生，鼻须加长。明代常见的芭蕉形尾（图16）和花形尾（图19），也正处于变异中。

（5）清代麒麟的躯体相对明代显臃肿。而且自中期后，形态比例大多夸张，装饰纹样任意添加，传统的毛发布局和造型不循规律，与明代传统样式差异越来越大。

（6）特别应引起重视的是，清代麒麟的头部形象可任意作为外，其飞翼退化以至消失和尾巴造型夸张的特征，是鉴定上必须抓住的关键部位。

3. 塔刹纹

塔刹纹简称刹纹。中国古代的佛塔是专为埋藏佛骨舍利的建筑。它的结构形式分为基座、塔身和塔刹三部分。塔刹是塔的顶子，冠表全塔，至为重要，所以专门用象征佛界之宝的莲华和宝瓶做装饰。莲华即佛教净土生长的一种植物，分仰莲或覆莲；宝瓶是全塔的顶尖，也有称之宝珠

图 18　上海博物馆藏明万历玉带铐上的麒麟纹

图 17　晋江市博物馆藏明嘉靖青花簋上的麒麟纹

图 16　上海博物馆藏嘉靖款漆盒上的麒麟纹

图 13　上海博物馆藏清晚期紫檀椅上的环体螭

图 12　苏州西山庙东村清嘉庆年建王氏
住宅遗存圈椅上的环体螭

图 11　安徽黄山市徽州区清乾隆庆裕
堂窗棂上的环体螭

图 8　安徽黟县西递村明万历敬爱堂
雀替上的兽身螭

的，其形状作葫芦形或蒜头形。古代历史上的塔刹是佛典的象征而受到人们的顶礼膜拜，于是以塔刹为形像的吉祥图样便诞生了，其最初出现在建筑构件上，至清代才被移植到家具上。然而遗憾的是在已经出版的众多家具图集上均未提及这一图样的宗教性质，以至无法利用这一图样的时代特征，为家具断代提供佐证。

塔刹纹最初形成于南北朝时期。考古资料揭示的最早纹样有两处：一为山东青龙寺出土的佛像背屏上有载（图24）；另一是山东博兴县出土的弥勒佛须弥座上的刻纹（图25）。这两幅图像都是北朝的作品，且共性一致，上为宝瓶、下为莲座，两旁用呈S形曲线的长茎莲左右相合，表意十分明朗。这一纹样发展到辽宋时，便约定

俗成为一种抽象的图案而开始传播。现藏辽宁省博物馆的辽三彩格子门裙板上就刻有图像，图像中的宝瓶呈葫芦形，莲座作卷叶纹，原先两旁的长茎莲转化为线条合围成带壸门的如意形开光（图26）。辽宋时期形成的这一塔刹图案一直可延续到明代晚期，如苏州洞庭西山的金庵寺门枕石上就有相同的刻纹（图27）。

图23 浙江天台国清寺清代晚期
照壁上的麒麟纹

图21 云南剑川石钟寺清中期格子门
上的麒麟纹

图20 清西陵雍正石坊上的麒麟纹

图19 安徽歙县明万历许国牌坊上的麒麟纹

图25 山东博兴县出土的北朝塔刹纹

图24 山东青龙寺出土的北朝塔刹纹

图27 苏州西山明代金庵寺门
枕石上的塔刹纹

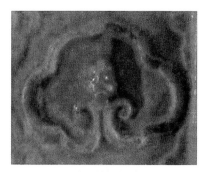

图26 辽宁省博物馆藏辽代三彩格子门
上的塔刹纹

塔刹纹本是宗教理念的产物，在清代之前始终保持了它的纯洁性。而自进入清代后，这一纹样不但从宗教建筑上被移植到家具上来，而且在题材组合上出现了新的变化：一是佛典教义被淡化，图样中添加了一对不属宗教题材的清代特有的民间视为吉祥物的侧面环体螭（图28、29）；二是随着商品经济的发展，人们的宗教观念

也日趋衰微，刹纹的主题形象逐渐退化，有的莲座被几何形的拐子纹取代（图30），有的不再设壶门如意开光（图31），有的只保存台座而减去了宝瓶（图32）。总之，清代家具上雕刻的塔刹纹已进入衰变的状态，时间越晚变化越大，如图32至34，作为塔刹纹的孑遗已完全失去了它原先形象所表达的宗教意义。

关于家具上雕刻的塔刹纹的最后消亡年代，可举图34为证，该纹样是笔者浙江嵊县黄泽镇考古调查时，于清嘉庆年间建造的"老当铺"宅第保存的黄花梨槅扇上拍摄的，这一有年代可考的刹纹残迹，显然为我们奠定了这类纹样的下限。

明清家具常见的装饰题材不下一二十种。本文只例举其中的三种。若按本文排

图33　故宫博物院藏黄花梨玫瑰椅
上的塔刹纹

图32　北京民间收藏黄花梨交椅
上的塔刹纹

图30　故宫博物院藏黄花梨月洞门架
子床上的塔刹纹

图34　浙江嵊县黄泽镇老当铺桶扇上的塔刹纹

图28　上海博物馆藏黄花梨圆后背
交椅上的塔刹纹

图29　上海博物馆藏黄花梨四出
头官帽椅上的塔刹纹

图31　上海博物馆藏紫檀大画
案上的塔刹纹

列的纹样特征作论据，对照现已出版的家具专著中的鉴定年代，不难发现不少清代制作的家具已被当作明代遗物而载入史册。其实对现有家具断代上存在的问题，我们还可从家具的器型特征和家具结构附件的时代性找到答案。比如鱼肚形牙条是到了清代后由壸门曲线退化后形成的，明代家具是不设这种牙条的；又比如联帮棍的设

置是清代流行的，明代的椅类家具（除竹椅和玫瑰椅外）基本不设联帮棍。就凭这两点论据，现有被公示为明代的家具中，又将有多少家具的年代定位需要更正。此说是笔者在占有大量资料的情况下，经认真审视和排比后得到的结论（请参见拙著《明清家具鉴定》，上海书店出版社2007年）。任何文物研究都是建立在正确断代基

础上进行的。倘若明清家具的年代鉴定不过关，把大量清代家具当作明代家具来研究，其必然会影响到学术成果的科学性，同时也会造成市场的混乱，而且真正的明代家具因被忽视而得不到有效保护，极有可能在不知不觉中自然消亡，这是我们每一个有良知的文物工作者应当引起重视的。

谈明代家具的鉴定

How to Discriminate Ming Style Furniture

□王正书
Wang Zhengshu

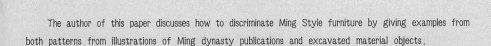

The author of this paper discusses how to discriminate Ming Style furniture by giving examples from both patterns from illustrations of Ming dynasty publications and excavated material objects.

文物鉴定是一门专业性很强而又极严肃的学问。因为鉴定的结论就在"是"与"否"之间，来不得半点的马虎或虚假。为此，一位合格的文物鉴定人员对所鉴定的类目，应具备必要的知识面和相当的知识量。就其鉴定手段而言，尤为重要的是必须对原生态器物有深刻的了解，这样才能通过科学比对而获得正确结论。记得2001年，上海博物馆曾召开国际性的"唐宋元明清玉器学术研讨会"，旨在解决我国历史上世俗化玉器的年代鉴定问题。笔者作为筹备者，与同仁前后花了三年时间，去全国各地征集墓葬、地宫、窖藏出土的有确切年代可考的原生态器物，并征得所在单位的同意，将这些器物运抵上海，以备会议代表作实样观察、揣摩，掌握这些出土玉器的器型、玉质、题材和工艺特征。尽管会议的筹备工作量增加了，但为了满足大家要求，上海博物馆愿出巨资为全体与会者提供玉器鉴定不可缺少的原生态比对资料，从而达到了事半功倍的良好效果。

"比对"是文物鉴定的重要手段。然对于明代家具的年代鉴定来说，以往人们常常是参照某些名人著作中的家具样式做类比，殊不知这些著作本来就因缺少科学比对或选取的比对材料缺乏科学性而带有严重的臆测成分。古代文物的分类很多，各门类的内涵不同，其选取比对的要求也不同。就明代家具而言，要判断一件传世品是否明代作品，关键在于正确把握可作佐证材料的范围和它的可信度。对此笔者认为应从两个方面去追索：一是家具的结构和附件；二是家具的装饰纹样。上述两点要素中，有关装饰纹样的比对材料极其丰富，因为在同一个时代背景下，明代家具上雕刻的装饰纹样，也同样会出现在玉器、石刻、建筑构件、瓷器、漆器和金银器上。为求触类旁通，故凡从事古家具鉴定的人，是必须具备纹饰学知识的。古代家具上雕刻的吉祥图样有一定的时代差异，只要我们把握其尺度，这些纹样就好比家具上的落款，是帮助我们断代的绝好资料（请参见《收藏》2007年第6期《明清家具的年代鉴定》）。对于没有纹样可作标识的传世家具来说，判断其制作年代的依据，则可从器型特征和家具附件的配备情况上加以识别。综观全局，现有条件能揭示明代作品原生态形像的，唯从以下三个方面去考察：一是有纪年的明代传世品。可惜明代可信赖的硬木家具遗存已十分少见，故

图1　明万历虎林容与堂刊本《琵琶记》插图

图4　明崇祯十四年黄真如刻《盛明杂剧二集》插图

图7　明万历金陵陈氏继志斋刊本《重校吕真人黄粱梦镜记》插图

图2　明万历武林香雪居刻本《古本西厢记》插图

图5　清顺治方来馆刻本《万锦清音》插图

图8　明崇祯刻本《金瓶梅》插图

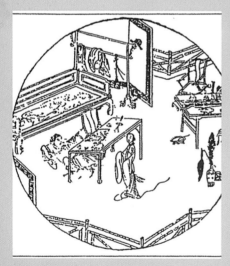

图3　明崇祯刻本《金瓶梅》插图

图6　明崇祯钱圹金衙刊本《新镌批评出像通俗演义禅真后吏》插图

在数量上不足以应对。在故宫遗存的明代带款者，也只是为数不多的桌案和橱柜类大型漆木家具。二是明代墓葬中用以随葬的家具明器。这些明器有木质、陶质和金属质地之分。尽管由于器型较小没能完满表达其榫卯结构和省略了雕刻纹样，但对家具造型的揭示和附件配备实况的反映，是原汁原味的。三是明代出版的小说、戏曲和词话插图上的家具形像。对此曾有人怀疑这些图像上的家具是否有被美化而失真的可能。对于这一点，我国版本专家郑振铎先生曾有过针对性评价，他认为明代不少好的版画内容"几乎没有一点地方被疏忽了的，栏杆、屏风和桌子线条是那么齐整；老姬、少年以至侍女的衣衫襞褶是那么的柔软；大树、盆景、假山乃至屏风

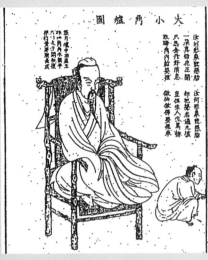

图15 明万历刊本《性命圭旨》插图

图12 明崇祯刊本兰陵笑笑生撰《金瓶梅》插图

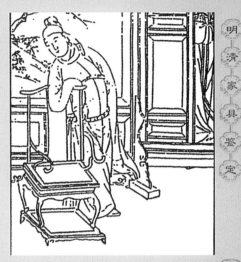

图9 明万历金陵陈氏继志斋刊本《琵琶记》插图

图16 清康熙承宣堂刻本《圣谕像解》插图

图13 明崇祯刊本兰陵笑笑生撰《金瓶梅》

图10 明崇祯刻本《玄雪谱》插图

上的图画，侍女衣上的绣花、椅子垫子上的花纹，哪一点曾被刻画者所忽略过？连假山边上长的一丛百合花，也都不曾轻心的处置着。"上海古籍出版社在编辑巨著《中国古代版画丛刊二编》时，在其出版说明中也对明代版画的历史和艺术价值作过积极评价，即"它以广泛的内容、多样的形式、明晰的写实画面、独特的雕刻技巧而博得广大人民的喜爱。"这里所说的"写实画面"，即肯定了版画上的家具造型的真实性。所以我们可以毫无顾忌地说，明代不同朝代和不同画家所描绘的家具形象所体现的共性，是我们今天用以鉴别传世家具中哪些才是真正符合明代作风的重要依据。

当我们确信可作比对资料的范围和内

图14 明成化刊本《释氏源流》插图

图11 明万历《古杂剧》"望江亭中秋切鲙旦折第二折"插图

图17　明崇祯金陵两衡堂刻本《画中人传奇》插图

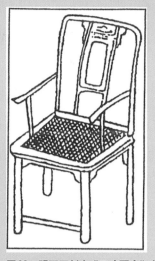

图20　明万历刻本《三才图会》上的二出头官帽椅

图23　明万历金陵书肆卧松阁刊本《杨家府忠勇演义志传》插图

图18　明万历泊如斋刊本《闺范》插图

图21　明万历金陵万卷楼刊本《海刚峰先生居官公案》插图

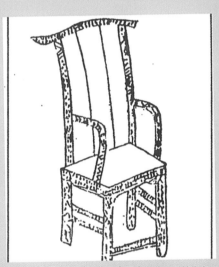

图24　明万历王圻《三才图会》"器用篇"插图

图19　明万历范律之校刊本《红梨记》插图

图22　明万历《古杂剧·温太真玉镜台》插图

容后，我们便可以按照家具的类别，寻找该类家具在明代的结构和装饰特征。现存传世家具的品类众多，其中存量最大的莫过于椅类家具。故本文着重对四出头官帽椅、二出头官帽椅、南官帽椅和圈椅在明代的表现形式作一归纳和总结。并通过必要的量化手段，能使我们清晰地看到：一、明代的官帽椅和圈椅设联帮棍的概率极小，所以我们今天可从宏观上判断为基本不设联帮棍；二、明代家具的牙条从不使用洼堂肚线脚。洼堂肚牙条是在清代发展起来的。

什么叫联帮棍？联帮棍是官帽椅、圈椅扶手与坐屉抹头之间的立柱，它不但对扶手起到了力学上的辅助作用，还能填补扶手下的空间，不使人产生空灵不实的感

图27 明崇祯刻本西湖居士撰《明月环》插图上的南官帽椅

图29 明万历容与堂刊本《忠义水浒传》插图

图25 清康熙承宣堂刻本《圣谕像解》插图上的南官帽椅

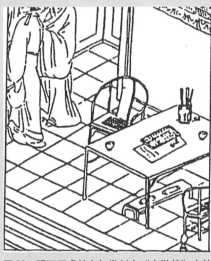

图32 明万历虎林容与堂刻本《水浒传》中的圈椅

图30 明万历《鲁班经·匠家镜》插图上的南官帽椅

图26 明万历刻本《西游记》插图上的南官帽椅

觉。但现时我们所能获得的有关明代木作家具资料中，除极少版本能偶尔见到使用联帮棍的情况外（图1、2），绝大多数版画所反映的成千上万的四出头官帽椅（图3－16）、二出头官帽椅（图17－24）、南官帽椅（图25－30）、圈椅（图31－35）都不见联帮棍。而且版画上所反映的内容，与明墓出土的家具模型（图36－40）和真正明代传世的实物（图41）能互相印证。

明代的官帽椅和圈椅不使用联帮棍是有历史渊源的。历史上早在宋代高型家具刚普及时期，凡木质椅类家具一般都不设联帮棍，这在当时的绘画和今天出土的宋代家具实物上可得到充分证实，如图42、43、44、45所示。宋代家具虽不设联帮棍，但却把建筑结构中的围栏形式移植到扶手

图31 明杜堇《竹林七贤图卷》中的圈椅

图28 明天启刊本《风月争奇》插图上的南官帽椅

图 36　苏州明万历王锡爵墓出土

图 39　上海明万历潘惠墓出土

图 33　明万历《鲁班经·匠家镜》中的圈椅

图 37　美国加州前中国古典家具博物馆
藏出土明代陶椅

图 40　上海明万历潘氏墓出土

图 35　明万历刊丁云鹏绘《养正图解》中的圈
椅

图 38　上海明万历潘氏墓出土

图 34　明崇祯刻本《金瓶梅》中的圈椅

上使用（图46、47）。这种以围栏作扶手的
结构形式，在明代的架子床和南官帽椅上
一直被沿用。只是宋代栏杆与栏板之间的
联接，用的是短杖（即矮老），而明代使用
的是莲花柱（图48-55）。从考古资料看，
家具上使用莲花柱式的围栏，在山西大同
元代李崔莹墓出土的陶供桌上已见使用
（图56）。在明代版画上，这种莲花柱装饰
的围栏，在建筑设施中到处有见（图57-
59）。笔者在江西、安徽考察民居时，民间
还能找到不少明代实物遗存（图60-61）。

　　明代的官帽椅之所以极少安装联帮
棍，还有一个自身结构上的因素。如果我
们把明代版画上四出头官帽椅的鹅脖安装
状况作一统计，不难发现绝大多数鹅脖不
与前腿连接，而是向内倾斜（图3-13），就

图46 宁夏双塔出土围栏式扶手的西夏木椅

图43 南宋刘松年《会昌九老图》

图41 江西婺源博物馆藏
明万历程汝继遗存圈椅

355

图45 宋人《白描罗汉册》

图48 明万历草玄居刻本《仙媛纪事》插图

图42 北京房山区辽代地宫出土

连苏州明万历王锡爵墓出土的明器亦是如此（图36）。因此，这一结构形式，本身就占据了联帮棍的位子，真所谓"皮之不存，毛将焉附"。

关于明代官帽椅、圈椅的牙条是否使用洼堂肚线脚，这也是一个值得重新认识的问题。在现时出版的众多家具著述中，被鉴定为明代的作品中常常设有洼堂肚牙条，这是一个极大的错误。因为在全国各地出土的明代家具明器中，在有据可考的明代传世实物中，在明版刊出的成千上万家具图样中，至今不见一件洼堂肚牙条使用。明代家具所设牙条造型，唯有直牙条或壶门牙条之分。洼堂肚牙条的出现是壶门牙条进入清代后被简化造成的。事实是明代原本出尖较高的壶门线脚，逐渐向出

图47 台北故宫藏宋时大理国张胜温画梵像

图44 山西大同金墓出土

图50　明万历金陵书坊富春堂刊本《虎符记》插图

图53　明万历金陵书肆周氏大业堂刊本《两晋志传题评》插图

图49　明万历绣谷唐氏世德堂刻本《裴度香山还带记》插图

图51　明嘉靖金陵世德堂梓行《西游记》插图

图54　明万历金陵书坊富春堂刊本《鹦鹉记》插图

图56　山西大同元墓出土陶供桌

图52　明万历金陵富春堂邵氏刻本《南调西厢记》插图

图55　明万历博古堂刊本《元曲选》插图

尖低演变，如图62上海博物馆收藏的清代黄花梨圈椅和图63上海民间收藏的清柞木卷莲纹罗汉床，前者壶门牙条的线脚不但没有明代富有弹性的S形波折，而且出尖已退化到仅存一小缺口；后者牙条其下肚弧线已形成完整的洼堂肚，只是在牙条中央部位刻上了一朵浅浮雕葵花做装饰。上述两种现象，就是壶门牙条向洼堂肚牙演化过程中曾经出现过的历史痕迹。至于清代的洼堂肚线脚到底形成于哪一时段，因它是一个渐变的过程，故很难说出一个正确的时间。但至少在清中期已定型。笔者在苏州西山明湾村作考古调查时，见到该村乾隆年建造的"礼耕堂"门枕石上，牙条已刻作洼堂肚了（图64）。

图63 上海民间收藏清代柞木卷莲纹罗汉床

图64 苏州西山明湾村乾隆年建"礼耕堂"门枕石

图59 明万历闲集雅斋《新刻七言唐诗画谱》插图

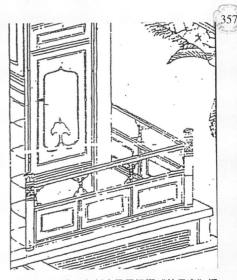

图57 明天启三年刻本汤显祖撰《牡丹亭》插图

图62 上海博物馆藏清代黄花梨圈椅

图58 明万历闲集雅斋刻本《唐诗画谱》插图

鉴定家具是否是明代作品，除了对家具雕刻纹样的时代性作判断外，对家具结构附件配备情况的考察同样是十分重要的。关键是如何选择正确的比对资料，如何找到它们结构上的差异。而确认了的差异，就是我们今天断代的标尺。今本文之所以选择明代是否使用联帮棍和洼堂肚作原生态探索，这是因为长期来人们在这两个最基本的问题上认识不清，一直把大量清代家具当作明代家具来研究。事实是，明代的官帽椅很少使用联帮棍，故凡见到有联帮棍的椅子，如果没有其他过硬材料可证实是明代遗物的，我们一般可将它视为清代作品。至于家具上使用洼堂肚作牙条者，则毫无疑问必是明代以后的产物。

图60 安徽古城岩汪家大院明代鱼池石围栏

图61 安徽万粹楼藏明代石栏板

后 记

我的《明清家具鉴定》一书终于付梓了，内心感到十分欣慰。说实话，多年来我作为一名博物馆培养的古典家具研究专业人员，始终关注着家具如何断代这一课题。这是因为自上世纪80年代以来出版的有关明清家具的著述，人们大多偏重于对器物的描述，而崇扬、赞美之余却忽视了对家具制作年代的考证。有则也常常是凭主观臆想作简单探定，使许多本该是清代的作品，被当作明代遗物大加渲染，由此而造成严重后果，却不说其研究结论缺乏科学性，更遗憾的是由于人们认识上的错位，使真正的明代家具由于长期得不到认证和保护，在不知不觉中走向消亡。对此，强烈的职业道德告诉我，我必须利用自己的知识，写一本关于怎样鉴定明清家具年代的书，哪怕这本书有着这样那样的缺点或错误，也权当是抛砖引玉，以引起有关领导和有识之士的重视。这就是本书写作的目的。

本书的立论以实物为基础，为了达到持之有据的目的，笔者除了充分利用考古资料外，还深入各地考察明清建筑和访求业内人士。今拙文初就，但在多年收集资料过程中难以忘怀众位师友的教诲和帮助，故特以致谢。他们是：著名学者王世襄先生、北京故宫博物院研究员胡德生先生、北京中国古典家具研究会田家青先生、前中央工艺美术学院陈增弼教授、胡文彦教授；浙江慈溪市文管会前办公室负责人方印华先生、慈溪市红木家具研究所沈芳先生；上海明清古典家具研究者朱福麒先生、陆林先生、赵文龙先生；江苏南通紫檀家具艺术珍品馆顾永琦先生；上海木材研究所高级工程师许国荣先生和南京林业大学教授徐永吉先生则在木材鉴识上也经常给予指导。还需致谢的是笔者同仁刘刚和王世英先生，不但积极协助本文图片的整理和文字的打印，还不辞劳累陪同我去安徽、江西、浙江等地考察明清建筑。俗话说：学而无友则孤陋而寡闻。从本质上说，学术研究是一种信息的交流和集合，这就需要一个愿意为此不懈努力的群体和一个可以整合的基础平台。古人云：闻道有先，业有专攻；非学无以致疑，非问无以广识。笔者正是赖此群体的交流和吸吮，身临这样一个结聚智慧的平台，方能落笔有言，以勤知故，以故而出新。

值此出版时刻，笔者十分感谢上海书店出版社对本书出版的大力支持。也衷心感谢冯磊先生对本书编辑出版所付出的辛劳。

2006年10月24日